Stengl/Tihanyi · Leistungs-MOS-FET-Praxis

Jens Peer Stengl/Jenö Tihanyi

Leistungs-MOS-FET-Praxis

Mit 231 Abbildungen

Pflaum Verlag München

Die Deutsche Bibliothek - CIP-Einheitsaufnahme

Stengl, Jens-Peer:
Leistungs-MOS-FET-Praxis / Jens Peer Stengl ; Jenö Tihanyi. -
2., neu bearb. Aufl. - München : Pflaum, 1992
  ISBN 3-7905-0619-2
NE: Tihanyi, Jenö:

ISBN 3-7905-0619-2

Satz: Typo spezial, Ingrid Geithner, Erding
Druck: Pflaum Verlag, München

Inhalt

Hinweis

Die Schaltungen in diesem Buch werden allein zu Lehr- und Amateurzwecken und ohne Rücksicht auf die Patentlage mitgeteilt. Eine gewerbliche Nutzung darf nur mit Genehmigung des etwaigen Lizenzinhabers erfolgen.

Trotz aller Sorgfalt, mit der die Schaltungen und der Text dieses Buches erarbeitet und vervielfältigt wurden, lassen sich Fehler nicht völlig ausschließen. Es wird deshalb darauf hingewiesen, daß weder der Verlag noch der Autor eine Haftung oder Verantwortung für Folgen welcher Art auch immer übernimmt, die auf etwaige fehlerhafte Angaben zurückzuführen sind. Für die Mitteilung möglicherweise vorhandener Fehler sind Verlag und Autor dankbar.

Vorwort

Wenn man früher über Leistungsschalter gesprochen hat, dachte man an Dioden, Thyristoren, Triacs und vielleicht, bei kleineren Spannungen und Leistungen, an bipolare Leistungstransistoren. Es schien, daß die Technik dieser Silizium-Leistungsbauelemente ihren Endstand erreicht hatten. Keine wesentlichen Weiterentwicklungen waren in Aussicht, und die Fachleute haben sich auf längere Sicht auf klassische Lösungen mit diesen Leistungs- bauelementen eingerichtet. Es war vorstellbar, daß aufgrund anderer Zielset- zungen die atemberaubende Entwicklung der Mikroelektronik in den 70er Jahren keinen Einfluß auf die Leistungelektronik haben würde. Dem war nicht so.

Die Situation hat sich etwa ab 1980 grundlegend geändert. Damals erschie- nen neue Leistungsschalter, die Leistungs-MOS-Transistoren, auf dem Markt. Sie wiesen besondere, früher für Leistungsbauelemente unvorstell- bare Eigenschaften auf und eröffneten neue Möglichkeiten der Anwendung. Nun konnten bessere, zuverlässigere und billigere Systemlösungen geschaf- fen werden. Bereits in den ersten Jahren nach ihrem Erscheinen haben sie für viel Bewegung in der Leistungselektronik gesorgt.

Ziel dieses Buches ist es, die Anwender von Leistungsschaltern aller Art von den vielen Vorteilen der neuen, modernen MOS-FET-Bauelemente zu über- zeugen und die Erfahrungen weiterzugeben, welche die Autoren im Umgang mit MOS-Leistungstransistoren gesammelt haben.

1 Halbleitergrundlagen, Aufbau und Funktionsweise der Leistungs-MOS-Transistoren

Die heute erhältlichen Leistungs-MOS-Transistoren sind aus Silizium-Halbleitermaterial hergestellt. Um die Eigenschaften der Bauelemente zu verstehen, ist es notwendig, daß wir die Grundbegriffe und die wichtigsten physikalischen Vorgänge der Silizium-Halbleitertechnik kurz zusammenfassen. Das Halbleitersilizium ist ein grauer, metallisch glänzender, kristallin aufgebauter Stoff. Vor der Verarbeitung zum Halbleiterbauelement wird ein großer, zylinderförmiger „Einkristall", der mit speziellen Verfahren gezüchtet wird, in Scheiben gesägt. Die Scheibenoberfläche wird anschließend aufpoliert. Zur Zeit werden Siliziumscheiben von 10 cm und sogar bis zu 15 cm Durchmesser verwendet. Die Kristallstruktur des Siliziums ist die „Diamantstruktur". Im Diamantgitter sind die Atome so angeordnet, daß jedes Atom vier Nachbarn hat, wie es in dem Modell in *Bild 1.1* zu sehen ist. Ein Kubikzentimeter eines Siliziumkristalls enthält $5{,}02 \cdot 10^{22}$ Atome. Der Abstand zwischen den Atomen beträgt etwa 4 Å ($4 \cdot 10^{-10}$ cm). Anschaulicher ausge-

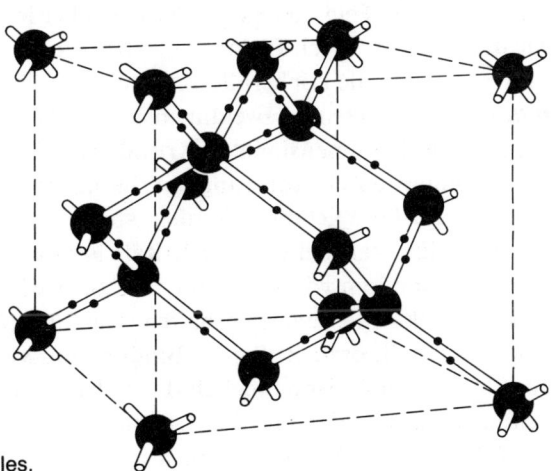

Bild 1.1: Modell eines Si-Kristalles.

drückt: auf 1 μm Länge kommen 2500 Atome. Die Ursache der Diamantstruktur finden wir im Aufbau des Siliziumatoms. Die vier Elektronen in der
äußersten Elektronenschale haben einen Zustand, der es ermöglicht, daß sie,
mit den entsprechenden Elektronen der Nachbaratome zusammenwirkend,
genau die Diamantstruktur als Kritall aufbauen können. Die vier äußeren
Elektronen, die auch Valenzelektronen genannt werden, bilden den „Kleb-
stoff", der den Siliziumkristall zusammenhält. Der reine Siliziumkristall benötigt alle Valenzelektronen, um die Gitterstruktur zusammenzuhalten; kei-
nes ist frei beweglich. Daher ist der Siliziumkristall elektrisch nicht leitend.
Das bisher Gesagte ist nur dann gültig, wenn keine äußere Einwirkung den
Idealzustand stört. Eine Einwirkung ist, wenn z. B. dem Silizium durch Erhitzen Energie zugeführt wird. Durch das Erhitzen können sich einige Valenzelektronen aus der Bindung lösen, auf ein höheres Energieniveau kommen und sich frei bewegen. Der Kristall wird elektrisch leitend. So ändert
beispielsweise das Silizium seine Leitfähigkeit um mehrere Größenordnungen, wenn es von Zimmertemperatur auf 200°C aufgewärmt wird. Genauso
können durch Lichteinwirkung Valenzelektronen in den leitenden Zustand
gebracht werden. Das Freiwerden von Elektronen aus der Kristallbindung
wird aber auch noch durch ein anderes Ereignis begleitet: Gleichzeitig mit
dem Freiwerden und Abwandern eines Elektrons entsteht ein „Loch" in dem
Bindungssystem, das eine effektiv positive Ladung hat. Das Loch kann auch
seinen Platz im Kristallgitter ändern, wenn ein Bindungselektron von dem
Nachbaratom in die nun vorhandene Elektronenlücke des Loches springt.
Im elektrischen Feld bewegen sich die Löcher in entgegengesetzter Richtung
wie die freigewordenen Elektronen. Den Mechanismus des Freiwerdens von
Elektronen und die Löcherbildung in einem reinen Siliziumkristall illustriert
Bild 1.2 in vereinfachter, zweidimensionaler Form. In der Praxis verläuft das
Ereignis im dreidimensionalen Kristall räumlich. Der Siliziumkristall kann
aber nicht nur durch Anregung mit thermischer Energie oder Licht in einen
leitenden Zustand gebracht werden, sondern auch durch „Dotierung". Dotierung heißt, daß dem reinen Kritall Fremdatome zugeführt werden, die
nicht vier, sondern wie Phosphor fünf oder wie Bor drei Elektronen in der
äußeren Elektronenschale enthalten. Das Phosphoratom, eingebaut in den
Siliziumkristall, braucht für die Bindung nur vier Bindungselektronen, das
überflüssige fünfte ist beweglich. Es verleiht dem Kristall Leitfähigkeit. Das
Leitungselektron, das mit dem „Donatoratom" eingeführt wurde, ist aber
nicht wie bei der Eigenleitfähigkeit mit einem Loch verknüpft. Die positive

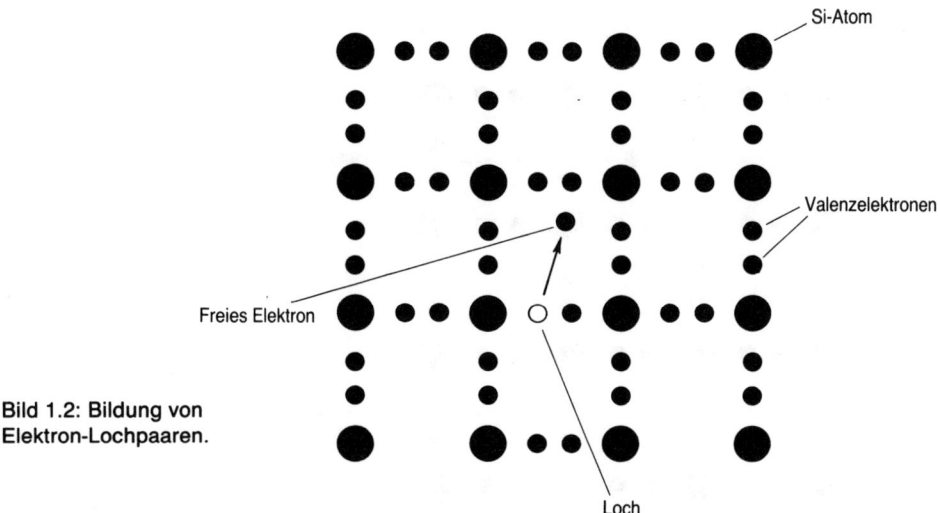

Si-Atom

Valenzelektronen

Freies Elektron

Bild 1.2: Bildung von
Elektron-Lochpaaren.

Loch

Ladung des Donators, d. h. des Phosphoratomrumpfes, ist platzgebunden. Im elektrischen Feld können sich nur die Elektronen mit ihrer negativen Ladung bewegen. Das phosphordotierte Silizium ist „n-leitend".
Baut man Boratome ins Silizium ein, fehlt ein Bindungselektron in seiner Umgebung. Nachdem das Bor nur drei Valenzelektronen besitzt, entsteht daher ein „Loch" ohne Begleitelektron. Da Löcher positive Ladungen repräsentieren, ist das bordotierte Silizium „p-leitend".
Es sind auch andere Dotierstoffe möglich, wie z. B. Arsen und Antimon als n- und Aluminium als p-Dotierung. Die Wirkung der Dotierung ist in *Bild 1.3* schematisiert dargestellt. Die Leitfähigkeit des dotierten Siliziums ist um so größer, je höher die Konzentration der Dotieratome ist. Die Löcher können sich, zum Unterschied zu den Elektronen, nur langsam im Kristall bewegen. Aus diesem Grunde hat bei gleicher Dotieratomkonzentration der n-leitende Siliziumkristall etwa zweimal bessere Leitfähigkeit als ein p-Material. Thermische oder optische Anregung erzeugt in dem dotierten Silizium zusätzliche Ladungsträger beider Art. Das heißt in einem n-leitenden Kristall sind auch einige wenige Löcher und in einem p-leitenden Kristall auch Elektronen vorhanden. „Ladungsträger", die die Leitfähigkeit bestimmen, nennt man „Majoritätsträger" und die wenigen, in der Minderheit vorhande-

13

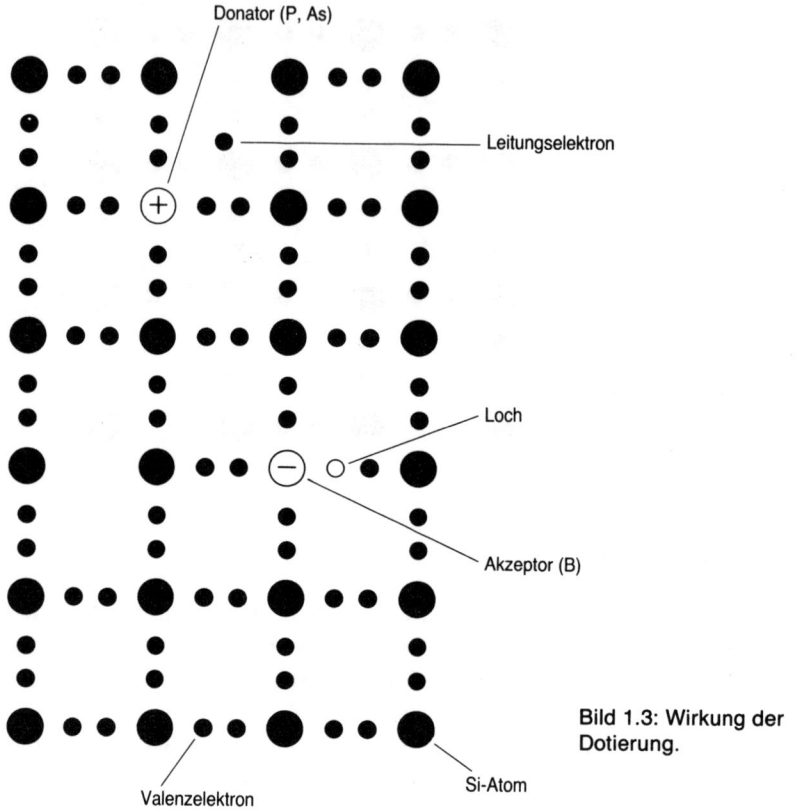

Bild 1.3: Wirkung der Dotierung.

Donator (P, As)

Leitungselektron

Loch

Akzeptor (B)

Valenzelektron

Si-Atom

nen anderen, die „Minoritätsträger". Die Konzentrationen von Minoritäts- und Majoritätsträgern sind, auf Zimmertemperatur, nach (1.1) und (1.2) zu berechnen:

$$n_{maj} \simeq N_{Dot} \tag{1.1}$$

$$n_{min} \simeq \frac{1,9 \cdot 10^{20}}{N_{Dot}} \tag{1.2}$$

$$1,9 \cdot 10^{20} = n_i^2 = n_{maj} \cdot n_{min} \ [cm^{-6}]$$

Wenn in einem Siliziumkristall n- und p-dotierte Gebiete nebeneinander angeordnet sind, spricht man vom „p-n-Übergang". Auf einer Seite des

14

n (P-dotiert) p (B-dotiert)

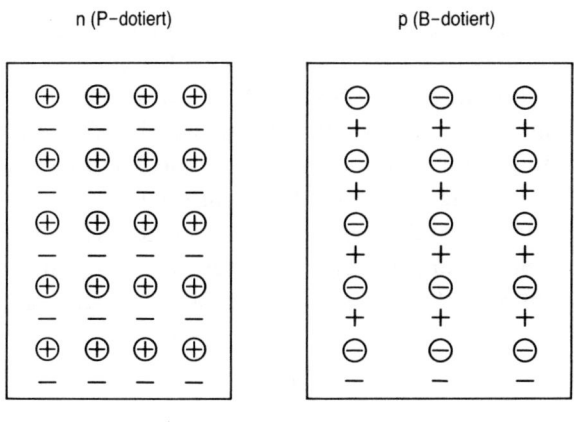

Bild 1.4: p-n-Übergang. Bildung aus n- und p-leitendem Silizium.

Raumladungszone R.L.Z.

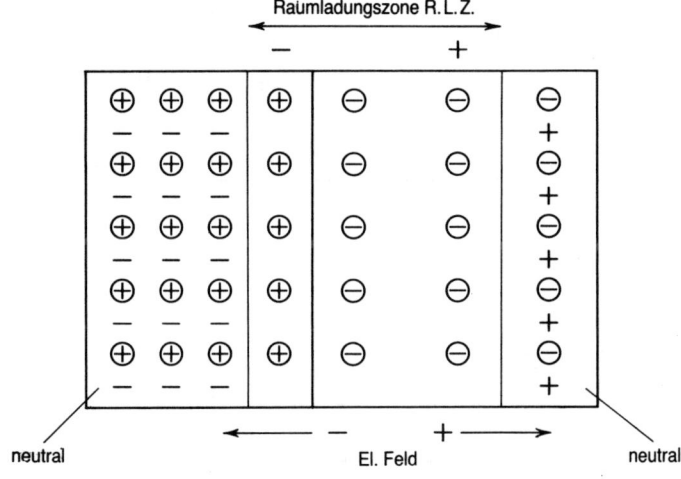

Bild 1.5: p-n-Übergang mit Raumladungszone.

p-n-Überganges sind Leitungselektronen, auf der anderen Seite Löcher in großer Konzentration vorhanden *(Bild 1.4)*. Nach dem Gesetz der Diffusion sollten sich die n- bzw. p-Ladungen jeweils so lange in Richtung der anderen Seite bewegen, auf der die Konzentration sehr klein ist, bis sich Elektronen und Löcher im ganzen Kristall gleichmäßig verteilt haben. Diese Situation

15

läßt jedoch auf der n-Seite eine kräftige, positive und auf der p-Seite eine negative Ladung entstehen. Die dadurch auftretenden elektrostatischen Kräfte versuchen die Ladungsträger zurückzuziehen, wie auch in *Bild 1.5* zu sehen ist. Das Ergebnis der beiden Wirkungen ist, daß bei einem p-n-Übergang eine „Raumladungszone" gebildet wird, die von Ladungsträgern „ausgeräumt" ist. Die Ladung der „nichtkompensierten Dotieratome" erzeugt ein elektrisches Feld (eingebautes Feld) von der Größe, daß die Diffusion verhindert wird. Somit können keine Ladungsträger den p-n-Übergang passieren, wenn nicht ein äußerer Einfluß diese Gleichgewichtssituation ändert *(Bild 1.6)*.

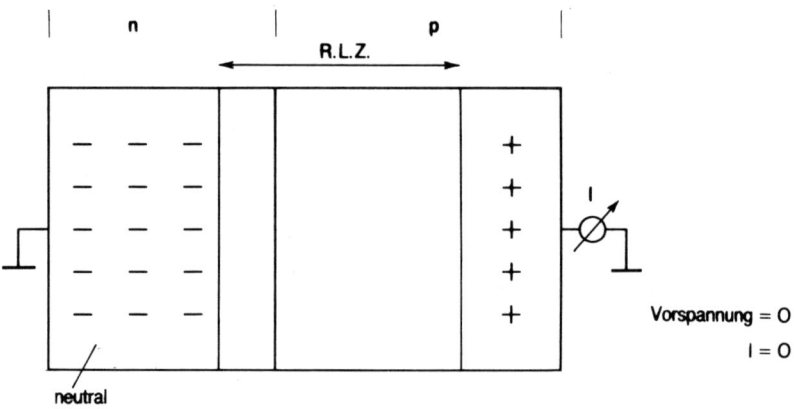

Bild 1.6: Vorspannung = 0 V; I = 0 A.

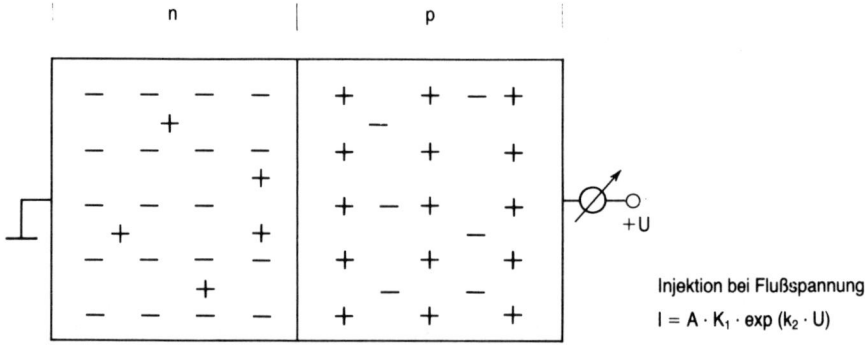

Bild 1.7: Injektion bei Flußspannung I = A·K_1·exp(K_2·U).

16

Das Gleichgewicht wird gestört, wenn man an den p-n-Übergang Spannung anlegt. Wird der p-n-Übergang in „Flußrichtung" vorgespannt, wie es *Bild 1.7* zeigt, wird die eingebaute Feldstärke reduziert, die Majoritätsträger werden durch den Übergang geschoben, und es kann der Diffusionseffekt wirken. Die Ladungsträger strömen in die Richtungen der kleineren Konzentration durch den p-n-Übergang. Es findet eine „Injektion" von Minoritätsträgern statt. Die injizierten Ladungsträger, die vom p-n-Übergang wegdiffundieren, haben jedoch eine zeitlich begrenzte „Lebensdauer" in dem andersleitenden Kristall. Sie können nicht allzu weit mit ihrer begrenzten Geschwindigkeit wandern. Man bezeichnet jene Wegstrecke als „Diffusionslänge", innerhalb der alle injizierten Ladungsträger verschwunden sind. Sie ist um so größer, je länger die Lebensdauer der Ladungsträger ist. Wie schnell die injizierten Ladungträger verschwinden (rekombinieren), d. h. wie groß die Lebensdauer ist, hängt von der Dichte der „Rekombinationszentren" und von der Menge der injizierten Ladungsträger ab. Die Zentren können durch Kristallfehler oder künstlich eingebaute Schwermetallatome (Gold, Platin) gebildet werden. Der Injektionsstrom durch den p-n-Übergang kann annähernd mit Formel (1.3) berechnet werden:

$$I = A \cdot K_1 \cdot \exp(K_2 \cdot U)$$

Er hängt exponentiell von der angelegten Vorspannung ab. Diffusionslänge, Temperatur und Materialparameter sind in den Konstanten K_1 und K_2 berücksichtigt.

Wenn an den p-n-Übergang „Sperrspannung" angelegt wird, wie es in *Bild 1.8* dargestellt ist, werden die Majoritätsträger aus der Nähe des p-n-Übergangs abgezogen, die Raumladungszone wird breiter und die Stärke des diffusionshindernden Feldes größer. Es fließt praktisch kein Strom. Sollte ein Ladungsträger in die Raumladungszone gelangen, so würde er durch das elektrische Feld schnell entfernt werden. *Bild 1.9* zeigt schematisiert die Spannungs- und Feldverteilung des in Sperrrichtung vorgespannten p-n-Überganges. Das Feld ist am p-n-Übergang am größten. Die Spannung fällt hauptsächlich auf der niedriger dotierten Seite des p-n-Überganges ab. Wenn eine Seite des p-n-Überganges viel höher dotiert ist als die andere, spricht man von abruptem" p-n-Übergang, wie in *Bild 1.10* zu sehen ist. An einem abrupten p-n-Übergang fällt der größte Teil der Spannung an der niedrigdotierten Seite ab.

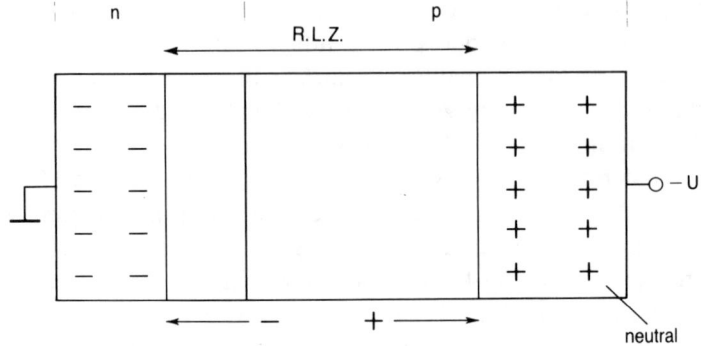

Bild 1.8: Sperrspannung an einem p-n-Übergang.

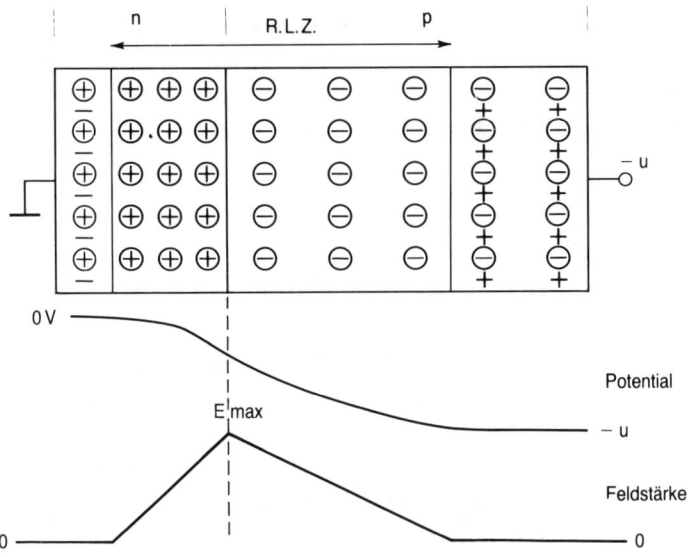

Bild 1.9: Spannungsverlauf und Feldstärke in der Raumladungszone.

18

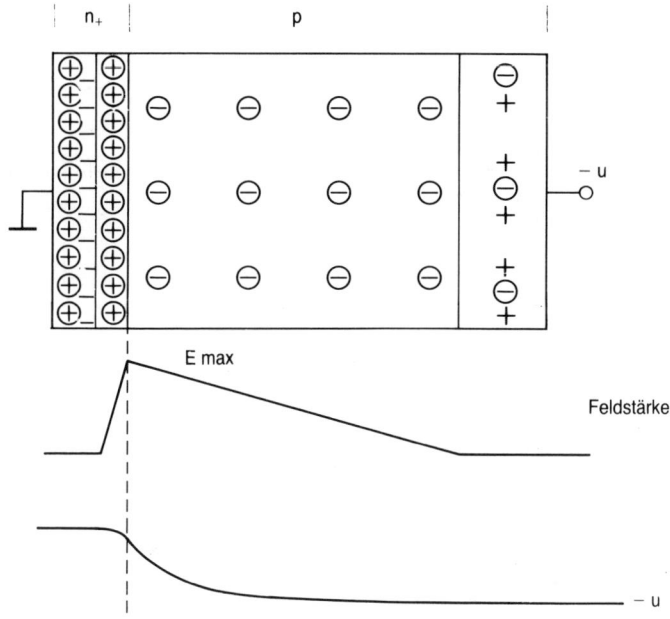

Bild 1.10: Abrupter p-n-Übergang.

Die in *Bild 1.11* dargestellte Struktur ist der „bipolare Transistor". Er besteht aus n-Emitter, p-Basis und n-Kollektorzone. Wegen seines Aufbaues wird er auch „n-p-n-Transistor" genannt. Das Gegenteil wäre die p-n-p-Version. Wenn die Struktur lt. *Bild 1.11* vorgespannt wird, emittiert der Emitter-Basisübergang und läßt Leitungselektronen in die p-Basis diffundierten. Ein Teil der Elektronen durchquert die Basis und der Rest verschwindet, d. h. er rekombiniert während des Diffundierens durch die Basiszone. Die Elektronen, welche den Basis-Kollektorübergang erreicht haben, werden durch die Raumladungszone in die Kollektorzone durchgesaugt.
Um einen Stromfluß durch die Struktur zu erhalten, muß der Rekombinationsverlust in der Basis in Form von Basisstrom zugeführt werden. Bei Kleinsignal-Bipolartransistoren mit geringen Stromdichten ist dieser Verlust des Basisstromes nur ein Bruchteil des Kollektorstromes. Die Basisstromverluste steigen aber auf etwa $I_c/10$ bis $I_c/5$ bei Stromdichten von >1 A/mm^2.

19

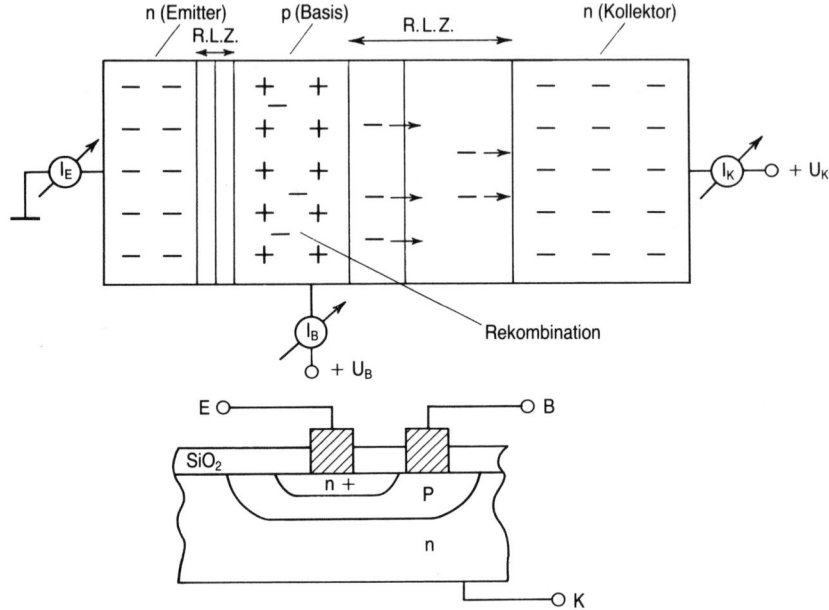

Bild 1.11: Prinzip und Ausführungsbeispiel eines Bipolartransistors.

Ein wichtiger elektrischer Parameter des Bipolartransistors ist die „Stromverstärkung" B, welche nach (1.4) definiert wird:

$$B = \frac{I_C}{I_B} \text{ daraus folgt } I_C = B \cdot I_B \qquad (1.4)$$

Der Bipolartransistor ist also ein Bauelement, in dem der Hauptstromfluß
zwischen den Emitter- und Kollektorkontakten mit der Zuführung des wesentlich kleineren Basisstromes durch den Basiskontakt kontrolliert, „moduliert", werden kann. Es findet ein Verstärkungseffekt statt.
Aus der Funktionsweise folgt auch der Name des „Bipolartransistors". An
dem Stromführungsmechanismus sind die Ladungsträger von beiden, d. h.
zwei Polaritäten (n-Elektronen und p-Löcher), beteiligt.
Praktische Ausführungsformen, Herstellverfahren, Größe und Strombereich der gebräuchlichsten Bipolartransistoren sind sehr unterschiedlich. Es
gibt Nieder- und Hochspannungsversionen, Einzelbauelemente oder integrierte Bipolarbausteine, Transitoren, die für Hochfrequenztechnik, und an-

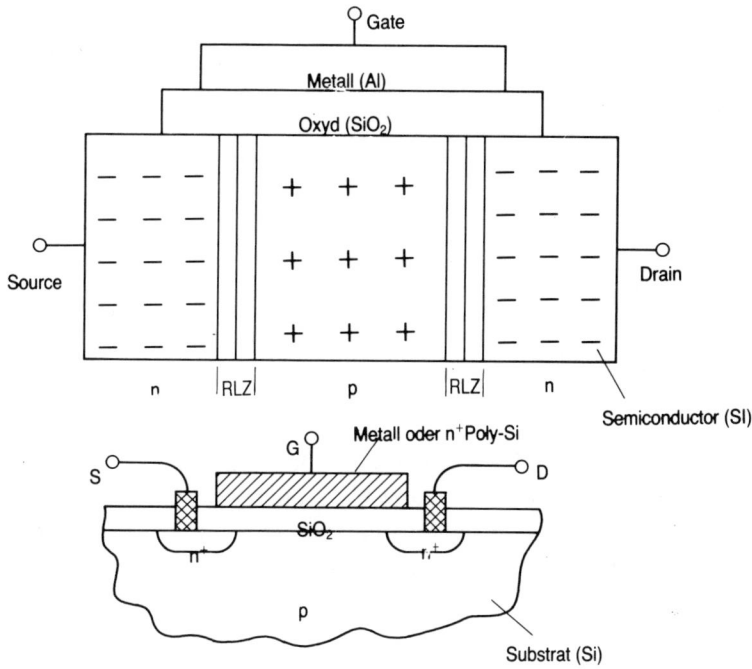

Bild 1.12: Prinzipieller Aufbau und einfachste lateral realisierbare Ausführungsform des MOS-Transistors.

dere, die für Leistungsschalteranwendungen bestimmt sind, sowie noch weitere, hier nicht erwähnte Versionen. Die physikalische Grundlage aber ist für alle Bipolarbauelemente gleich: Die Injektion der Ladungsträger aus der Emitter- in die Basiszone und das Diffundieren durch die Basis in Richtung Kollektor.

Mit der Struktur, dargestellt in *Bild 1.12* sind wir dem eigentlichen Thema dieses Buches bereits recht nahe gekommen. Dieses Bild stellt den MOS-Transistor in der einfachsten Form dar. Er besteht, ähnlich wie der n-p-n-Bipolartransistor, aus drei Zonen. Zusätzlich enthält er eine isoliert aufgebaute, leitende „Gate"-Elektrode auf der Oberfläche. Man erzeugt diese Oberflächenquarzschicht (SiO_2), die als Isolator wirkt, bei Silizium durch thermische Oxidation. Der Name MOS wird also aus dem Aufbau des Transistors abgeleitet: es ist die Abkürzung für *M*etal *O*xid *S*emiconductor. Wenn

21

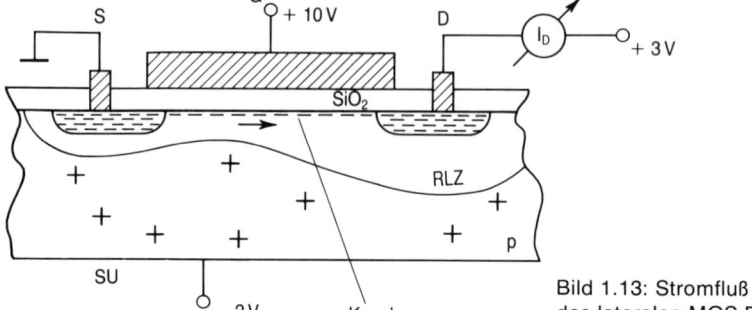

Bild 1.13: Stromfluß und Kanal des lateralen MOS-FETs.

die Struktur nach *Bild 1.13* vorgespannt wird, werden durch die positive Gatespannung negativ geladene Leitungselektronen auf die Oberfläche „gesaugt", und es entsteht eine „Inversionsschicht". Diese Inversionsschicht ist, ähnlich wie beim p-n-Übergang, durch eine Raumladungszone von dem neutralen Teil des p-„Substrates" (Träger) getrennt. Die Inversionsschicht verbindet die beiden n-Zonen miteinander. Wenn nun die rechte n-Zone auf positive Spannung gelegt wird, fließt Strom in der Inversionsschicht zwischen „Source" (n-Zone auf negativem Spannungspegel) und „Drain" (n-Zone auf positivem Pegel). Die Zone unter der Gate-Elektrode nennt man „Kanal". Unsere Struktur ist ein n-Kanal-MOS-Transistor. Die p-Kanal-Version wäre umgekehrt dotiert aufgebaut, hätte also p-dotierte Drain- und Source-Zonen, ein n-dotiertes Substrat und könnte mit negativer Gatespannung aufgesteuert werden.

Der Drainstrom eines MOS-Transistors wird durch die Gatespannung moduliert. Es fließt aber kein Gatestrom, da die Gate-Elektrode isoliert aufgebaut ist. Die Kontrolle des Stromflusses erfolgt durch den Effekt des elektrischen Feldes. Daher nennt man diese Art von Strukturen „Feldeffekttransistoren", abgekürzt „FET" oder „MOS-FET".

Manchmal wird in Zusammenhang mit MOS-FETs auch über den „Unipolareffekt" gesprochen. Er deutet einfach auf den Umstand hin, daß an der Stromführung Ladungsträger von nur einer Polarität beteiligt sind. *Bild 1.14* zeigt das I_D (U_{DS}) und das I_D (U_{GS}) Kennlinienfeld eines kleinen n-Kanal MOS-FETs zusammen mit der Rasterelektronenmikroskop-Aufnahme der Struktur. Solche kleinen MOS-FETs sind die Bauelemente von integrierten

22

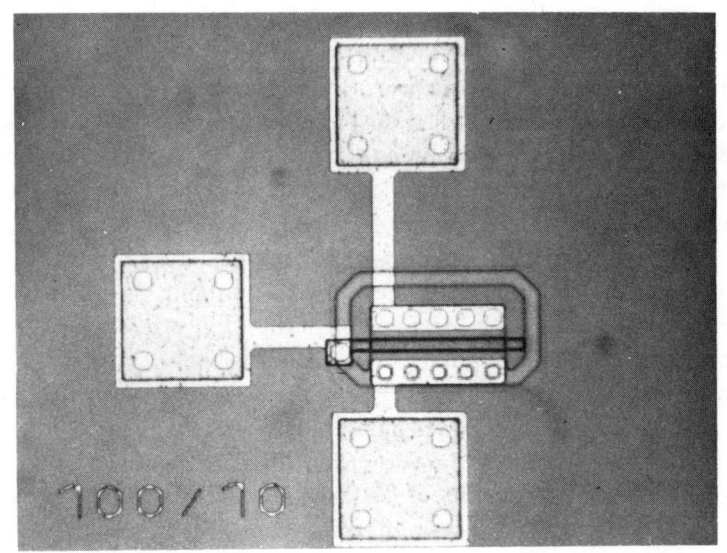

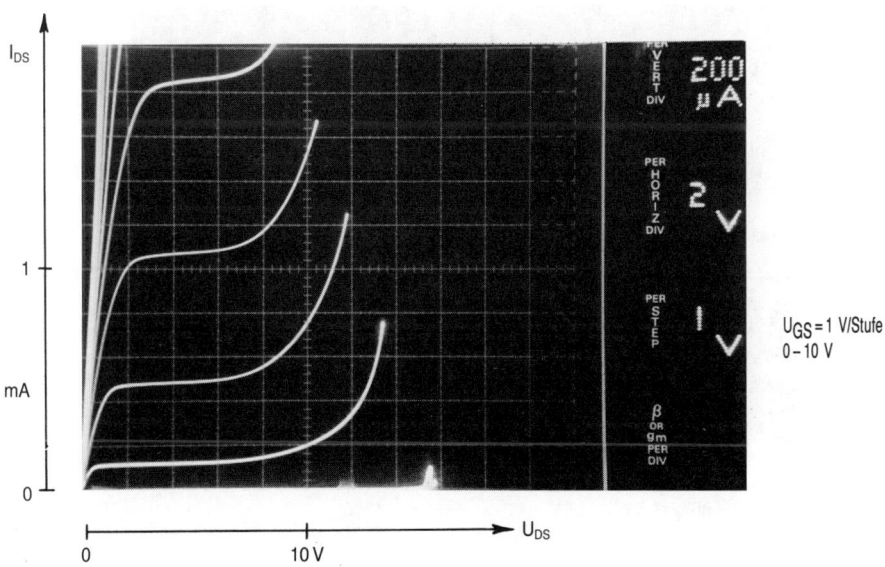

Bild 1.14: Aufbau und Kennlinienfeld eines MOS-Fets.

MOS-Schaltungen, die heute manchmal mehrere hunderttausend solcher kleinen Transistoren besitzen. Die Kennlinien in *Bild 1.14* wurden mit einem Curve-Tracer (Kennlinienfeldschreiber) aufgenommen. Es ist erkennbar, daß dieser MOS-FET nur bis zu einer Drainspannung von etwa 10 V verwendbar ist. Über etwa 10 V werden die pentodenartigen $I_D = f(U_D)$-Kennlinien schräg. Bei etwa 15 V tritt Durchbruch auf. Die Bauelemente weisen aber bis 10 V einwandfreie Transistoreigenschaften auf. Bei kleinen Drainspannungen gleicht die Struktur einem gatespannungs-gesteuerten Widerstand, der Strom verläuft zunächst proportional mit der Spannung. Steigt die Spannung weiter an, so erreicht der Strom einen Sättigungswert und wird nahezu unabhängig von der Drainspannung. Bei höheren Spannungen tritt dann der Durchbruch auf. Der Stromfluß setzt bei einer gewissen Gatespannung, der Einsatzspannung, ein und steigt darüber hinaus mit der Gatespannung steil an, wie in *Bild 1.15* gezeigt wird. Die Stromsättigung kommt dadurch zustande, daß im Kanal unter Einfluß des dort fließenden Stromes ein Spannungsabfall entsteht und der Spannungsunterschied zwischen Gate und Inversionsschicht in Richtung Drain kontinuierlich abnimmt. Der kleinere

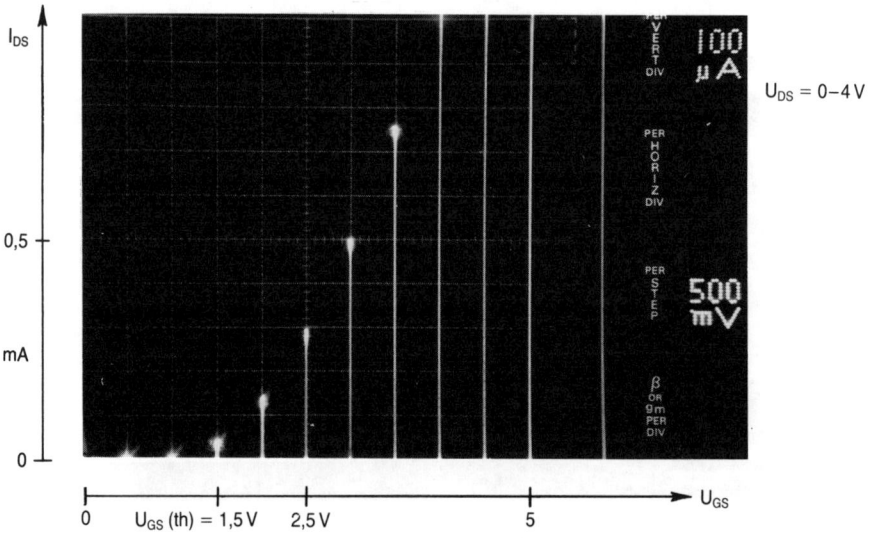

Bild 1.15: Kennlinien eines MOS-FETs.

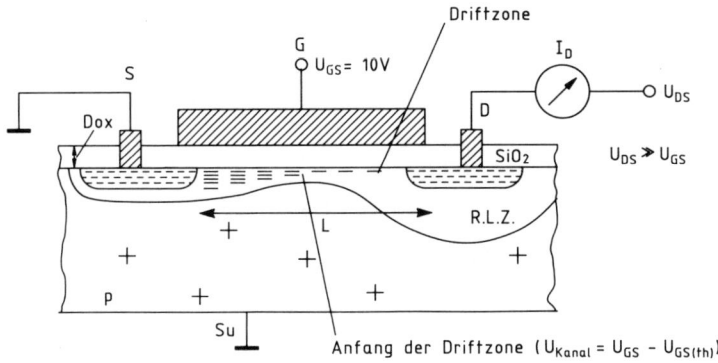

Bild 1.16: Stromsättigung im MOS-FET.

Spannungsunterschied bedeutet aber, daß die an die Oberfläche gesaugte Ladungsträgermenge in Richtung Drain weniger wird. Wird die Drainspannung höher als die *effektive* Gatespannung, gibt es eine Strecke, in der das Gatefeld die Ladungsträger sogar von der Oberfläche abstößt, wie in *Bild 1.16* illustriert wird. Das laterale elektrische Feld ist in dieser „Driftzone" so groß, daß die Ladungsträger diese mit der höchstmöglichen Geschwindigkeit von 10^7 cm/s durchlaufen können. In den Kanalbereichen, in denen die Feldstärke klein ist, haben die Ladungsträger niedrigere Geschwindigkeit. Die Ladungsträgergeschwindigkeit v ist nach (1.5) mit der Feldstärke proportional:

$$v = \mu \cdot E \tag{1.5}$$

μ steht für die „Beweglichkeit" und E für die elektrische Feldstärke. (Die Elektronenbeweglichkeit μ_n in einer n-Inversionsschicht liegt in der Gegend von 500 cm²/Vs, die Löcherbeweglichkeit μ_p bei etwas 200 cm²/Vs.) Der Drainstrom eines n-Kanal-MOS-FETs im Anlaufbereich bei $U_{DS} \ll U_{GS}$ kann nach (1.6) berechnet werden:

$$I_D = W \cdot v_n \cdot C_{ox} \cdot (U_{GS} - U_{GS(th)})$$

$$I_D = W \cdot \mu_n \cdot \frac{U_{DS}}{L} \cdot \frac{E_o E_{ox}}{D_{ox}} \cdot (U_{GS} - U_{GS(th)}) \tag{1.6}$$

Die Oxidkapazität berechnet sich wie folgt:

25

$$C_{ox} = \frac{3,45 \cdot 10^{-13}}{D_{ox}} \qquad\qquad (1.7)$$

$$3,45 \cdot 10^{-13}\,[F \cdot cm^{-1}] = E_o \cdot E_{si} = 8,85 \cdot 10^{-14}\,[F \cdot cm^{-1}] \cdot 3,9$$

Um die Größenordnungen zu illustrieren, benützen wir den in *Bild 1.14* dargestellten MOS-FET, der die folgenden Daten hat:

$$L = 10\,\mu m, \quad W = 100\,\mu m, \quad D_{ox} = 70\,nm, \quad U_{GS(th)} = 1,5\,V$$

Für $U_{DS} = 1\,V$ und $U_{GS} = 10\,V$ ergibt sich für den Drainstrom

$$I_{DS} = 500\,\frac{cm^2}{V_s} \cdot \frac{1\,V \cdot 100 \cdot 10^{-4}\,cm}{10 \cdot 10^{-4}\,cm} \cdot \frac{3,5 \cdot 10^{-13}\,\frac{As}{V\,cm}}{7 \cdot 10^{-6}\,cm} \cdot (10\,V - 1,5\,V)$$

$$= 2 \cdot 10^{-3}\,A = 2\,mA$$

Der „Einschaltwiderstand" $R_{DS(on)}$ des im Beispiel berechneten Transistors beträgt also bei einer angenommenen Gatespannung von 10 V:

$$R_{DS(on)} = \frac{U_{DS}}{I_D} = \frac{1\,V}{2\,mA} = 500\,Ohm.$$

Für kleineren $R_{DS(on)}$, d. h. für größere Stromergiebigkeit, ist es notwendig, die Kanalweite W zu vergrößern und die Kanallänge L und die Oxiddicke D_{ox} zu reduzieren. Im Prinzip kann man MOS-Transistoren für beliebige Ströme herstellen, wenn nur genügend Siliziumfläche zur Verfügung steht. Für Leistungsbauelemente sollte aber nicht nur die Stromstärke, sondern auch die Blockierspannung möglichst hoch sein, was bei den einfachen lateralen MOS-FETs nicht möglich ist. Die Ursache der relativ niedrigen Drain-Durchbruchspannung ist die große Feldstärke in der Drain-Driftregion. Abhängig von Oxiddicke und Drain-Dotierungsprofil liegt die Durchbruchspannung der in ICs verwendeten lateralen MOS-FETs zwischen 5–15 V, bei höheren Drainspannungen sind einfache Strukturen, wie die hier vorgestellten, nicht verwendbar. Bevor wir die Möglichkeit angehen, wie trotzdem Leistungs-MOS-FETs realisiert werden können, soll noch über zwei oft gehörte Begriffe gesprochen werden.

Der diskutierte „Lateral-n-Kanal-MOS-FET" ist ein „Anreichungs(enhancement)-Typ", da er bei $U_{GS} = 0\,V$ noch nicht leitet. Der Kanal muß zuerst durch die positive Gatespannung mit Leitungselektronen angereichert werden, um Stromfluß zu ermöglichen. Eine andere Art von n-Kanal-MOS-FETs ist bei $U_{GS} = 0\,V$ bereits leitend. Hier muß eine negative Gatespannung angelegt werden, um den leitenden Kanal zu verarmen und den Stromfluß abzusperren. Diese Transistoren heißen sinngemäß „MOS-FETs vom Verarmungs(depletion)-Typ". Es gibt natürlich beide Arten, Anreicherungs- und Verarmungs-MOS-FETs in p-Kanal-Version, wobei sich die Vorzeichen der entsprechenden Spannungen umkehren.

Die lateralen MOS-FETs werden hauptsächlich für IC-Anwendungen benützt. Die unkomplizierte Struktur und das einfache Herstellverfahren machen sie ideal für hochkomplexe Schaltungen. Der Trend geht in Richtung immer kleiner und kleiner werdender Abmessungen, Oxiddicken und Kanallängen. Bei heutigen Berichten ist an der Tagesordnung, daß über MOS-

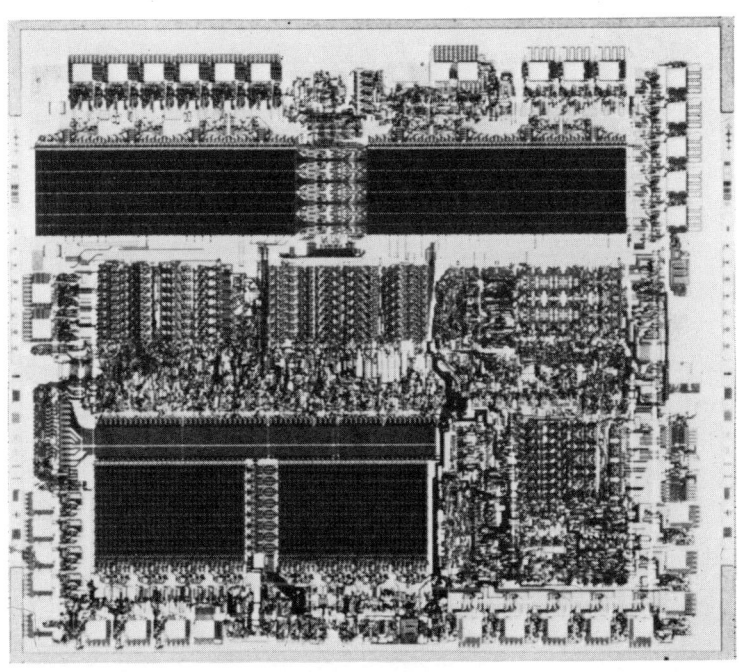

Bild 1.17: Chipfoto eines Mikroprozessors SAB 8051 (Siemens).

27

FETs in VLSI-Schaltungen mit weniger als 1 μm Kanallänge und geringeren Gesamtflächen als einigen zehn Quadratmicrons gesprochen wird.

Für Logikschaltungen ist nämlich die Dichte der Logikfunktionen besonders wichtig. Es ist möglich, die für eine Logikfunktion benötigte Energie noch erheblich zu senken, ohne daß Genauigkeit, Zuverlässigkeit oder Informationsfluß darunter leiden. Die Logikschaltungen werden in der Zukunft weiterhin komplexer; sie werden mehr Logikfunktionen pro Siliziumflächeneinheit, also immer mehr und kleinere MOS-FETs beinhalten. Daher eignen sich die lateralen MOS-FETs ausgezeichnet für diese Entwicklungsrichtung. Als Illustration für die Komplexität von modernen MOS-ICs zeigt *Bild 1.17* einen Ausschnitt. Für die Entwicklung der MOS-FET-Technik in Richtung höherer Leistungen müßten dagegen ganz andere Wege eingeschlagen werden: Erhöhung der Stromdichte, der Blockierspannung und auch der Chipgröße.

2 Entwicklungsgeschichte der vertikalen MOS-Leistungstransistoren

Dieses Kapitel soll nun die wichtigsten Überlegungen und Schritte in der Weiterentwicklung der lateralen zu den heutigen vertikalen MOS-Transistoren erläutern.

In *Bild 2.1* und *Bild 2.2* sind die wesentlichen Unterschiede eines in Lateral- und eines in Vertikaltechnik aufgebauten Transistors dargestellt.

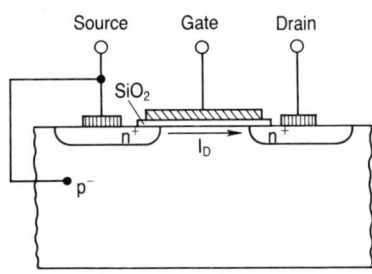

Bild 2.1: Lateraler MOS-Transistor.

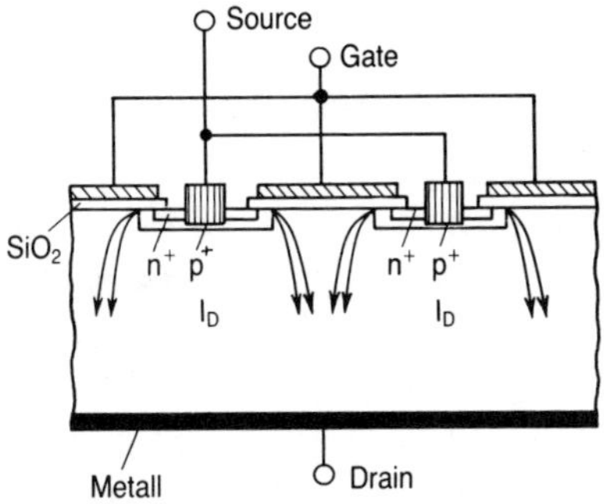

Bild 2.2: Vertikaler MOS-Transistor.

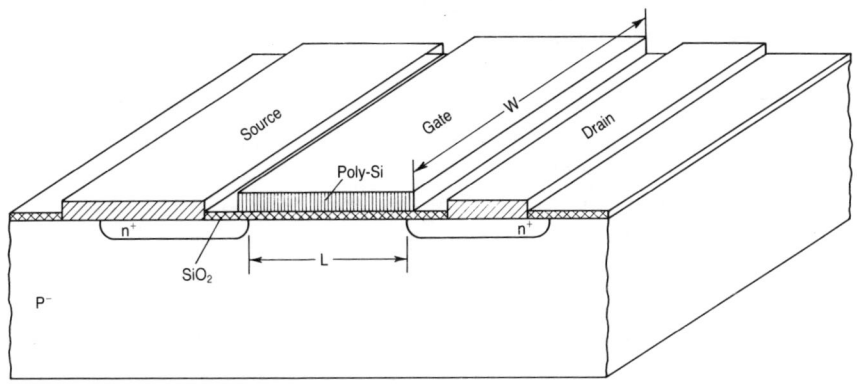

Bild 2.3: Aufbau eines n-Kanaltransistors. W = Kanalweite; L = Kanallänge.
Lateral-MOS-Fet mit n-Driftstrecke für höhere Spannungen.

Die elektrischen Eigenschaften, wie Einschaltwiderstand, Maximalstrom, Steilheit und Drain-Source-Spannung, können bei MOS-Transistoren auf einfache Art durch Variation der Kanalweite W bzw. der Kanallänge L beeinflußt werden, siehe *Bild 2.3*. Die prinzipiellen Zusammenhänge für Lateraltransistoren sind vereinfacht in (2.1) – (2.4) zusammengefaßt.

$$I_D \sim \frac{W}{L} \qquad (2.1)$$

$$G = \frac{1}{R_{DS(on)}} \sim \frac{W}{L} \qquad (2.2)$$

$$S \sim \frac{W}{L} \qquad (2.3)$$

$$U_{DS} \sim L; D_{ox}; N_{D(Drain)} \qquad (2.4)$$

Aus den oben dargestellten Proportionalitätsgleichungen ist zu erkennen, daß bei Leistungsbauelementen das Verhältnis $\frac{W}{L}$ für hohe Drainströme, große Steilheiten und kleine Einschaltwiderstände möglichst groß sein sollte. Große Kanalweiten W erhält man durch streifenförmig verkämmte oder mäanderförmige Strukturen. Der Forderung einer kurzen Kanallänge in (2.1) – (2.3) steht nun aber der Zusammenhang aus (2.4), d. h. L proportional der Drain-Source-Spannung, entgegen. Da wir einen p^-n^+ Übergang vor uns haben, breitet sich die drainseitige Raumladungszone bei dem in *Bild 2.3* gezeigten Transistor vorwiegend im p^- Gebiet aus, dessen Dotierung mit der gewünschten Einsatzspannung und der gewählten Oxiddicke festgelegt ist.

Für höhere Drainspannungen benötigen wir aus den eben genannten Gründen eine entsprechend größere Kanallänge L. Ein weiterer begrenzender Faktor ist die Dicke des Gate-Oxids.

Legen wir an diesen Transistor eine höhere Drain-Source-Spannung, so entsteht, wie in Kapitel 1 bereits besprochen, an der Drain-Gate-Überlappung eine hohe Feldstärke im Gate-Oxid. Um diesen Transistor auch für höhere Spannungen verwenden zu können, ist man gezwungen, die Gate-Oxiddicke zu erhöhen, was wiederum zu einer Verschlechterung der Werte aus (2.1) – (2.3) führt.

Einen Lösungsweg zeigt der Aufbau nach *Bild 2.4*. Hier wurde die Dotierung des p-Gebietes etwas angehoben, das Gate-Oxid dünner gehalten und das

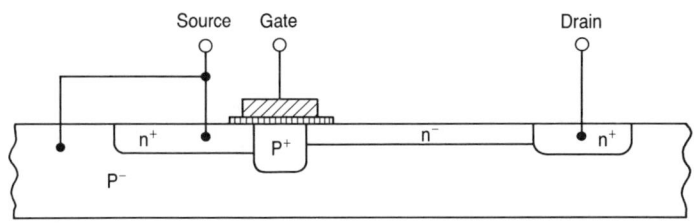

Bild 2.4: Lateral-MOS-FET, Schnittbild

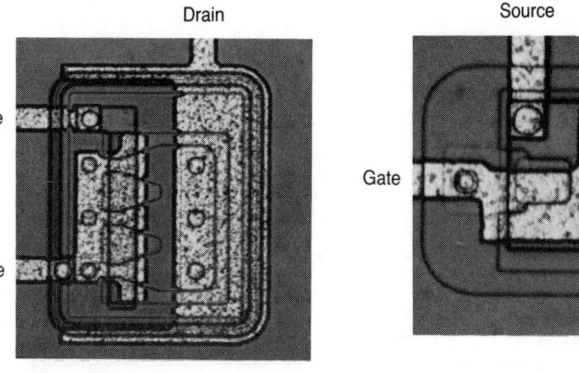

Bild 2.5: Lateral-MOS-FET-
Ausführungsbeisiel 1.

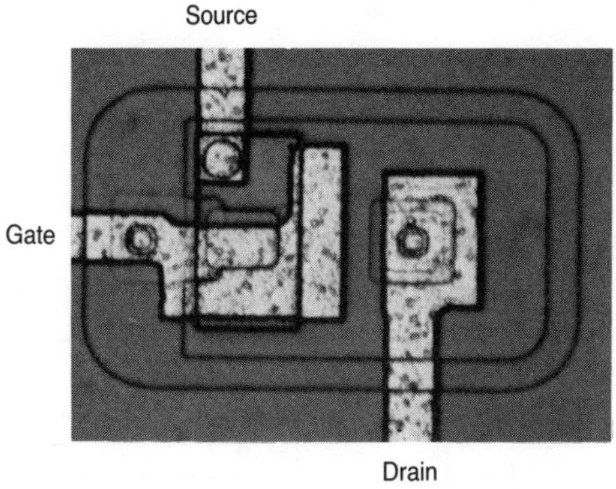

Bild 2.6: Lateral-MOS-FET-Ausführungsbei-
spiel 2.

Draingebiet in einen schwächer dotierten (Driftzone) und einen stärker dotierten Bereich (Kontaktierung) unterteilt. Wir haben einen abrupten p-n⁻-
Übergang vor uns. Die Struktur entspricht einer Serienschaltung eines Nie-
derspannungs-MOS-Schalters mit einer Driftstrecke. Dadurch erreicht man
jetzt eine Ausbreitung der Raumladungszone im n⁻-Gebiet und eine Reduktion der Feldstärke. Es ist nun auch möglich, die Kanallänge zu reduzieren.
Diese Art von Transistoren werden oft mit unterschiedlichen Geometrien des
Draingebietes (siehe *Bild 2.5*, *2.6*) in integrierten Schaltkreisen zusammen
mit Niederspannungslogik verwendet. Die Hochspannungsausgänge (bis ca.
300 V) eignen sich zur Ansteuerung von piezo-elektrischen Wandlern oder
Plasmaanzeigen.

Nachteile dieser Transistoren sind zum einen der große Flächenbedarf für
höhere Ströme (Kanalweite W) und höhere Spannungen (man benötigt pro
100 V Drainspannung 10 μm n⁻-Gebiet zur Unterbringung der Raumla-

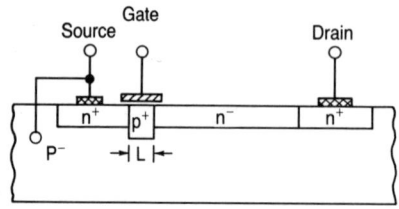

Bild 2.7: Laterialer MOS-Transistor
mit n⁻-Driftstrecke.

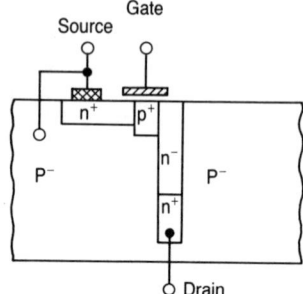

Bild 2.8: Verlagerung der Driftzone in das Transistorvolumen.

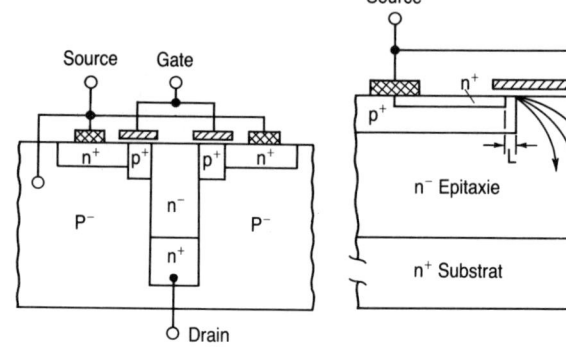

Bild 2.9: Erhöhung der
Packungsdichte.

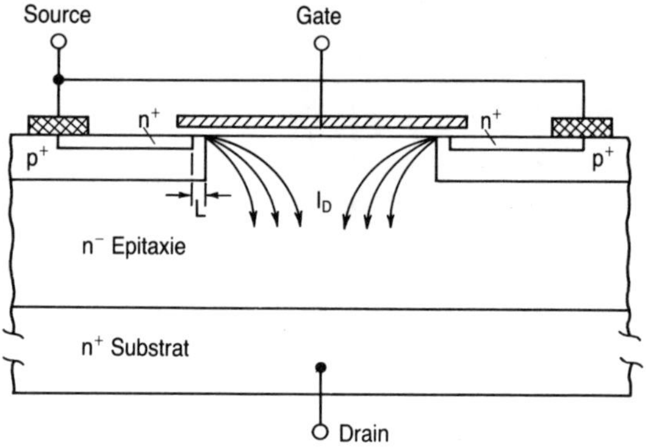

Bild 2.10: Umbildung des p⁻-Substates in eine
P-Wanne.

dungszone). Zum anderen entsteht die Verlustwärme nahe an der Chipoberfläche und kann schlecht abgeführt werden.

Weitere Schritte, den durch die n⁻-Zone hervorgerufenen Flächenverlust zu
reduzieren, zeigen die *Bilder 2.7, 2.8, 2.9, 2.10.* Es wurde das n⁻-Gebiet in das
bisher ungenutzte Volumen des Chips verlegt. Als Träger für die dünne Epitaxieschicht dient jetzt ein niederohmiges, etwa 500 μm dickes Siliziumsub-
strat. Dicke und Dotierung dieser auf das Substrat aufgewachsenen
n⁻-Schicht (Epitaxieschicht) bestimmt die Spannungsfestigkeit des Transistors. Der eigentliche „Schalter", also der MOS-Transistor, befindet sich an
der Chipoberfläche und ist streifen- oder zellenförmig aufgebaut. Die von
der Drainspannung erzeugte Raumladungszone verläuft nun im Volumen
des Transistorchips.

Ein Vorteil eines solchen Aufbaues ist die räumliche Trennung von Source-
und Gate- zur Drainelektrode (günstig für hohe Spannungen). Außerdem
besteht die Möglichkeit der Anwendung von Planartechnologien und Pro-
zessen mit hohen Integrationsdichten, d. h. es sind große Kanalweiten möglich und dies alles nahezu unabhängig von der geforderten Drainspannung.
Ein bei vertikalen MOS-Transistoren wesentlicher Vorteil ist, daß die maximale Verlustleistung nicht in der Nähe der Zellen, sondern im Volumen des
Transistors auftritt. Sie kann sich dort gut verteilen und ist über die Chip-
rückseite, gleichzeitig auch Drainanschluß, leicht abzuleiten. Ein positiver
Temperaturkoeffizient des Drain-Source-Widerstandes wirkt einer Einschnürung des Strompfades (erhöhte Leitfähigkeit des Siliziums durch Zu-
fuhr von thermischer Energie) entgegen. So ist auch der gefürchtete zweite
Durchbruch beim MOS-Transistor nicht vorhanden.
Bild 2.11 zeigt einen Schnitt durch einen modernen vertikalen MOS-Leistungstransistor mit vielen kleinen, hier quadratischen Transistorzellen, die

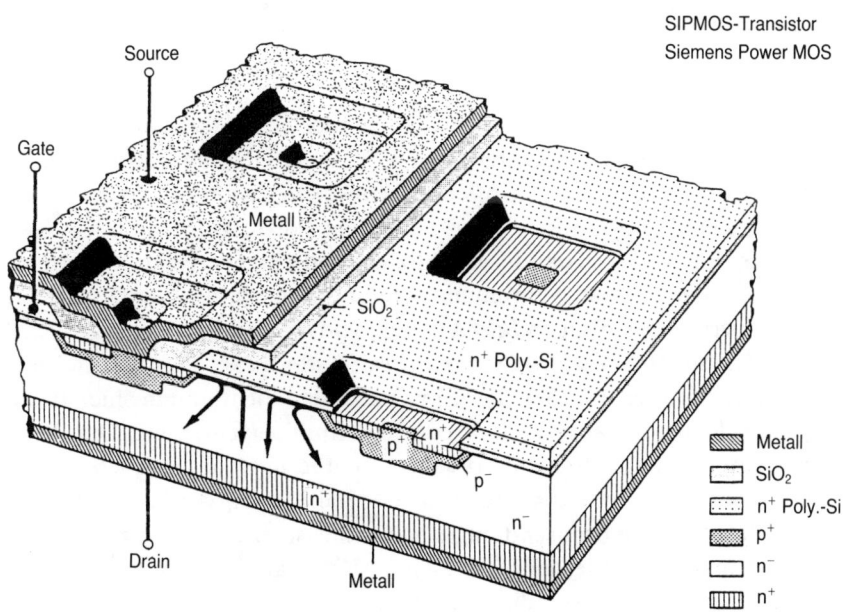

Bild 2.11: Schnittbild eines vertikalen n-Kanal-Leistungs-MOS-FETs.

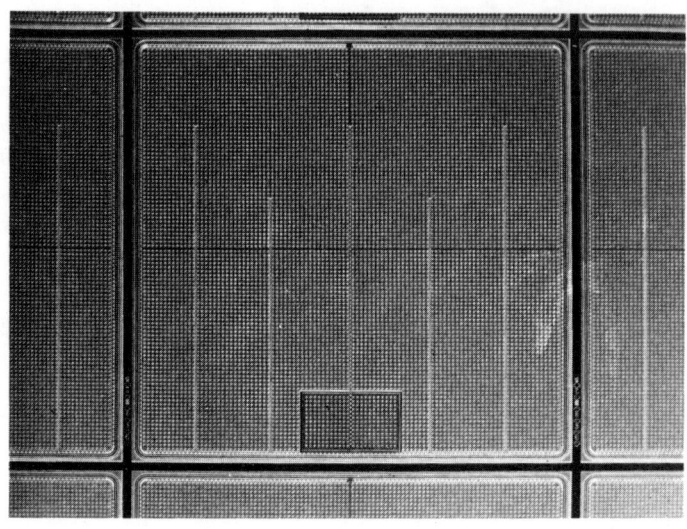

Bild 2.12: REM (Rasterelektronenmikroskop)-Aufnahme eines 6 mm × 6 mm großen MOS-Transistorchips.

durch eine Metallisierungsebene miteinander parallelgeschaltet werden. Man erreicht heute Zellendichten von $\leqq 700\,000$ Zellen/cm^2 und damit Kanalweiten von $\leqq 16$ m/cm^2 Chipfläche. Ein weiterer wichtiger Faktor für einen kompakten Aufbau ist die aus leitendem Polysilizium gebildete Gate-Elektrode. Sie wird vollständig im Siliziumoxid eingebettet und ist an verschiedenen Stellen über Aluminiumringe und Stege kontaktiert, siehe *Bild 2.12*. Der vertikale Aufbau in *Bild 2.11 zeigt von unten nach oben die Metallisierung für die Drainelektrode, dann die 500* μm dicke, sehr niederohmige Substratschicht, die als Träger der Epitaxieschicht dient und die hier als Zellen ausgebildeten p-Wannen mit den darin befindlichen n-Inseln. Darüber ist die auf einer Dünnoxidschicht aufgebrachte und in Oxid eingebettete Polysilizium-Gate-Elektrode angeordnet. Die Metallisierung der Source-Elektrode schaltet die vielen tausend einzelnen Transistorzellen zu einem großen Transistor parallel. Jeder einzelne kleine MOS-Transistor hat seine Source-Elektrode an der n$^+$-Insel, die durch eine p-Wanne von der Drainelektrode getrennt wird. Erst durch eine positive Spannung an der Gate-Elektrode wird die schmale p-Barriere an der Grenzschicht zum Gate-Oxid invertiert.

34

Es bildet sich ein leitender n-Kanal aus, der das n^+-Gebiet der Source mit dem n^--Gebiet des Drains leitend miteinander verbindet. Nun kann ein Stromfluß zwischen Source und Drain zustandekommen. Durch die Schichtfolge n^+-p-n^+ entsteht aber auch ein parasitärer, vertikaler n-p-n-Bipolartransistor, der jedoch in voller Absicht durch die Source-Metallisierung möglichst gut kurzgeschlossen wird. Da die Source-Elektrode direkt mit der p-Wanne, d. h. mit der Basis des Bipolartransistors in Verbindung steht, wird zwischen Source und Drain eine Diode gebildet. Sie ist bei positiver Drainspannung gesperrt. Vertauscht man die Polaritäten zwischen Drain und Source (also Drain negativ und Source positiv — man spricht jetzt vom Inversbetrieb), ist diese Diode leitend. Es haben sich bei den einzelnen Herstellern von Leistungs-MOS-Transistoren verschiedene Technologien druchgesetzt, die wir jetzt näher besprechen wollen.

2.1 V-Graben-MOS-FET *(Bild 2.1.1)*

Der allgemeine Aufbau entspricht dem vorher besprochenen. Einen markanten Unterschied bildet die Gate-Elektrode. Hier wird durch anisotope Ät-

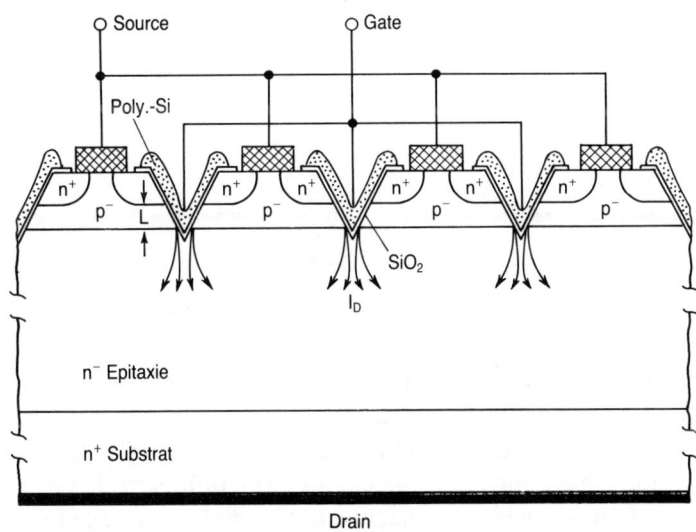

Bild 2.1.1: Aufbau eines V-Graben-MOS-FETs.

zung (Ätzung in Richtung des Kristallgitters) ein V-förmiger Graben erzeugt, in dem die Gate-Elektrode aus Polysilizium oder Metall auf Siliziumoxid isoliert angeordnet ist. Der Graben ist so tief, daß er durch die n^+- und p-Schicht in das n^--Gebiet reicht. Die Kanallänge eines solchen Transistors beträgt ca. $1-2\ \mu$m und wird durch den Abstand von n^+ und n^- bestimmt. Nachteile dieser Struktur sind nur begrenzte Bereiche für den Stromfluß zwischen Drain und Source, die nicht planare Anordnung der Struktur und die starke Abweichung von der in integrierten Schaltkreisen benutzten Herstellungstechnologie.

2.2 U-Graben-MOS-FET *(Bild 2.2.1 a, b)*

Durch vorzeitigen Abbruch der Ätzung und etwas geänderte Geometrien erhält man statt eines V-Grabens einen U-förmigen Graben. Es werden hier die

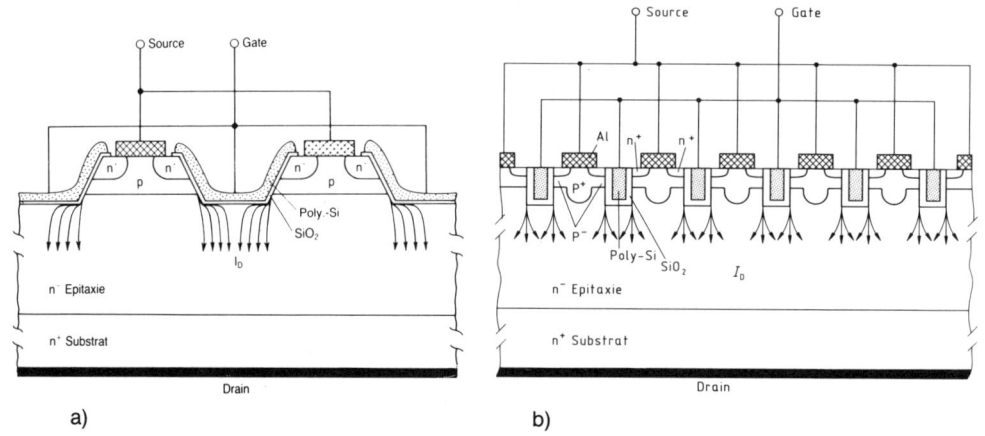

a)   b)

Bild 2.2.1: Aufbau von U-Graben-MOS-FETs.

Spitzen in der Gate-Elektrode entschärft und damit die hohen Feldstärken vermieden. Drainspannungen bis ca. 600 V sind herstellbar. Außerdem weist der U-förmige Graben günstigere Einschaltverhältnisse auf. Der Drainstrom kann sich über eine größere Fläche unter der Gate-Elektrode verteilen. Für Schalter mit Druchbruchspannungen <100 V wählt man steile Flanken und hohe Packungsdichte *(Bild 2.2.1 b)*, wie dies neuerdings bei der aus der Speichertechnik übernommenen TRENCH-Technologie realisiert ist [15]. Man

36

erreicht dadurch sehr niedrige Flächenwiderstände. Die häufigsten Leistungs-MOS-FET-Technologien weisen eine planare Anordnung der Gate-Elektrode auf. Dazu zählen einmal die DMOS- *(Bild 2.3.1)* und die SIPMOS-Technologie *(Bild 2.11, Bild 2.4.1)*.

2.3 DMOS-FET *(Bild 2.3.1)*

Der DMOS steht für „doppelt diffundiert" und bezieht sich auf die p^--n^+-Gebiete im Sourcebereich. Die Gate-Elektrode ist horizontal angeordnet, besteht aus Polysilizium und ist vollständig in Siliziumoxid eingebet-

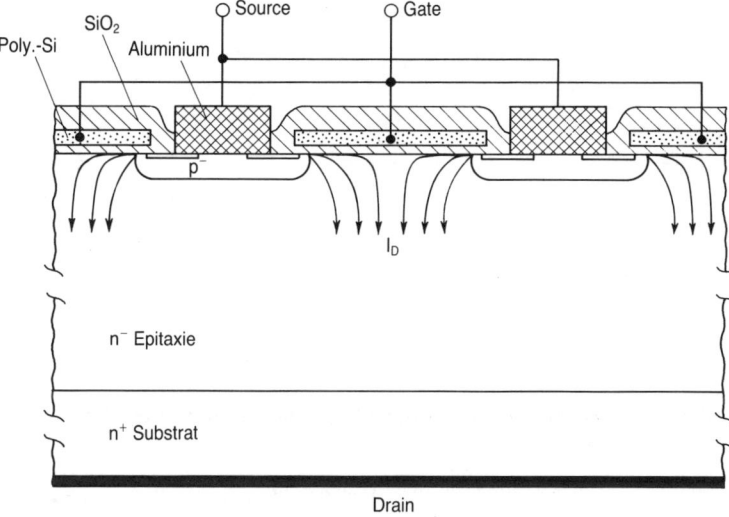

Bild 2.3.1: Aufbau eines DMOS-Transistors.

tet. Durch den Aufbau bedingt, ist der Kanal lateral angeordnet. Die Source-Elektrode kann als durchgehende Aluminiumschicht ausgebildet werden. Die Struktur ist meist zellenförmig, wobei die Form der Zellen unterschiedlich sein kann, d. h. sechseckig (Hex-FET), rechteckig (TMOS), dreieckig, rund oder streifenförmig.

Durch die doppelte Diffusion erreicht man auch hier relativ kurze Kanallängen von $1-2$ μm; durch Akkumulation ergibt sich eine günstige Verteilung für den Drainstrom.

2.4 SIPMOS-FET

Bei der SIPMOS-Technologie (SIPMOS ist ein eingetragenes Warenzeichen der Siemens AG), Bild 2.11, *2.4.1* auch DIMOS-Technologie (d. h. doppelt implantiert) genannt, wird die Gate-Elektrode ebenfalls horizontal angeordnet, jedoch mit abgeschrägten Kanten versehen. Dies hat mehrere Vorteile. Einmal dienen die abgeschrägten Kanten des Polysiliziumgates als selbstjustierende Implantationsmaske für das Kanalgebiet (p^-) und das Sourcegebiet (n^+).

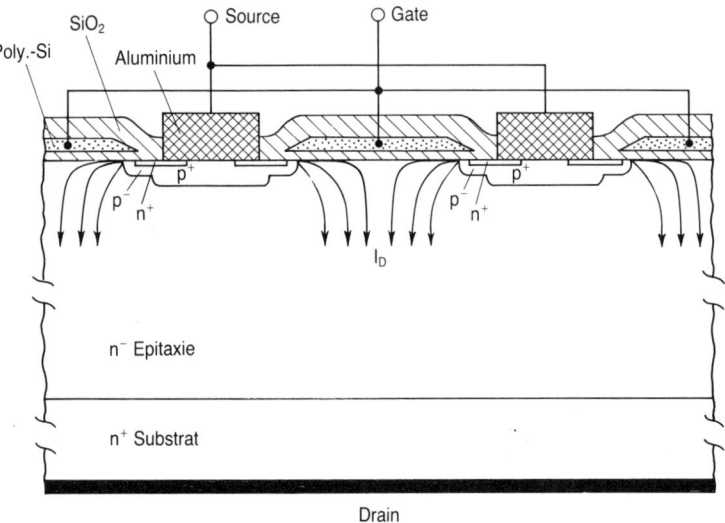

Bild 2.4.1: Aufbau eines SIPMOS-Transistors.

Man kann so, unabhängig von der Dotierung der p^+-Wanne, die Dotierung des Kanalgebietes p^- festlegen. Dies erlaubt in gewissen Grenzen auf einfache Art eine Variation der Einsatzspannung. Durch die getrennte Ausführung des p-Gebietes ist ein niederohmiger Kurzschluß des parasitären n-p-n-Transistors möglich. Einen weiteren Vorteil bieten die abgeschrägten Kanten des Polysiliziums. Die darüberliegende Oxidschicht und die Source-Aluminiumschicht weisen abgerundete Kanten und eine gute Bedeckung auf (keine Lunkerbildung, kein Abriß der Metallisierung). Die Kontaktierung kann direkt auf der Source-Struktur erfolgen. Da hier selbstjustierende Prozeßschritte verwendet werden und die Masken- und Justagetoleranzen wegfal-

38

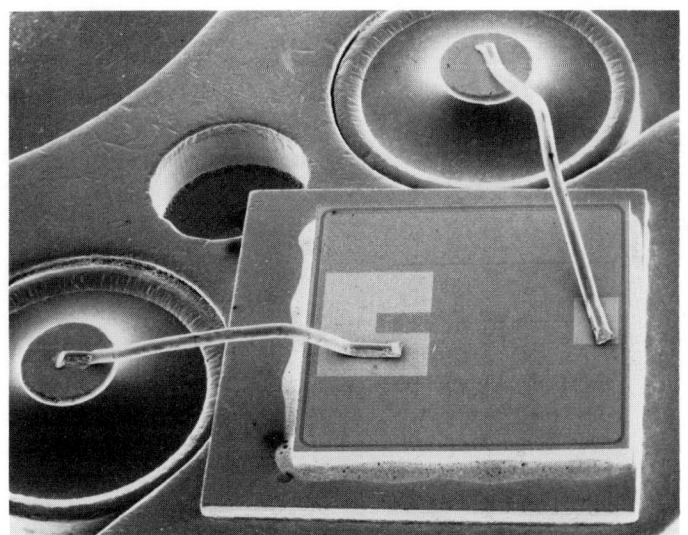

Bild 2.4.2: REM-
Aufnahme eines
montierten
Leistungs-
MOS-FETS.

len, können die Abmessungen der Zellen kleingehalten und somit hohe
Packungsdichten erreicht werden. Durch kurze Kanallängen (1–1,5 μm erge-
ben sich große $\frac{W}{L}$ Verhältnisse, was zu hohen Drainströmen, hohen Steilhei-
ten und kleinen Einschaltwiderständen führt. Außerdem ergibt sich eine gute
Flächennutzung durch die Kontaktierung der Source-Elektrode direkt im
Zellenfeld *Bild 2.4.2)*.

2.5 Übersicht der wichtigsten MOS-FETs

Nach der Erkärung der wichtigsten Technologien von Leistungs-MOS-FETs
nun eine Übersicht, welche Bauelemente damit realisiert werden können.
Eine grobe Unterscheidung schafft man durch Unterteilung der MOS-FETs
in

● Leistungs-MOS-FET
● Kleinsignal-MOS-FET
● IGBT als MOS-Bipolar Kombination
● Smart-Power-FET, als „intelligenten" MOS-Schalter mit
　　— Schutzfunktion ohne Rückmeldung und
　　— Schutzfunktion mit Rückmeldung

39

Kleinsignal-MOS-FETs sind Bauelemente mit geringer maximaler Verlustleistung (kleiner 2 W) in Gehäusen wie TO-18, TO-92, TO-202, SOT-23, SOT-89, SOT-223, um nur einige zu nennen. Die Kostruktion kann auch ein lateraler MOS-FET sein (z. B. Hochfrequenztransistor).

IGBT bedeutet „isolated gate bipolar transistor" und ist eine Kombination aus einem MOS-FET und einem zusätzlichen p-n-Übergang (siehe Kapitel 6).

Smart-Power-FETs werden als Kombination von CMOS, bzw. Bipolar-Logik und MOS-Schalter hergestellt, wobei der Leistungs-MOS-FET ein n-Kanal-, seltener ein p-Kanal-Transistor ist.

Nach der Drain-Source Betriebsspannung unterscheidet man

- n-Kanal Typen (Drain positiv, Gatesteuerspannung positiv)
- p-Kanal Typen (Drain negativ, Gatesteuerspannung negativ)

und diese wieder nach dem Einschaltverhalten in

- enhancement Transistoren (selbstsperrend)
- depletion Transistoren (selbstleitend).

Das nachfolgende Kapitel befaßt sich nun mit den einzelnen Bauelementparametern.

3 Eigenschaften von MOS-Transistoren

Alle unterschiedlichen vertikalen MOS-FETs, unabhängig von der Herstelltechnologie, sind im wesentlichen ähnlich aufgebaut und zeigen ähnliches elektrisches Verhalten. Im Vorwärtsbetrieb können hohe Sperrspannungen blockiert und große Leistungen geschaltet werden. Im Rückwärtsbetrieb zeigt das Bauelement eine Diodenkennlinie, die durch eine mit der Gatespannung beeinflußbare Transistorkennlinie überlagert werden kann. *Bild 3.1* zeigt beide Betriebsarten.

Die in den Datenbüchern angegebenen Transistorparameter werden in zwei Gruppen unterteilt: In die absoluten Grenzdaten mit der Angabe von Maximalwerten und in die Kenndaten mit den statischen und dynamischen Wer-

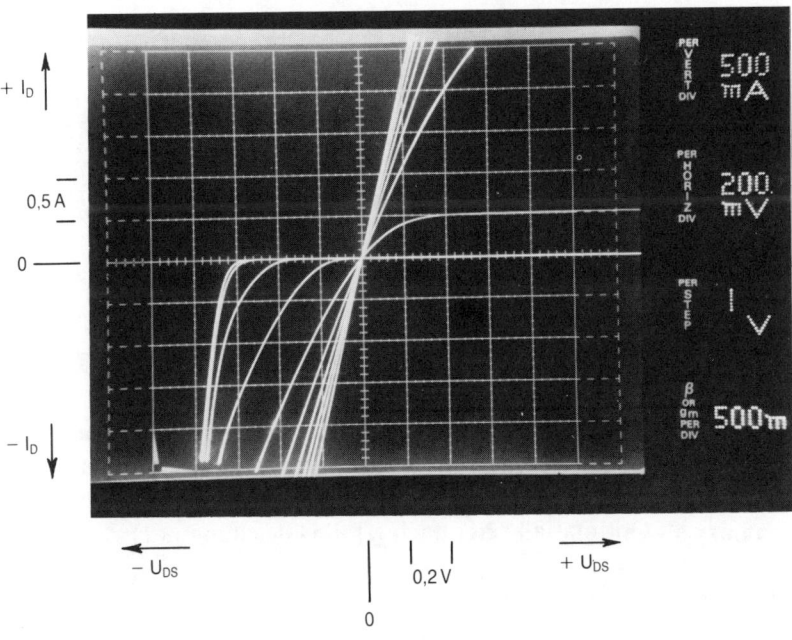

Bild 3.1: Kennlinienfeld eines vertikalen n-Kanal Leistungs-MOS-Transistors.

ten des Transistors und der Inversdiode. Zusätzlich findet man Diagramme, die weitere Informationen verschiedener Abhängigkeiten zeigen. Grenzdaten und Kenndaten unterscheiden sich dadurch, daß die Grenzdaten durch die vom Anwender bestimmten Betriebsbedingungen eingehalten werden müssen, während die Kenndaten vom Bauelement vorgegeben sind und vom Anwender nicht beeinflußt werden können.

Zu den Grenzdaten zählen die maximale Drain-Source-Spannung U_{DS}, der Drain-Gleichstrom I_D, der gepulste Drainstrom I_{DPuls}, der Avalanchestrom I_{AR}, die Avalanche-Energie E_{AS}, die Gate-Source-Spannung U_{GS}, die maximale Verlustleistung P_D und der Betriebs- und Lagertemperaturbereich T_J und T_{Stg}. Die angegebenen Grenzdaten dürfen auf keinen Fall überschritten werden, da dies eine Zerstörung des Transistors zur Folge hätte, auch dann, wenn andere Parameter ihre maximalen Werte nicht erreichen oder weit unter diesen liegen.

Die statischen Kenndaten beinhalten Drain-Source-Durchbruchspannung $U_{(BR)Dss}$, Gate-Schwellspannung $U_{GS(th)}$, Drain-Reststrom I_{DSS}, Gate-Source-Leckstrom I_{GSS} und Drain-Source-Einschaltwiderstand R_{DSon}. Zu den dynamischen Kenndaten zählen Übertragungssteilheit g_{fs}, Eingangskapazität C_{iss}, Einschaltzeit t_{on} und Ausschaltzeit t_{off}. Die Kenndaten der Inversdiode geben Auskunft über Gleichstrom I_{DR}, gepulsten Gleichstrom I_{DRM}, Durchflußspannung U_{SD}, Sperrverzögerungszeit t_{rr} und Sperrverzögerungsladung Q_{rr}.

Im Folgenden werden nun einzelne Transistorparameter, ihre gegenseitige Verknüpfung und ihre Eigenschaften näher erklärt.

3.1 Drain-Source-Durchbruchspannung $U_{(BR)DSS}$ und Einschaltwiderstand $R_{DS(on)}$

Beide sind eng miteinander verknüpft, da sie von der Dicke und Dotierung der n^--Epitaxieschicht abhängig sind. Den Zusammenhang zwischen Epitaxiewiderstand R_{Epi} für eine Chipfläche von 1 cm^2 und der Durchbruchspannung $U_{(BR)DSS}$ im Optimalfall zeigt nach [1] die Gleichung (3.1):

$$R_{Epi} = 8,3 \cdot 10^{-9} \cdot U_{(BR)DSS}^{2,5} \tag{3.1}$$

Der konstante Faktor berücksichtigt Beweglichkeit ($600 \frac{cm^2}{V_s}$ für n-Silizium), maximale Feldstärke im Silizium ($2 \cdot 10^6$ V/cm), Dotierung und Raumladungszonenweite für Durchbruchspannung von 200 bis 2000 V. Angestrebt wird, daß ein Bauelement, gefertigt aus einem Epitaxiematerial bestimmter Dotierung und Dicke, auch die dem Material entsprechende maximal mögliche Sperrspannung erreicht. Es muß daher vermieden werden, daß durch Oberflächeneffekte am Chiprand ein frühzeitiger Durchbruch zustande kommt.

Sehr viel Wert wird deshalb auf eine sichere Konstruktion dieser Randbereiche gelegt, da Abänderungen von Dotierung und Epidicke vom Idealwert weit höhere Einbußen im Einschaltwiderstand mit sich bringen als ein relativ geringer Flächenverlust durch eine etwas breitere Randkonstruktion.

Dem Leser wird aufgefallen sein, daß hier immer von einer Drain-Source-Durchbruchspannung die Rede ist. Die eigentliche Drain-Source-Sperrspannung, die in den Datenblättern angegeben wird, liegt meist ca. 10 % unter der Durchbruchspannung, da der Hersteller Materialstreuungen und Meßtoleranzen berücksichtigen muß.

Wie man aus *Bild 3.1* erkennen kann, verhält sich der MOS-Transistor im eingeschalteten Zustand wie ein Ohmscher Widerstand. Der Gesamtwiderstand setzt sich aus mehreren Einzelwiderständen zusammen, die jedoch für Niederspannungs- und Hochspannungstransistoren unterschiedlich ins Gewicht fallen. *Bild 3.1.1.* zeigt die einzelnen Teilwiderstände und ihre Anordnung im Schnittbild der Transistorstruktur. Für Transistoren mit Durchbruchspannungen bis zu 100 V, die Einschaltwiderstände von kleiner 30 mΩ erreichen können, sind natürlich auch Montagewiderstände, wie Gehäuse-, Bonddraht- und Metallisierungswiderstände sowie Übergangswiderstände der Lötung oder Klebung und der Substratwidertand von nicht allzu geringer Bedeutung. Die Widerstände der Zelle, der Kontaktlochwiderstand, der Source-Serienwiderstand und der Kanalwiderstand verringern sich mit der Anzahl der parallelgeschalteten Einzelzellen. Der Widerstand der n^+-Epitaxieschicht beträgt zwar bei diesen Transistoren nur wenige Milliohm, doch muß auch hier darauf geachtet werden, diesen Anteil so klein wie möglich zu halten. Mit steigender Sperrspannung wächst dann der Epitaxiewiderstand rasch an und wird bei höhersperrenden Bauelementen ausschlaggebend.

Zusammenfassend kann man sagen: Für niedrigsperrende Transistoren ist es wichtig, die Zellenwiderstände und den Kanalwiderstand durch hohe Packungsdichte der Zellen (große Kanalweiten) klein zu halten. Für höher sperrende Transistoren muß für eine möglichst großflächige Kontaktierung

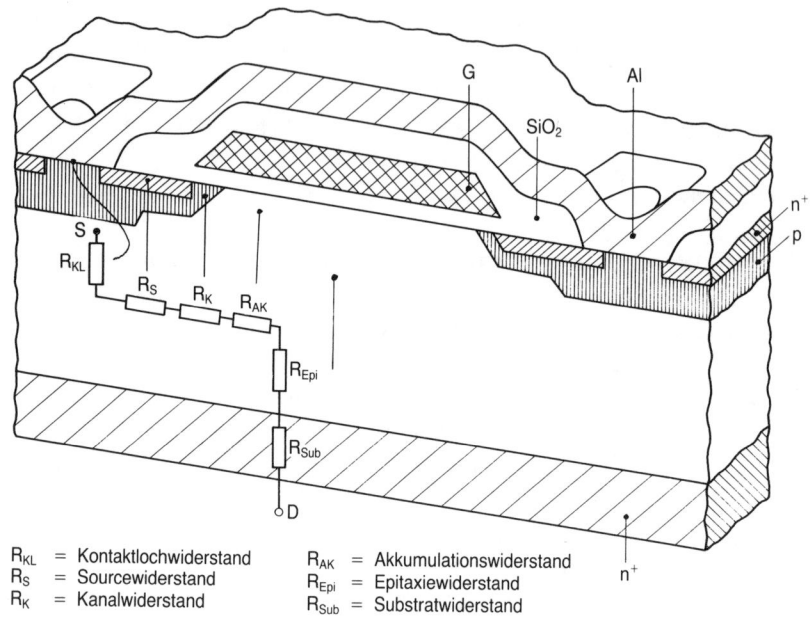

R_{KL}	=	Kontaktlochwiderstand	R_{AK}	=	Akkumulationswiderstand
R_S	=	Sourcewiderstand	R_{Epi}	=	Epitaxiewiderstand
R_K	=	Kanalwiderstand	R_{Sub}	=	Substratwiderstand

Bild 3.1.1: Teilwiderstände des gesamten Einschaltwiderstandes und ihre Zuordnung zur Struktur.

der Epitaxieschicht, d. h. für eine großflächige Verteilung des Drainstromes und für eine Optimierung der Epitaxie gesorgt werden.

Vergleicht man nun das Verhalten eines MOS-Transistors im eingeschalteten Zustand mit dem Verhalten eines Bipolartransistors, so weist der MOS-FET die Ohmsche Kennlinie *(Bild 3.1.2)* und der Bipolartransistor eine Sättigungskennlinie auf, siehe *Bild 3.1.3*.

Das Einschaltverhalten des MOS-Transistors entspricht dem Übergang in das Quasisättigungsverhalten eines Bipolartransistors. Erst die zusätzliche Injektion von Löchern in die n^--Epitaxieschicht bewirkt bei bipolaren Bauelementen den Übergang in die Sättigung; die Epitaxieschicht wird niederohmiger. Allerdings erkauft man sich das günstige Verhalten im eingeschalteten Zustand mit Speicherladung im Bauelement. Diese gespeicherte Ladungsmenge ist temperaturabhängig und muß beim Abschalten aus dem Bauelement entfernt werden. Wie wir wissen, bringt dies so manche Probleme mit

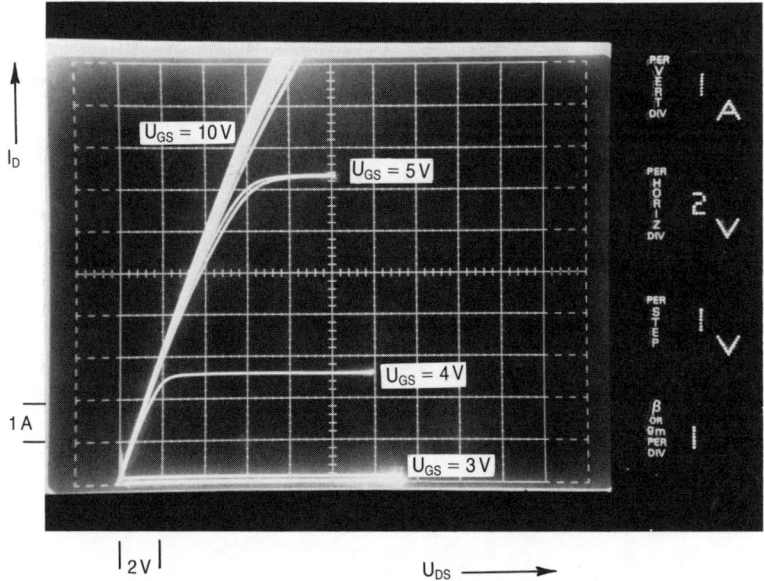

Bild 3.1.2: Einschaltverhalten eines MOS-Transistors.

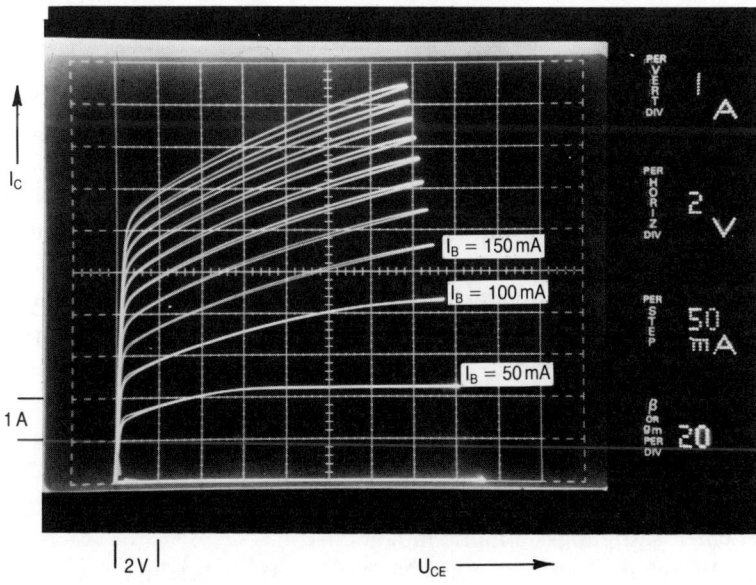

Bild 3.1.3: Einschaltverhalten eines Bipolartransistors.

45

sich. Eng damit gekoppelt ist auch das Verhalten im zweiten Durchbruch. Durch lokale Erhitzung des p^+-n^--Überganges, ausgelöst durch eine Einschnürung des Strompfades im Kollektorkreis, löst sich ein irreversibler Prozeß aus. Der erhitzte Strompfad wird noch niederohmiger, und der Strom wächst an diesem Punkt weiter an. Diese Nachteile sind beim MOS-Transistor nicht vorhanden. Der Epitaxiewiderstand weist einen positiven Temperaturkoeffizienten auf. Der Wert des Temperaturkoeffizienten ist abhängig von der maximalen Sperrspannung des Transistors und beträgt ungefähr

$$T_{KR(on)} \sim 6-9 \cdot 10^{-3}/°C$$

Man berechnet den Widerstand des erwärmten Transistors nach (3.2):

$$R_{WARM} = R_{25} \cdot (1 + \triangle T \cdot T_{KR(on)}) \tag{3.2}$$

Als Faustformel gilt auch

$$R_{125} \simeq R_{25} \cdot 2 \tag{3.3}$$

Genauere Angaben findet man in Datenblättern, meist in Form von normierten Diagrammen, siehe *Bild 3.1.4.*

Durch das positive Temperaturverhalten ist es möglich, unter Berücksichtigung der auftretenden Verlustleistung, den vollen Arbeitsbereich des Ausgangskennlinienfeldes, d. h. maximal zulässiger Strom bei max. zulässiger Spannung, auszunutzen, siehe *Bild 3.1.5.*

Man könnte nun annehmen, daß das ohmsche Verhalten des MOS-Transistors im eingeschalteten Zustand Nachteile gegenüber dem Bipolartransistor mit sich bringt. Dies ist jedoch nur bei höhersperrenden Bauelementen der Fall, da hier der Einschaltwiderstand für einen 1000-V-Transistor 1−3 Ohm betragen kann. Stellt man dem jedoch die Vorteile, wie geringe Schaltverluste, erweiterter Arbeitsbereich, Fehlen der Speicherzeit, hohe Schaltfrequenz und einfache Ansteuerbarkeit entgegen, so ist es eine Sache der genauen Kalkulation, welches Bauelement für einen gegebenen Einsatzfall günstiger ist. Ganz klare Vorteile bieten aber MOS-FETs mit Sperrspannungen von kleiner 200 V. Hier erreichen die Drain-Source-Spannungsabfälle kleinere Werte als dies bei einer Sättigungskennlinie möglich ist.

Soll der Einschaltwidertand eines MOS-Transistors bestimmt werden, so kann dies mit dem Kennlinienschreiber *(Bild 3.1.6)* geschehen. Wichtig ist

46

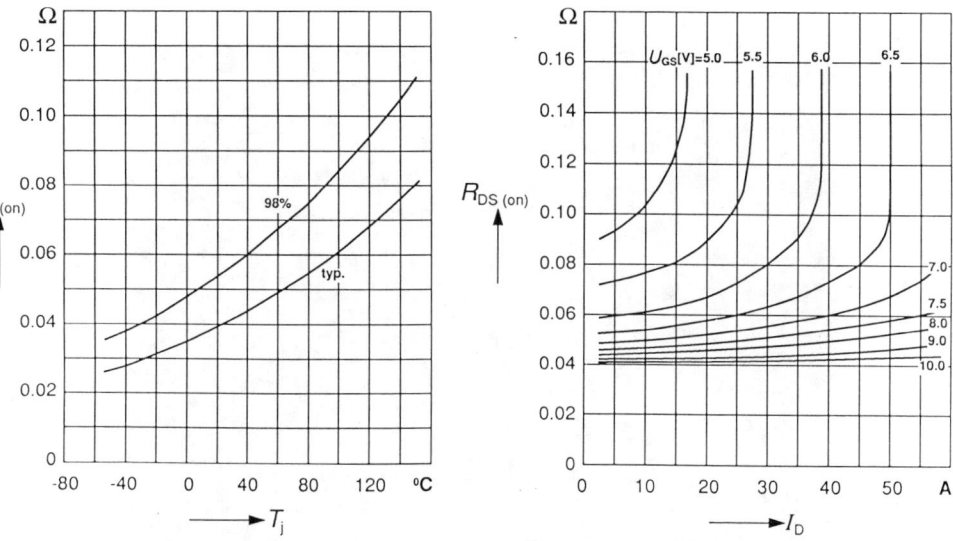

Bild 3.1.4: a) Abhänigkeit eines Einschaltwiderstandes ($R_{ds(on)}$ von der Kirstalltemperatur T_J.
b) Abhängigkeit eines Einschaltwiderstandes $R_{ds(on)}$ vom Drainstrom I_D mit Parameter U_{GS}.

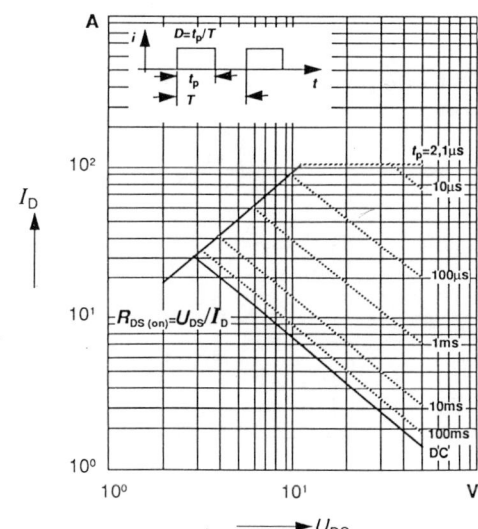

Bild 3.1.5: Beispiel des zulässigen Betriebsbereiches eines MOS-Transistors.

hier, daß Impulsbetrieb verwendet wird, um eine Erwärmung des Bauelementes zu vermeiden. Gemessen wird allgemein bei halbem Nennstrom und bei einer Gate-Source-Spannung von 10 V. Für sehr niederohmige Transisto-

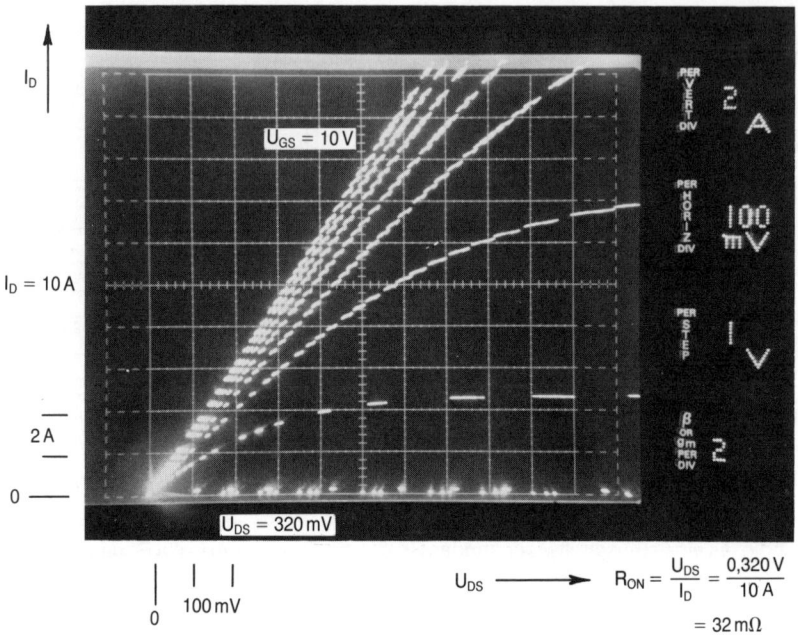

Bild 3.1.6: Kennlinienfeld zur Bestimmung des Einschaltwiderstandes.

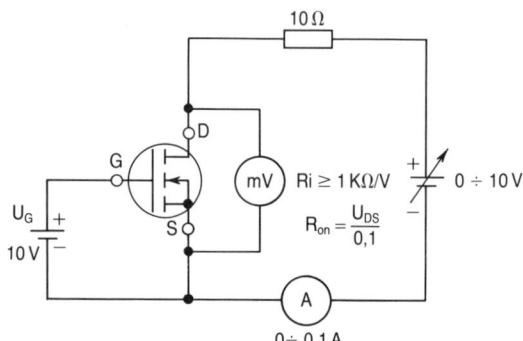

Bild 3.1.7: Einfache Meßschaltung zur Bestimmung des Einschalt-widerstandes.

ren sind zur Messung Potentialabgriffe für die Drain-Source-Spannung notwendig. Einen ganz einfachen Meßaufbau zeigt *Bild 3.1.7*. Es kann hier mit einer 9-V-Batterie und Multimetern der Einschaltwidertand annähernd bestimmt werden.

48

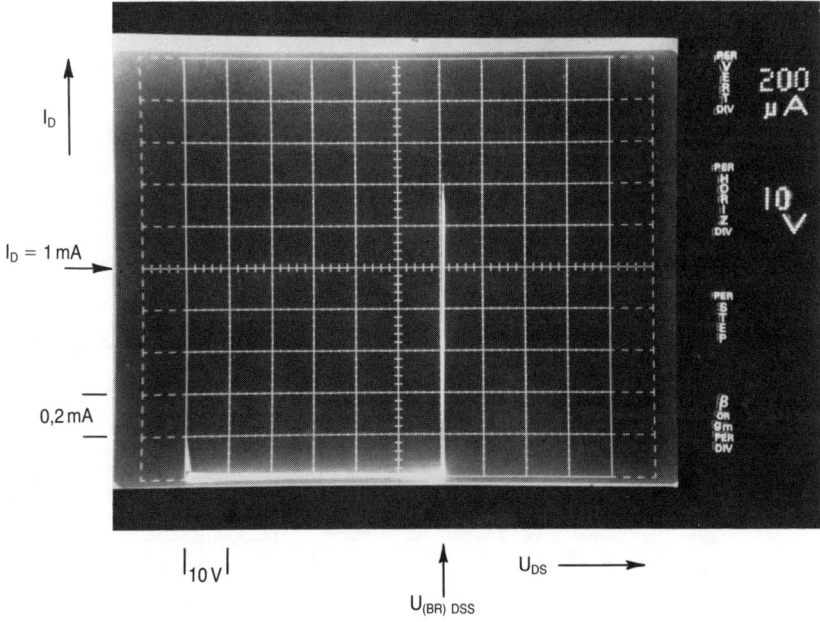

Bild 3.1.8: Oszillogramm der Durchbruchspannung eines MOS-Transistors.

Kommen wir noch einmal auf die Sperrspannung eines MOS-FETs zu sprechen. Welche Parameter sie bestimmen, haben wir bereits eingangs besprochen. Stellen wir nun wieder einen Vergleich mit Bipolartransistoren an. Wir unterscheiden hier eine Kollektor-Emitter-Spannung mit Basis-Emitter-Kurzschluß U_{CES}, mit Basis-Emitter-Widerstand U_{CER} und eine Kollektor-Basis-Sperrspannung U_{CBO}-U_{CES} ist die Sperrspannung, die der Durchbruchspannung $U_{(BR)DSS}$ eines MOS-FETs entspricht. Beim MOS-FET wird ja das p^+-n^+-Gebiet, also Basis und Emitter des parasitären Bipolartransistors, absichtlich kurzgeschlossen. Daher ist bei einem MOS-Transistor die Definition von nur einer maximalen Sperrspannung sinnvoll. Will man die Durchbruchspannung eines Bauelementes bestimmen, so erfolgt dies, je nach Spannung, mit einem Serienwiderstand von ca. 10 kΩ bis 300 kΩ zum Drainanschluß, um die Verlustleistung zu begrenzen. Gate wird mit Source kurzgeschlossen. Der Durchbruchstrom kann bis zu einigen 100 mA betragen. *Bild 3.1.8* zeigt eine Messung mit einem Kennlinienschreiber. Eine ein-

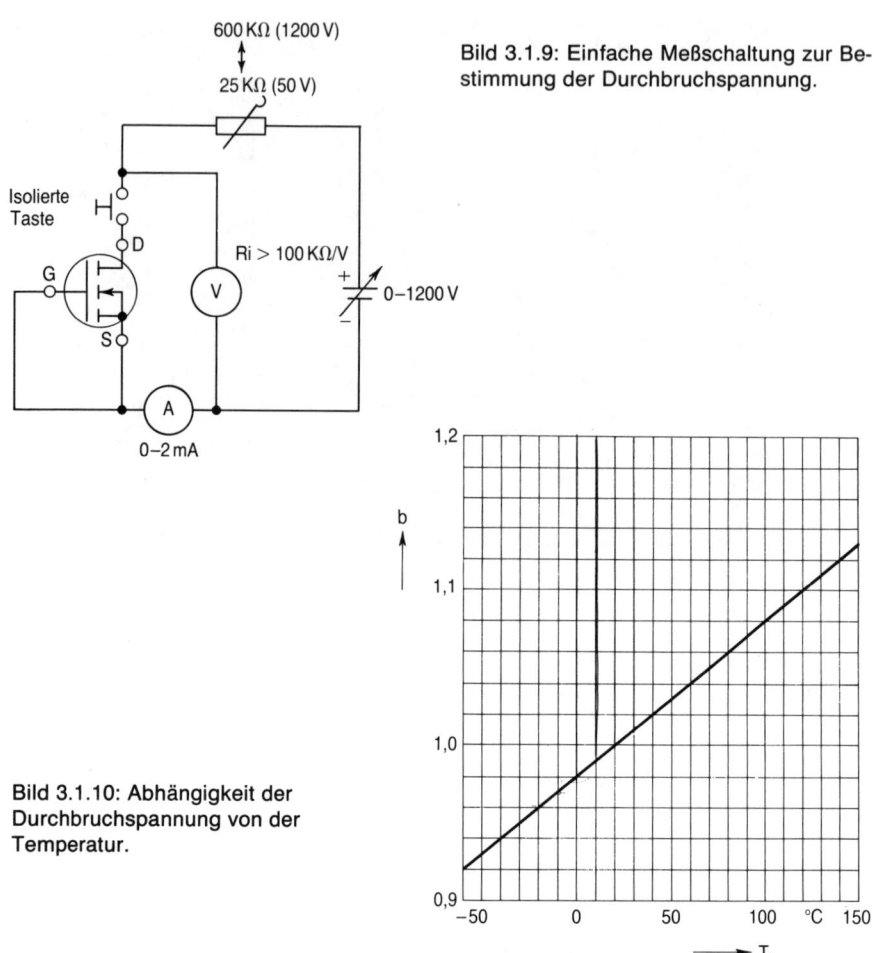

600 KΩ (1200 V)

25 KΩ (50 V)

Bild 3.1.9: Einfache Meßschaltung zur Bestimmung der Durchbruchspannung.

Isolierte Taste

H

D

G

S

V

Ri > 100 KΩ/V

0–1200 V

A

0–2 mA

Bild 3.1.10: Abhängigkeit der Durchbruchspannung von der Temperatur.

fache Meßschaltung zeigt *Bild 3.1.9*. Wird hier eine Gleichspannungsquelle für die Drain-Source-Spannung verwendet, dann ist auf die hohen Spannungen zu achten und die Messung immer nur kurzzeitig durchzuführen. Erwärmt sich das Bauelement, so erhält man falsche Werte, da auch die Sperrspannung einen positiven Temperaturkoeffizienten aufweist. Es wird oft ein Diagramm, wie *Bild 3.1.10* zeigt, angegeben. In diesem Diagramm ist in Abhängigkeit von der Chiptemperatur eine Konstante b aufgetragen. Es besteht folgender Zusammenhang:

50

$$U_{(BR)DSS}(T_J) = b \cdot U_{(BR)DSS}(25\,°C) \qquad (3.4)$$

T_J ....Chiptemperatur [°C]

$U_{(BR)DSS}(25\,°C)$ ......Durchbruchspannung bei 25 °C [V]

(meist der angegebene Datenblattwert)

Als einfache Merkregel kann man folgende Beziehung ansetzen:

$$U_{(BR)DSS}(125\,°C) \simeq 1{,}1 \cdot U_{(BR)DSS}(25\,°C) \qquad (3.5)$$

Die zur Sperrspannung gehörenden Sperrströme verhalten sich wie Sperrströme von Siliziumdioden. Allgemein liegt das Sperrstromniveau sehr niedrig, so daß auch bei hochsperrenden Bauelementen keine nennenswerten Verlustleistungen auftreten. Der Sperrstrom I_{DSS} zeigt ein exponentielles Verhalten mit der Temperatur. Auch hier wieder eine Näherung für die Praxis

$$I_{DSS}(125\,°C) \simeq 2 \cdot I_{DSS}(25\,°C) \qquad (3.6)$$

3.2 Gate-Source-Spannung U_{GS}

Um den Transistor anzusteuern, wird eine Gate-Source-Spannung benötigt. Da die Gate-Elektrode eines MOS-FETs, die aus leitendem Polysilizium besteht, völlig im Siliziumdioxid eingebettet ist, nimmt der Eingangswiderstand theoretisch Werte von einigen tausend Giga-Ohm an. Der Eingang erscheint nahezu rein kapazitiv. Die maximale Spannung, die an die Eingangsklemme Gate-Source angelegt werden darf, hängt von der maximalen Feldstärke von $E_{max} \sim 10^7$ V/cm, die in der Oxidschicht auftreten darf, und von der Dicke dieser Oxidschicht ab. Je nach Technologie werden Oxiddicken von 50-200 nm verwendet. Da die Einsatzspannung $U_{GS(th)}$ der Oxiddicke proportional ist, kann somit auf einfache Art ein Typ mit $U_{GS(th)} = 3$ V und mit dünnerem Oxid und ein Typ mit $U_{GS(th)} = 2$ V hergestellt werden. Der gravierende Unterschied liegt in den maximal zulässigen Gate-Source-Spannungen, deren Polarität symmetrisch von den meisten Herstellern mit $U_{GS} = +/-20$ V für Standardtypen angegeben wird. Für Typen mit verminderter Einsatzspannung z. B. $U_{GS(th)} = 2$ V werden maximal zulässige Gate-Source-Spannungen von $U_{GS} = +/-10$ bis 15 V und aperiodisch z. B.

$U_{GS} = +/- 20$ V angegeben. Die Gründe der verschiedenen Angaben sind, die Langzeitstabilität der Oxide und der Einsatzspannungen garantieren zu können. Man will dem Anwender damit auch mehr Freiraum in seinem Schaltungsdesign geben.

Der MOS-Leistungstransistor kann durch ein Spannungssignal gesteuert werden, da sein Eingang kapazitiv ist. Im Gegensatz zu den Bipolartransistoren ist kein kontinuierlicher Steuerstrom, sondern eine Steuerspannung mit kurzen kapazitiven Ladeströmen notwendig. Wichtig ist, daß die maximale, im Datenblatt angegebene Gate-Source-Spannung auf keinen Fall überschritten werden darf. Eine unzulässige Überspannung an der Gate-Elektrode kann entweder irreversible Veränderungen in der Oxidschicht oder sogar die Zerstörung der Oxidschicht und damit den Ausfall des Transistors zur Folge haben. Es kommt jedoch in manchen Datenbüchern vor, daß die maximale Gate-Source-Spannung für Einzelimpulse höher definiert ist. Dieser spezielle Fall ist dann vom Hersteller qualitätsmäßig abgesichert und erlaubt.

Wenn als Schutz für die Eingangselektrode ein begrenzendes Element (meist eine Zenerdiode) mitintegriert wird, dann wird die Gate-Spannung durch die Zenerdiode in der einen Richtung, und durch die Diodenschwellspannung in der anderen Richtung begrenzt. Dies bereitet beim schnellen Abschalten gewisse Probleme, wie im Kapitel Schaltverhalten noch näher erläutert wird. Manche Bauelemente neuerer Art zeigen ein symmetrisches Begrenzungsverhalten und die Entwicklung geht in Richtung ESD-taugliche Bauelemente (ESD steht für *e*lectro *s*tatic *d*ischarge).

Die eben erwähnten Schutzstrukturen findet man vorwiegend bei Bauelementen mit geringer Chipfläche, also bei Kleinsignal-, oder Hochfrequenz-MOS-FETs. Die Eingangskapazitäten sind hier sehr klein und können leicht durch statische Elektrizität auf hohe, weit über die maximal zulässige Oxid-Durchbruchspannung reichende Werte aufgeladen werden. Speziell bei Kleinsignal-MOS-FETs werden Einsatzspannungen unter 2 V bevorzugt, die aufgrund der dünneren Oxide für den Durchbruch gefährdeter sind. Also Vorsicht!

Für größere Chipflächen, wie dies bei Leistungs-MOS-FETs üblich ist, genügt die große Eingangskapazität als Schutz. Trotzdem sollten immer die entsprechenden Vorsichtsmaßnahmen für den Umgang mit MOS-Transistoren beachtet werden, wie sie in den Datenbüchern angeführt sind.

3.3 Der Gate-Source-Reststrom I_{GS}

Er liegt bei MOS-FETs im Bereich von 10^{-12} bis 10^{-14} A und wird überwiegend durch Oberflächenkriechströme an Gehäuse und Transistorchip verursacht. Zeigt ein Bauelement ein symmetrisches Widerstandsverhalten zwischen Gate und Source, so kann dies ein gewünschter Eingangsschutz gegen langsames Aufladen (Ladungsübergabe) sein. Dieser erhöhte Leckstrom ist im Datenbuch angegeben. Eine Messung von I_{GS} ist sehr kritisch und kann nur mit speziellen Meßgeräten und mit einem gegen Störungen (z. B. Hochfrequenz, magnetische Streufelder, Netzspitzen) völlig abgeschirmten Meßkreis genau durchgeführt werden. In der Praxis hat sich auch die Überprüfung der Gate-Source-Strecke mit dem Ohmmeter bewährt. Es ist jedoch darauf zu achten, daß die maximal zugelassene Gate-Source-Spannung nicht überschritten wird. Hier wird noch auf den später vorgestellten Funktionstester hingewiesen, der mit einfachen Mitteln erlaubt, einen Gate-Test durchzuführen. Genauere Hinweise über das Einschaltverhalten des Transistors gibt der Parameter:

3.4 Einsatzspannung $U_{GS(th)}$

Als Einsatzspannung wird jener Wert der Gate-Spannung angegeben, bei der ein bestimmter Drainstrom fließt, z. B. $I_D = 10$ mA. Für die Messung wird Gate mit Drain kurzgeschlossen, d. h. $U_{DS} = U_{GS}$. *Bild 3.4.1* zeigt eine Messung mit dem Kennlinienschreiber. *Bild 3.4.2 a* stellt einen einfachen Meßaufbau dar, mit dem die Werte ebenfalls bestimmt werden können. Übliche Werte für Einsatzspannungen von Leistungs-MOS-FETs liegen zwischen 2 V und 5 V für Standardtypen und 1,5 V bis 2,5 V für Logik-Level-Transistoren, gemessen bei Drain-Source-Strömen von 1 mA.
Bei den Vertretern der Kleinsignal-Transistoren unterscheiden wir folgende Arten nach Einsatzspannung:

- Universal-Transistoren   ($U_{GS(th)}$ = 0,8 bis 2 V)
- Logik-Level-Transistoren   ($U_{GS(th)}$ = 0,4 bis 1,6 V)
- Verarmungs- oder Depletions-Transistoren ($U_{GS(th)}$ = $-0,7$ bis $-1,8$ V)
- Störsichere Transistoren mit hohen
  Schwellspannungen   ($U_{GS(th)}$ = 1,6 bis 2,6 V)

gemessen bei Drain-Source-Strömen von 1 mA.

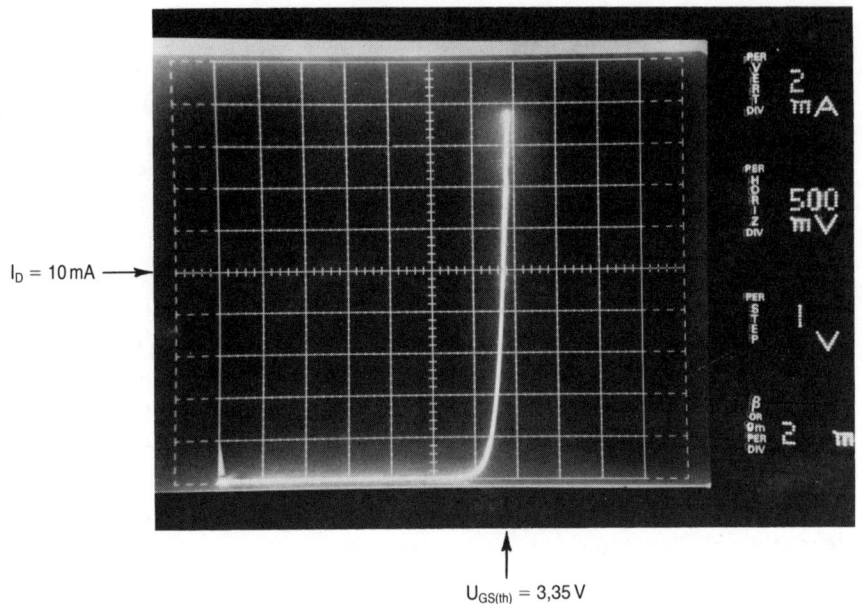

$I_D = 10\,mA \longrightarrow$

$U_{GS(th)} = 3,35\,V$

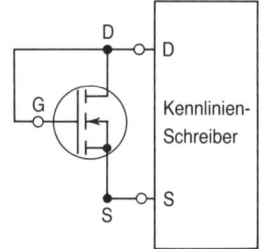

Bild 3.4.1: Bestimmung der Einsatzspannung mit dem Kennlinienschreiber.

Die Einsatzspannung, die durch physikalische und technologische Parameter bestimmt wird, zeigt eine Temperaturabhängigkeit. Der negative Temperaturkoeffizient beträgt

$$T_{KU(th)} \sim = -(4-6)\,mV/^\circ\,C \tag{3.7}$$

Bild 3.4.2 b zeigt die Temperaturabhängigkeit der Einsatzspannung, gemessen bei 25° C und bei 150° C.
Der Wert der Einsatzspannung kann durch technologische Maßnahmen für normale MOS-FETs frei gewählt und, z. B. bei einem n-Kanal-Transistor,

54

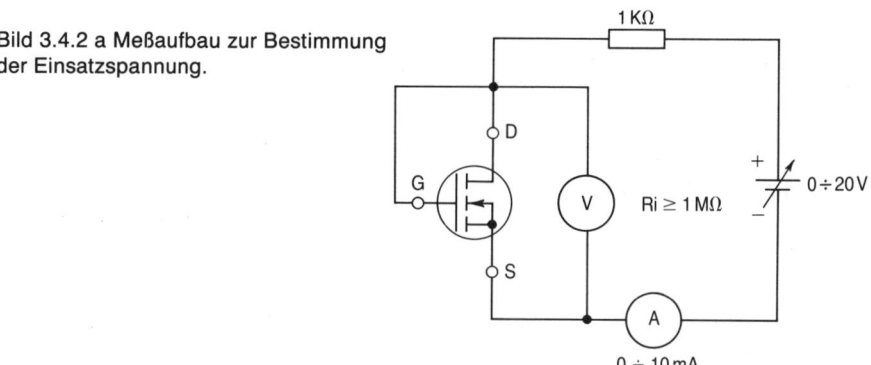

Bild 3.4.2 a Meßaufbau zur Bestimmung der Einsatzspannung.

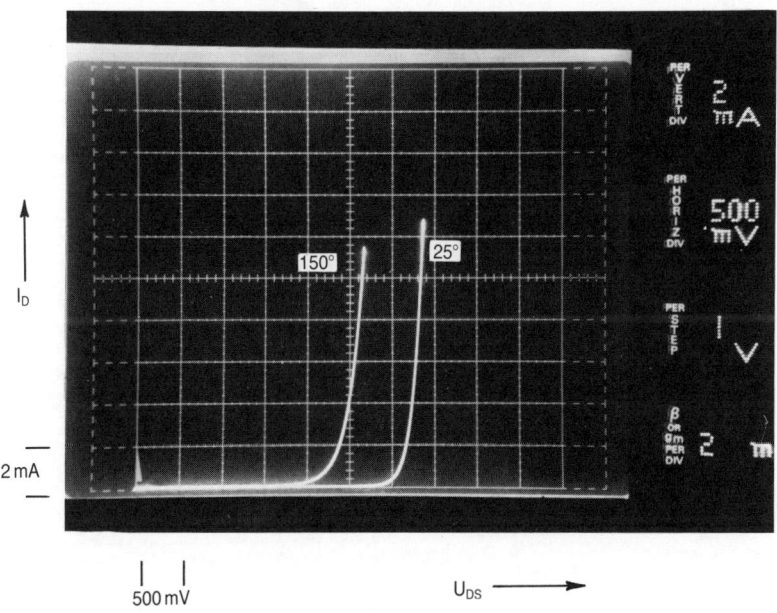

Bild 3.4.2 b Temperaturabhängigkeit der Einsatzspannung

von negativen bis zu positiven Werten eingestellt werden. Wir unterscheiden deshalb Depletion- und Enhancement-Transistoren. Depletion-Transistoren sind bei Gate-Spannung $U_{GS} = 0\,V$ bereits eingeschaltet *(Bild 3.4.3 b)*. Um

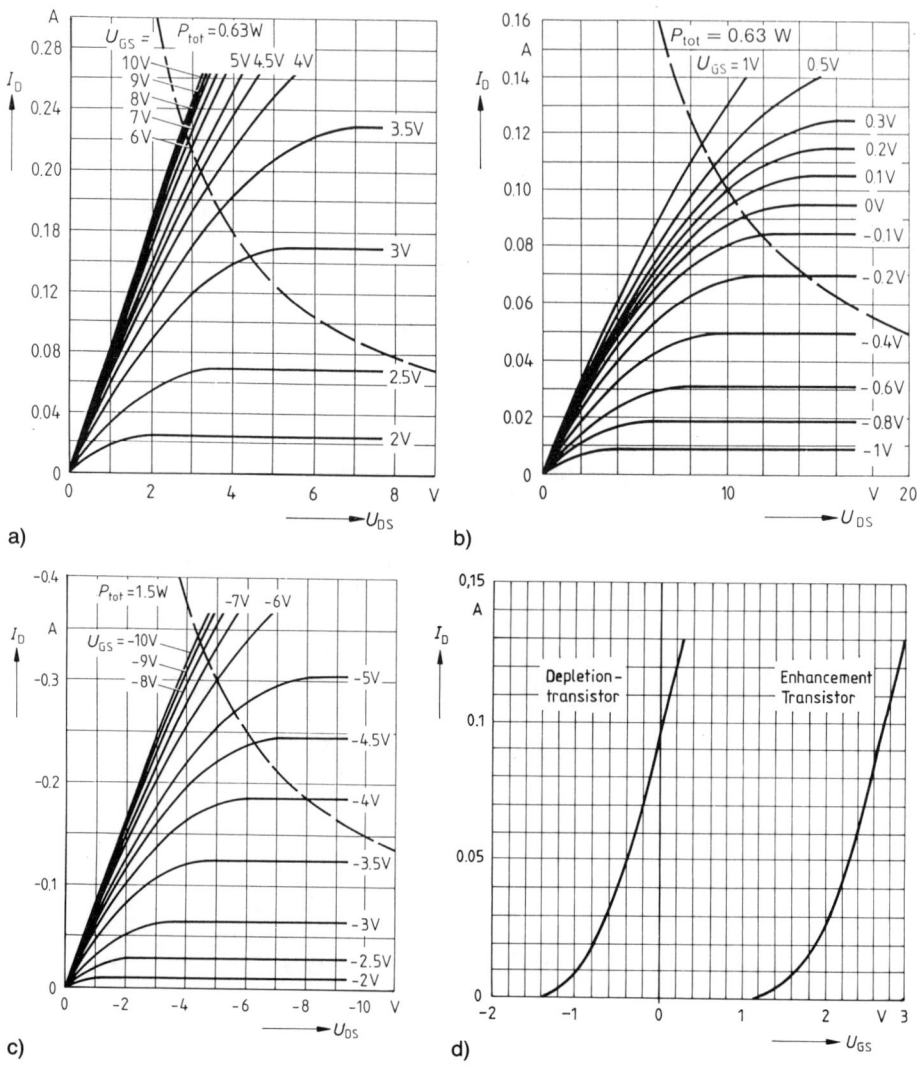

Bild 3.4.3: Kennlinienfelder zum Vergleich:
a) n-Kanal Enhancement-Transistor
b) n-Kanal Depletion-Transistor
c) p-Kanal Enhancement-Transistor
d) Verlauf der Übertragungskennlinien von Depletion-, und Enhancement-Transistor

56

Enhancement-Transistoren einzuschalten, benötigt man eine Gate-Spannung *(Bild 3.4.3 a* n-Kanal, *3.4.3 c* p-Kanal), die größer gleich der Einsatzspannung ist. *Bild 3.4.3 d* zeigt die Verläufe der Übertragungskennlinien. Alle bisher erklärten Leistungs-MOS-FETs sind vom Enhancementtyp.

3.5 Drainstrom I_{DS}

In den Datenblättern wird ein maximaler Dauer-Drain-Gleichstrom I_D und ein gepulster Drainstrom $I_{D(Puls)}$ angegeben. Der größtmögliche zulässige Dauer-Drainstrom ist abhängig von der maximalen Verlustleitung und berechnet sich aus der Temperaturdifferenz Kristall zu Gehäuse, dem gesamten thermischen Übergangswiderstand R_{th} und dem Einschaltwiderstand des Transistors bei maximaler Kristalltemperatur. Den Zusammenhang gibt (3.8) wieder. Bei dieser Berechnung wird nur die Eigenschaft des Siliziumplättchens betrachtet.

$$I_{D\,max} = \sqrt{\frac{\frac{T_J - T_C}{R_{thJC}}}{R_{on\,WARM}}} \qquad (3.8)$$

$$
\begin{aligned}
T_J &= \text{max. Kristalltemperatur } [^\circ C] \\
T_C &= \text{Gehäusetemperatur } [^\circ C] \\
R_{th\,JC} &= \text{Wärmewiderstand Kristallgehäuse } [^\circ C \cdot W^{-1}] \\
R_{on\,WARM} &= R_{on} \text{ bei } T_J \text{ [Ohm]}
\end{aligned}
$$

Zusätzliche Begrenzungen stellen Bonddrahtstärke, Chipdesign und Montage dar. Der Transistor selbst kann meist wesentlich höhere Ströme schalten, wie dies auch aus der Angabe des gepulsten Drainstromes hervorgeht. Meist enthalten die Datenblätter ein Diagramm, das Auskunft über die Abhängigkeit des erlaubten Draintromes von der Chiptemperatur gibt. Wie man aus *Bild 3.5.1* ersehen kann, findet eine kräftige Reduktion des Stromes mit steigender Chiptemperatur statt. Der Drainstrom besitzt durch seine Abhängigkeit von der Einsatzspannung und die im Halbleiter existierende Beweglichkeit der Ladungsträger ebenfalls einen Temperaturkoeffizienten T_{KID}. Er kann positiv, null oder negativ sein.

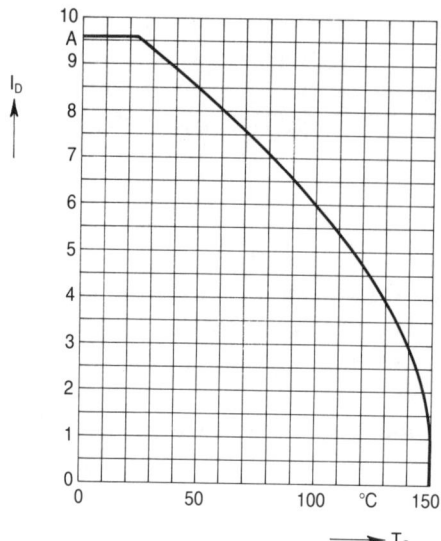

Bild 3.5.1: Abhängigkeit des maximalen Drainstromes von der Gehäusetemperatur.

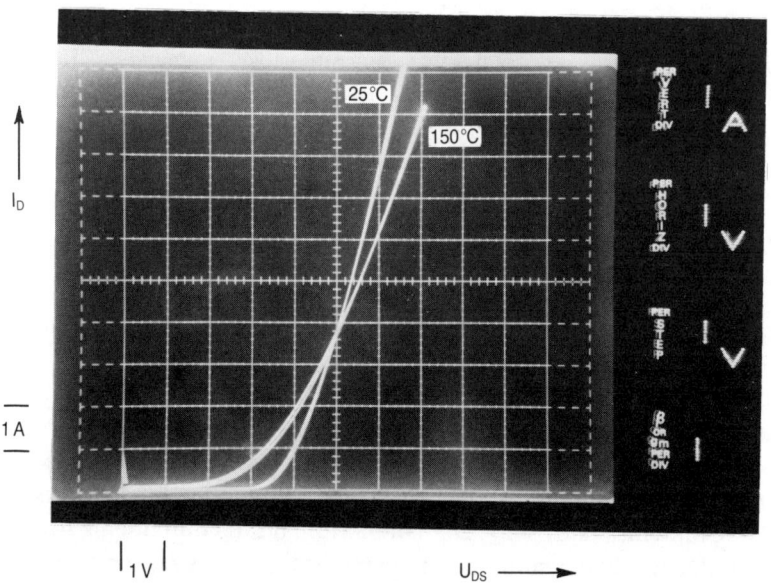

Bild 3.5.2: Temperaturabhängigkeit des Drainstromes.

58

Trägt man in ein Diagramm $I_D = f(U_{GS})|U_{DS}$ ein, d. h. den Drainstrom über der Gate-Spannung bei konstanter Drain-Source-Spannung, so erhält man die Übertragungs- oder Transferkennlinie. In diesem Diagramm kann sehr gut das Verhalten von Einsatzspannung und Drainstrom mit der Temperatur beobachtet werden. *Bild 3.5.2* zeigt die Kennlinie, aufgenommen bei 25 °C und bei 150 °C. Man erkennt den Bereich $T_{KID} = 0$ im Schnittpunkt der beiden Kennlinien. Oberhalb des Schnittpunktes ist der Temperaturkoeffizient negativ, verursacht durch die sinkende Beweglichkeit der Ladungsträger bei höheren Temperaturen. Unterhalb ist er positiv, da der Einfluß der Einsatzspannung wirksam wird. Im Schnittpunkt der Kurven kompensieren sich dann beide Effekte.

Aus dem gleichen Diagramm, jedoch in gepulster Darstellung und für höhere Ströme, läßt sich die Steilheit des Transistors bestimmen.

3.6 Steilheit g_{fs}

Sie ist definiert als die Drainstromänderung ΔI_D für eine Gate-Spannungsänderung ΔU_{GS} bei einer konstanten Drain-Source-Spannung. *Bild 3.6.1* zeigt ein entsprechendes Kennlinienfeld. Eine weitere Möglichkeit zur Bestimmung der Steilheit bietet das Ausgangskennlinienfeld $I_D = f(U_{DS}|U_G$, wie in *Bild 3.6.2* dargestellt. Hier wird für eine konstante Drainspannung die Drainstromänderung für einen Gatespannungssprung von z. B. 1 V abgelesen und der Steilheitswert berechnet. Die Steilheitswerte steigen bei einem MOS-FET ständig an, bis ein Sättigungswert erreicht wird. *Bild 3.6.3* zeigt ein entsprechendes Diagramm aus den Datenblättern. Vergleicht man dieses Verhalten mit Bipolartransistoren, so weisen diese bei höheren Kollektorströmen einen Verlust der Verstärkung auf. Dies ist bei MOS-FETs, wie man sieht, nicht der Fall.

Wie bereits aus *Bild 3.5.2* zu ersehen ist, besitzt die Steilheit einen negativen Temperaturkoeffizienten. Bei höherer Temperatur des Bauelementes werden die Werte kleiner. Es findet also ein selbststabilisierender Prozeß statt. Je nach Spannungsklasse und Chipgröße der Transistoren werden maximale Steilheitswerte von 5 S für Transistoren mit höherer Spannung ($U_{DS} > 200$ V) und bis zu 20 S für Transistoren mit niedriger Spannung ($U_{DS} < 200$ V) erreicht. Wie schon in Kapitel 2 erwähnt, ist die Steilheit direkt proportional

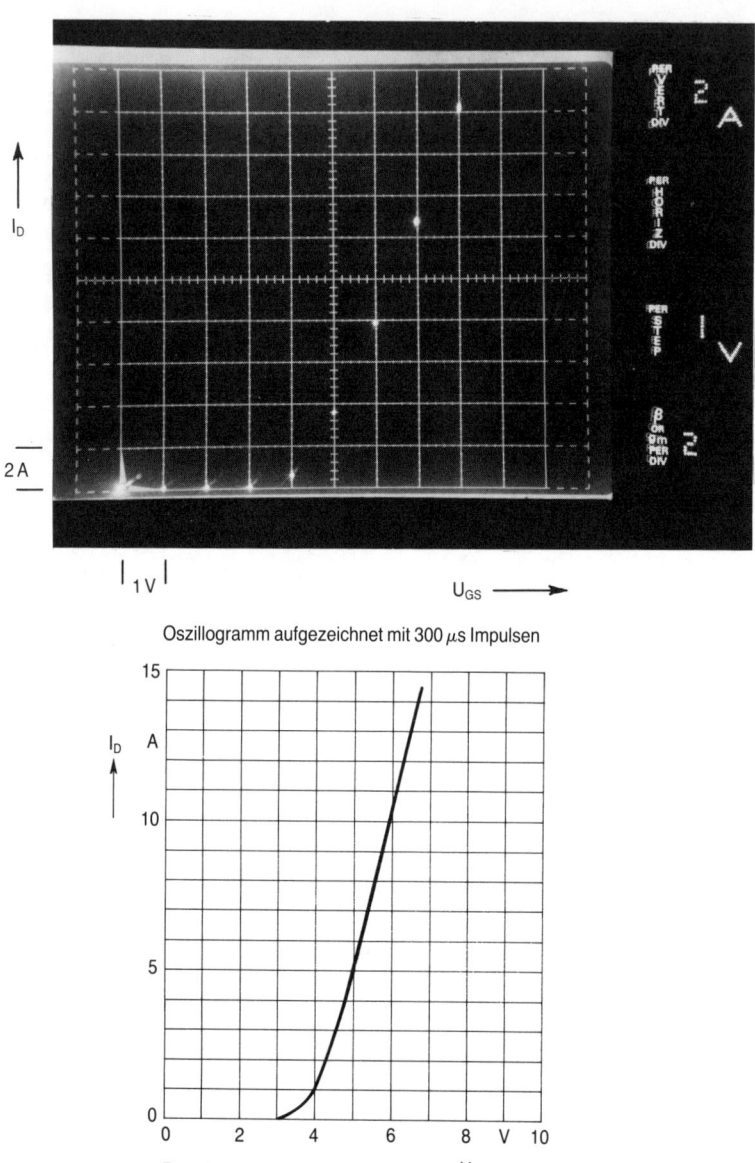

Oszillogramm aufgezeichnet mit 300 μs Impulsen

Datenbuchangabe

Bild 3.6.1: Überschlagsmäßige Bestimmung der Steilheit aus dem Kennlinienfeld $I_D = f(U_{GS})/U_{DS}$.

60

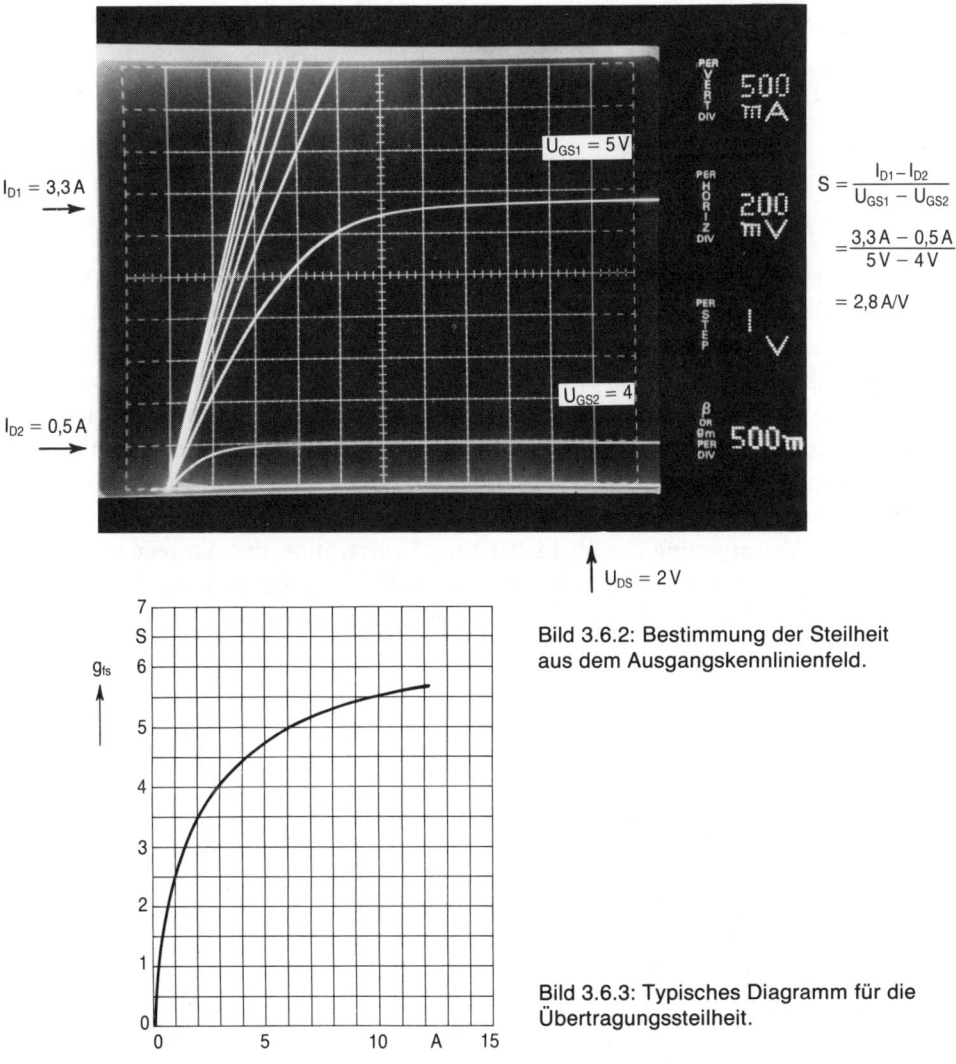

$I_{D1} = 3{,}3\,A$

$U_{GS1} = 5\,V$

PER VERT DIV 500 mA

PER HORIZ DIV 200 mV

PER STEP V

$I_{D2} = 0{,}5\,A$

$U_{GS2} = 4$

β OR gm PER DIV 500m

$U_{DS} = 2\,V$

$$S = \frac{I_{D1} - I_{D2}}{U_{GS1} - U_{GS2}}$$

$$= \frac{3{,}3\,A - 0{,}5\,A}{5\,V - 4\,V}$$

$$= 2{,}8\,A/V$$

Bild 3.6.2: Bestimmung der Steilheit aus dem Ausgangskennlinienfeld.

Bild 3.6.3: Typisches Diagramm für die Übertragungssteilheit.

zur Kanalweite W und damit abhängig von der Anzahl der Zellen und der zur Verfügung stehenden Chipfläche.

Einige weitere wichtige Gleichspannungsparameter sind zur Charakterisierung der Inversdiode notwendig. Hier ist folgendes anzuführen:

3.7 Diodengleichstrom I_{DR} und Inversdiodenpulstrom I_{DRM}

Diese Stromangaben sind meist identisch mit den Strömen des Transistorbetriebes (I_D und $I_{D\ puls}$).

3.8 Die Durchlaßspannung U_{SD}

der Inversdiode wird mit dem Wert des doppelten Diodengleichstromes bestimmt und liegt je nach Transitor im Bereich zwischen 1,2 und 2,5 V. Auch hier helfen Diagramme wie *Bild 3.8.1* in den Datenblättern weiter. Will man die Verluste bei nicht allzu hohen Durchlaßströmen verringern, schaltet man den MOS-Transistor im Inversbetrieb (mit gleicher Gate-Spannungspolarität wie im Transistorbetrieb) zusätzlich ein. Es ergibt sich nun als resultierende Inverskennlinie die Überlagerung einer ohmschen Einschaltkennlinie des Transistors mit der Diodenkennlinie. Wie weit dies nun Vorteile und eine mögliche Verringerung der Verlustleistung bringt, muß der Anwender von Fall zu Fall selbst entscheiden. Von Vorteil ist das zusätzliche Einschalten des Transistors für die Verringung der Sperrverzögerungsladung.

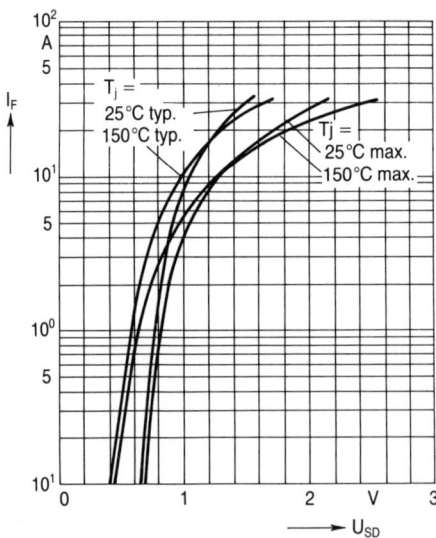

Bild 3.8.1: Durchlaßspannungsabfall der Invers-Diode.

3.9 Sperrverzögerungsladung Q_{rr} und Sperrverzögerungszeit t_{rr}

Dies ist die einzige echte Speicherladung, die ein MOS-FET aufzuweisen hat. Sie entsteht im Inversbetrieb, wenn das p^+-Gebiet der in Durchlaßrichtung betriebenen Inversdiode kräftig Ladungsträger (Löcher) in die n^--Epitaxieschicht injiziert. Wird der Transistor wieder in Normalbetrieb gepolt (der p^+-n^--Übergang ist gesperrt), so müssen die nun vorhandenen Löcher erst wieder abgebaut werden. Dies geschieht zu einem kleinen Teil durch Rekombination. Der weitaus größere Abbau der Ladungsträger erfolgt aber durch „Ausräumen" der p-n-Übergänge und macht sich durch einen kräftigen Stromimpuls und ein verzögertes Anwachsen der angelegten Sperrspannung bemerkbar. Dieses nun auftretende Stromzeitintegral wird als Speicherladung Q_{rr} und das verzögerte Ansteigen der Sperrspannung als Sperrverzögerungszeit t_{rr} bezeichnet. *Bild 3.9.1* zeigt ein solches Stromspannungsdiagramm mit seinen geforderten Randbedingungen für die Messung dieser beiden Werte.

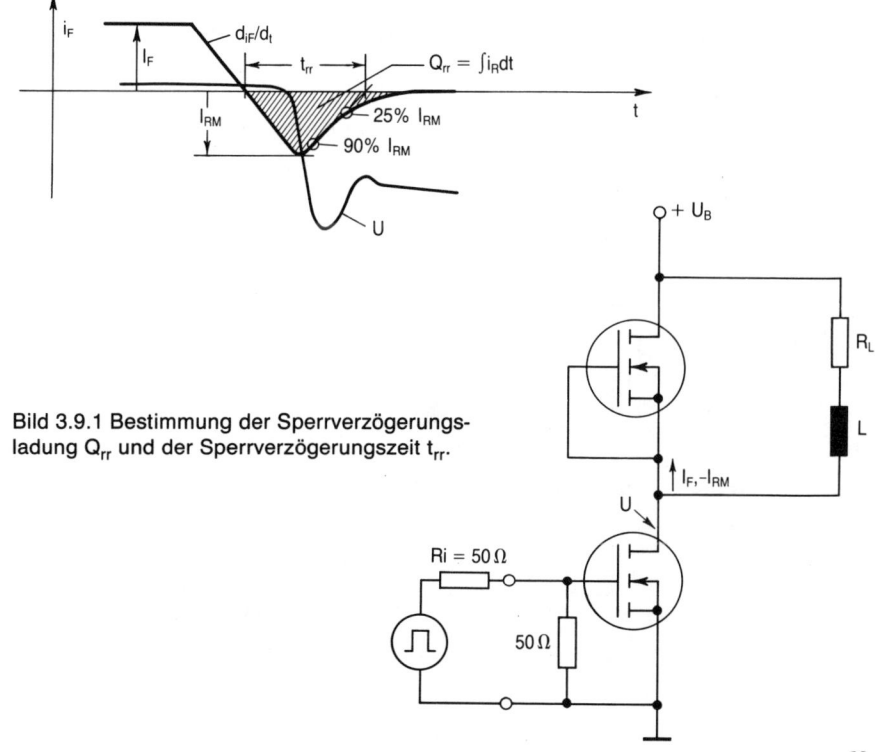

Bild 3.9.1 Bestimmung der Sperrverzögerungsladung Q_{rr} und der Sperrverzögerungszeit t_{rr}.

63

Diese nicht gerade vorteilhafte Eigenschaft eines MOS-FETs kann man durch zusätzliches Einschalten des Transistors im Inversbetrieb mildern. Es ist nun möglich, die Speicherladung auf ca. 60 % ihres ursprünglichen Wertes zu reduzieren, da ein großer Teil des Inversstromes über den Transistor fließt und nicht als Injektionsstrom über die Diode. Von den Herstellern sind natürlich auch Bestrebungen im Gange, diese Werte zu reduzieren. Meist geschieht es mit technologischen Mitteln durch Einbau von Rekombinationszentren, wie z. B. Gold oder Platin. Bereits erhältliche SIPMOS-Transistoren mit schneller Inversdiode (BUZ 211) weisen nur noch 1/10 oder noch weniger der sonst üblichen Speicherladungsmenge auf, ohne dabei andere Daten des Transistors zu verschlechtern. In Kapitel 5 wird auf diese Problematik der Inversdiode näher eingegangen.

Zwei wichtige Diagramme, die dem Anwender zur Verfügung gestellt werden, sind der zulässige Betriebsbereich und der transiente Wärmewiderstand.

3.10 Zulässiger Betriebsbereich *(Bild 3.10.1)*

Er gibt Auskunft über den maximalen Drainstrom I_D, in Abhängigkeit von der Drain-Source-Spannung U_{DS} für die Belastung mit Impulsen unter-

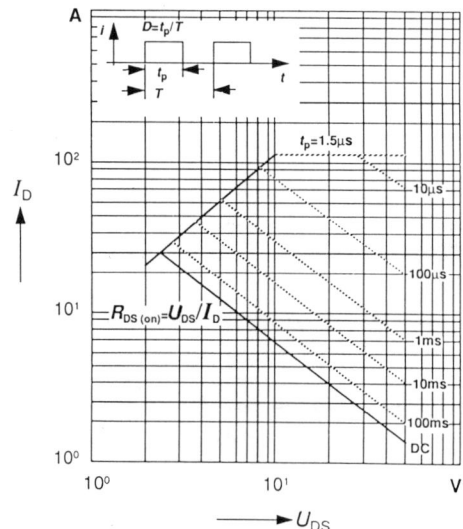

Bild 3.10.1: Zulässiger Betriebsbereich eines MOS-Transistors für ein Tastverhältnis $D = \frac{t_p}{T} = 0,01$.

schiedlicher Dauer und für ein spezifisches Puls-Pausenverhältnis. Für die hier spezifizierte Temperatur sind alle Werte für Strom und Spannung erlaubt, wenn der Transistor nicht thermisch überlastet wird. Vergleicht man dies mit Bipolartransistoren, so stellt man fest, daß hier keine Einschränkungen im Betriebsbereich gefordert werden. Einen 500-V-Transistor kann man also, sofern es keine Überschreitung der Datenblattwerte gibt, mit Maximalstrom und Maximalspannung schalten.

3.11 Transienter Wärmewiderstand Z_{thJC}

Die Einführung des transienten Wärmewiderstandes bringt dem Anwender eine zusätzliche Möglichkeit, den Transistor optimal auszunutzen. *Bild 3.11.1* zeigt das zugehörige Diagramm, das aussagt, daß man bei den hier angegebenen Puls-Pausenverhältnissen mit verminderten thermischen Übergangswiderständen rechnen kann. Bei kurzen Impulsen mit langen Pausen verteilt sich die lokal entstehende Wärme im Chip besser und kann daher leichter abgeführt werden. Der transiente thermische Widerstand Z_{thJC} berücksichtigt diesen Umstand. Er weist kleinere Werte als der im Gleichspannungsbetrieb zulässige thermische Widerstand R_{thJC} auf.

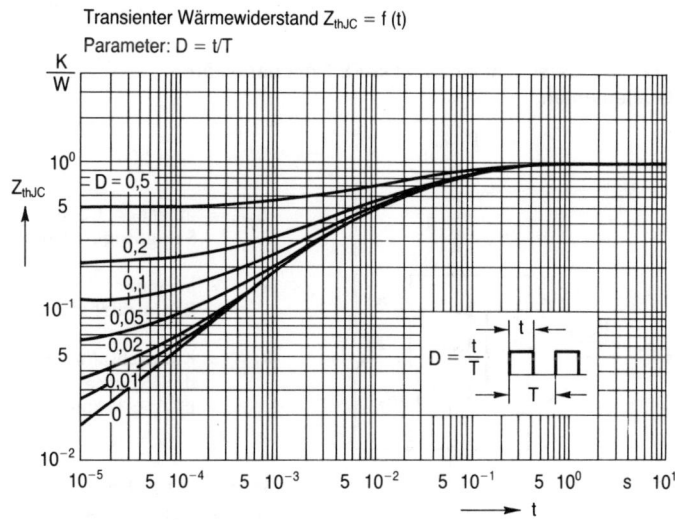

Bild 3.11.1:
Transienter
Wärmewider-
stand Z_{thJC} für
verschiedene
Tastverhältnisse.

65

3.12 Avalanchefestigkeit (Durchbruchsfestigkeit)

Eine für den Anwender wichtige Eigenschaft bei Leistungsschaltern ist die Robustheit im Durchbruchsfall. In der Praxis ist jede noch so sorgfältig aufgebaute Schaltung mit Streuinduktivitäten behaftet, die im Betrieb nahezu keine, jedoch im Störfall (z. B. Kurzschluß der Last, Sättigung des Übertragers) sehr gefährliche Überspannungsspitzen erzeugen. Dies kann zu einem ungewollten Einschalten des parasitären npn-Bipolartransistors führen (siehe *Bild 3.12.1a*, und auch *Bild 3.12.1b* Ersatzschaltung mit Bipolartransistor).

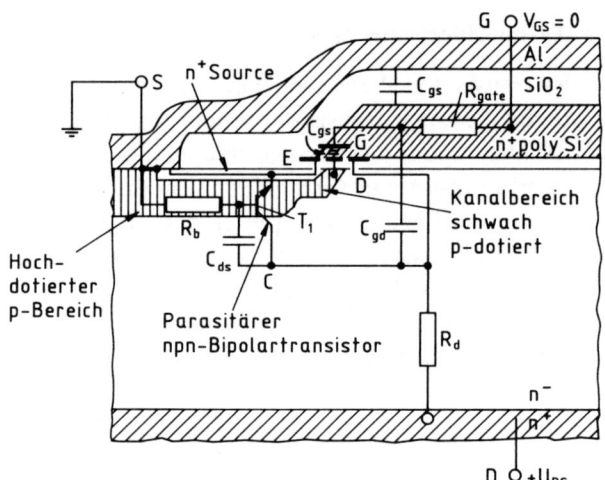

3.12.1 a Querschnitt eines MOS-FET mit parasitären Bauelementen.

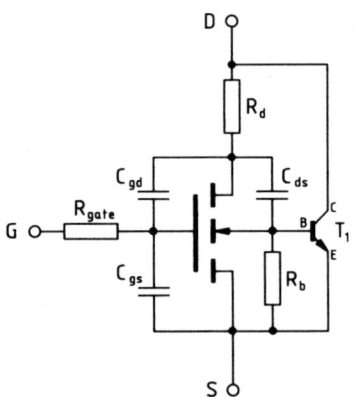

R_{gate} = interner Gate Serienwiderstand

R_d = interner Drainwiderstand

R_b = Kurzschlußwiderstand der Source n^+ und p^+/p^- Wanne einer Zelle

Bild 3.12.1 b: Ersatzschaltbild eines MOS-FET mit Bipolar-Transistor.

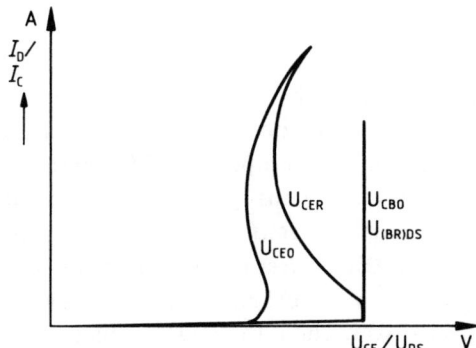

Bild 3.12.1 c: Durchbruchverhalten eines Bipolar-Transistors (U_{CER} einer MOS-Zelle liegt nahe $U_{(BR)DS}$).

Der im Durchbruch auftretende Multiplikationsstrom der C-B-Diode fließt durch das p-Gebiet in den Source-Kontakt einer Zelle und erzeugt eine Basisvorspannung für den kurzgeschlossenen npn-Transistor. Dieser schaltet ein und zerstört den MOS-FET. Da dieser npn-Transistor mit dem Widerstand R_b kurzgeschlossen ist, weist er statt U_{CEO} als Durchbruch U_{CER} auf. Der liegt etwas niedriger (siehe *Bild 3.12.1c*). Durch den Bipolardurchbruch mit niedrigerer Spannung lokalisiert sich der Stromfluß und dies ohne begrenzende Komponente.

Die Hersteller garantieren bei avalanchefesten Bauelementen maximale Energie-, bzw. Drainstromwerte beim Überschreiten der Durchbruchspannung. Diese Eigenschaft der Bauelemente zu realisieren gelang durch Designmaßnahmen, wie homogenes Zellenfeld, kleinere Zellen, niederohmige

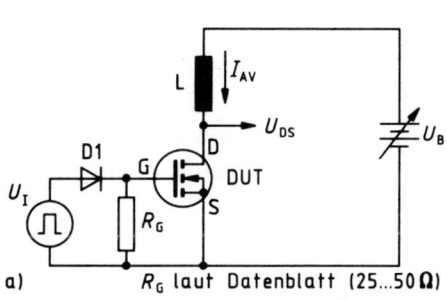

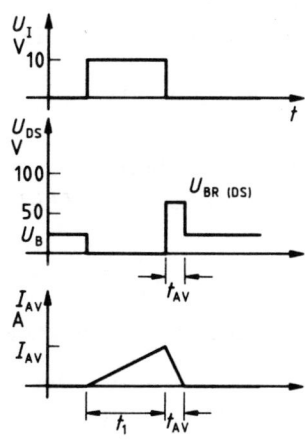

Bild 3.12.2: a) Meßschaltung für Avalanchetest. b) Impulsdiagramm für Avalanchemessung.

67

p-Gebiete (siehe *Bild 2.11*, *2.1.1-2.4.1*), verbessertes Randdesign der Transistorchips und homogene Technologieprozesse. Diese Maßnahmen halfen den Durchbruchstrom pro Zelle kleiner zu halten und dadurch ein Einschalten des Bipolartransistors zu verhindern. Es ist üblich, eine Avalanche-Energie E_A für Einzelimpulse und für periodische Belastung (begrenzender Wert ist hier $T_{J(max)}$) anzugeben. Getestet wird jedes Bauelement nach der Meßschaltung aus *Bild 3.12.2a*. Das zugehörige Impulsdiagramm zeigt *Bild 3.12.2b*. Dieser Test ist auch unter dem Namen UIS-Test (unclamped inductive switching) bekannt und ist aufgrund seines einfachen Aufbaues leicht nachzuvollziehen. In den Datenblättern der Hersteller werden die Meßschaltung, U_B, R_G, L, I_{AV} und T_J für jeden Typ individuell spezifiziert. Nun zum Ablauf der Messung. Der Prüfling, angesteuert von einem Impulsgenerator (die Diode D_1 dient als Schutz des Generators bei Zerstörung des Prüflings), schaltet einen Laststrom i(t), der linear bis zu dem Wert I_{AV} ansteigt. Beim Erreichen von I_{AV} wird die Steuerspannung U_I abgeschaltet. Die notwendige Zeit bis zum Erreichen von I_{AV} errechnet sich durch

$$t_1 = \frac{L \cdot I_{AV}}{U_B} \qquad (3.9)$$

Die gespeicherte Energie der Induktivität beträgt

$$W_L = \frac{1}{2} \cdot L \cdot I_{AV}^2 \qquad (3.10)$$

Nach dem Abschalten sinkt der Drainstrom I_{AV}, bestimmt durch die internen Kapazitäten C_{gs}, C_{gd}, bzw durch R_G (R_G = 25 oder 50 Ohm siehe auch Datenblattangabe), und die Spannung am zu testenden Bauteil steigt nach

$$U_L = L \cdot \frac{dI_{AV}}{dt} \qquad (3.11)$$

bis zur Durchbruchspannung $U_{(BR)DS}$ an (siehe auch Kapitel 4 Schaltverhalten von Leistungs-MOS-FETs). Die Zeitdauer t_{AV} des Durchbruches beträgt

$$t_{AV} = \frac{L \cdot I_{AV}^2}{U_{(BR)DS} - U_B} \cdot \qquad (3.12)$$

Die im Bauteil umgesetzte Energie W_{BR} beträgt

$$W_{BR} = \frac{1}{2} \cdot \frac{L \cdot I_1^2 \cdot U_{(BR)DS}}{U_{(BR)DS} - U_B} \qquad (3.13)$$

und die Verlustleistung im periodischen Avalanchebetrieb P_{BR} beträgt

$$P_{BR} = W_{BR} \cdot f \tag{3.14}$$

wobei f die Taktfrequenz ist.

Im Normalfall wird eine Schaltung so dimensioniert, daß der Avalanchefall nur bei Störungen auftritt. Für kontinuierlichen Avalanchebetrieb ist mit einer periodischen Belastung zu rechnen. Es treten zusätzliche Verluste auf. Daher ist es notwendig, bei der Verlustleistungsbilanz auch diesen Anteil zu berücksichtigen. Die Rechnung lautet also

$$P_{Ges} = P_E + P_S + P_{BR} \tag{3.15}$$

mit den Einschaltverlusten P_E, den Schaltverlusten P_S, den Avalancheverlusten P_{BR} und der gesamten Verlustleistung P_{Ges} im Bauteil.

Da bei Kleinsignal-Transistoren der zulässige Maximalstrom bzw. die möglichen Stromsteilheiten nicht ausreichen die nötige Durchbruchspannung zu erreichen, verwendet man eine Testmethode nach *Bild 3.12.3*. Hier wird ein Bauelement mit einer Kondensatorentladung im Durchbruch belastet. Der Avalanchestrom beträgt

$$I_{AV} = (U_0 - U_{(BR)DS})/100 \tag{3.16}$$

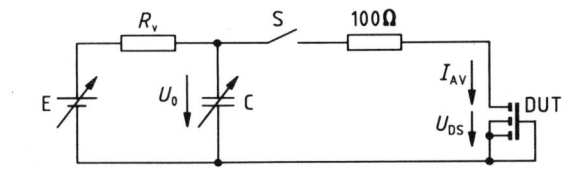

Bild 3.12.3 a:
Meßschaltung für
Avalanchetest bei
Kleinsignal-Transistoren.

a)

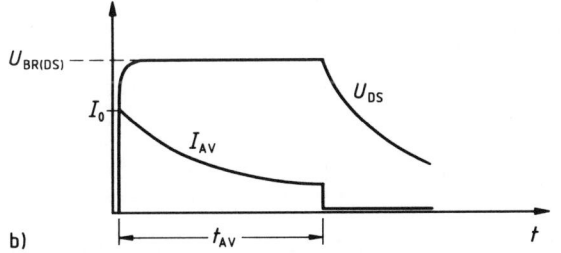

Bild 3.12.3 b:
Spannungs- und
Stromverläufe während des Tests.

b)

wobei man davon ausgeht, daß I_{AV} mit

$$I_{AV} = 0{,}1 \cdot I_D \qquad\qquad (3.17)$$

angesetzt und der spezifizierte dU/dt Grenzwert (z. B. 10 kV/µS) nicht über-schritten wird.

3.13 Die Gateladung

Steuert man einen MOS-FET mit einer Stromquelle an, so ist es möglich den Verlauf der Schaltflanken zu dehnen (siehe auch Kapitel 4. Schaltverhalten). Zeichnet man den Verlauf von U_{GS} über der Zeit auf (d. h. U_{GS} an die Y-Klemmen des Oszillografen) und verwendet zur Ansteuerung einen konstan-ten Steuerstrom, so wird Q_G direkt abgebildet. Pro Bildschirmeinheit ergibt sich folgende Gateladung

$$Q_G = i_G \cdot t_{Zeitbasis} \qquad (3.17)$$

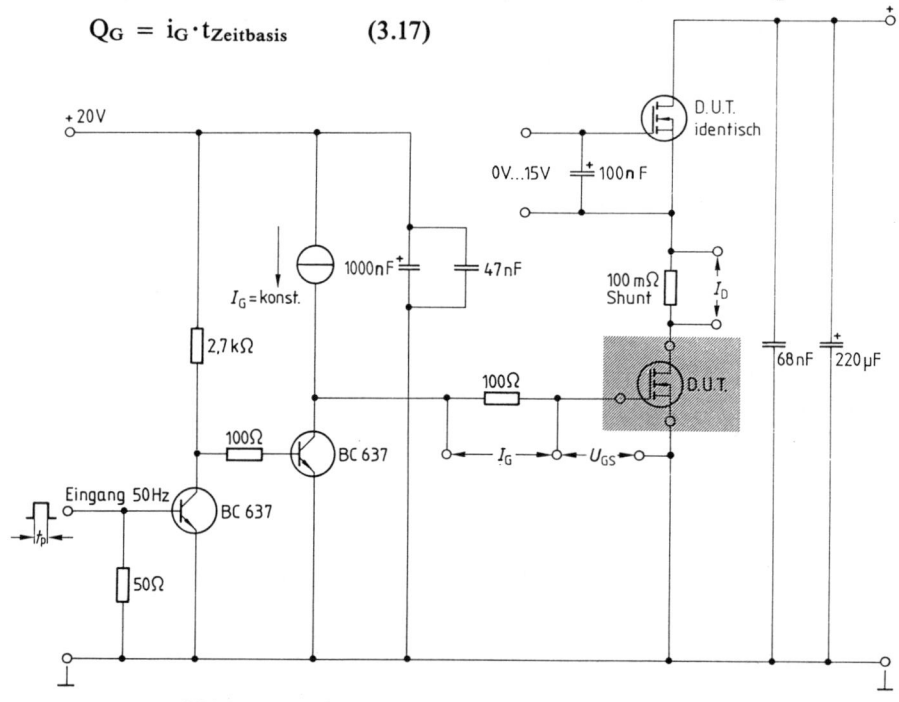

Bild 3.13.1: Meßschaltung zur Ermittlung der Gateladung.

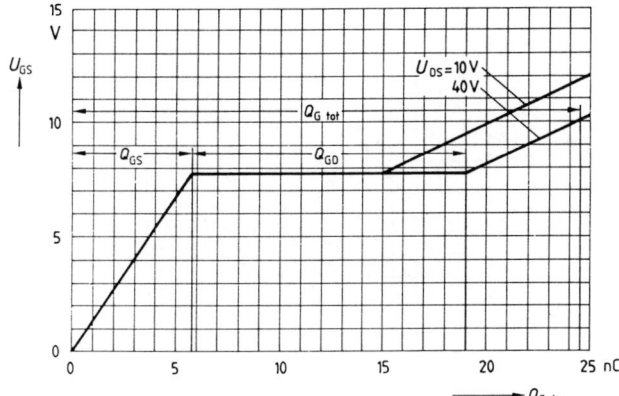

Bild 3.13.2: Verlauf der
Gateladung eines
MOS-FET.

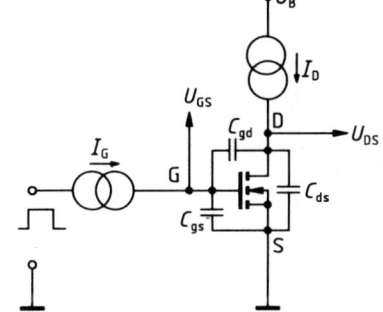

Bild 3.13.3: Prinzip der Meßschaltung mit
MOS-FET und dessen Kapazitäten.

Die komplette Meßschaltung zeigt *Bild 3.13.1.* Mit einem zusätzlichen Bau-
element des gleichen Typs wird ein konstanter Drainstrom I_D erzeugt. Den
Verlauf der Gateladung zeigt *Bild 3.13.2.* Die einzelnen Abschnitte bis zum
Erreichen von $U_{GS} = 10$ V sind wie folgt

Q_{GS}: C_{gs} (siehe *Bild 3.13.3*) wird aufgeladen bis die Gatespannung U_{GS} die
Einsatzspannung $U_{GS(th)}$ erreicht hat. Der Transistor schaltet ein. Nach wei-
terem Anstieg von Q_{Gate} kann I_D fließen, U_{DS} sinkt.

Q_{GD}: Über C_{gd} wird dem Gatekreis (C_{gs}) Ladung entzogen, es stellt sich
ein Gleichgewicht von U_{GS} ein. Q_G wächst und U_{GS} verläuft waagrecht bis
U_{DS} keine merkliche Änderung mehr aufweist. Bei $U_{GS} = 10$ V ist der
Transistor mit $Q_{G\ tot}$ eingeschaltet. Aus der Abhängigkeit in *Bild 3.13.4*
($R_{DS(on)} = f(I_D/U_{GS})$ kann der Anwender entscheiden, ob noch mehr Gate-

71

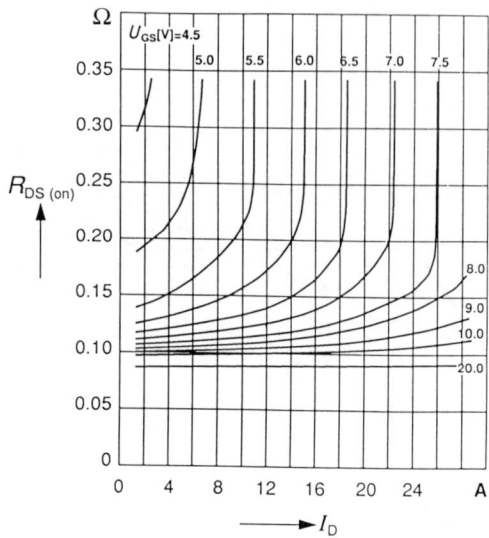

Bild 3.13.4: Abhängigkeit des $R_{DS(on)}$ von Drainstrom I_D und Gatespannung U_{GS}.

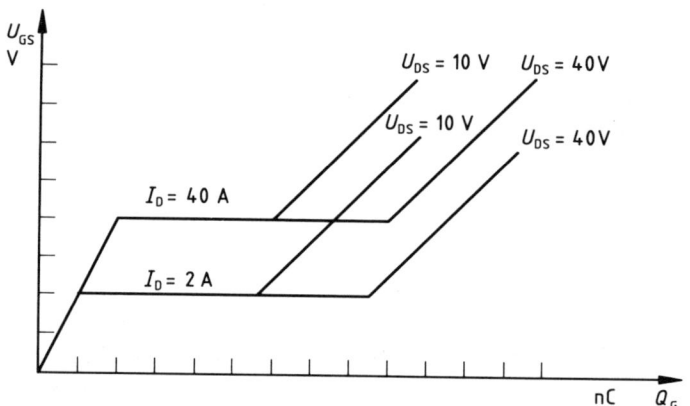

Bild 3.13.5: Abhängigkeit der Gateladung von Drainstrom I_D und Drain-Source-Spannung U_{DS}.

spannung zur gewünschten Funktion des Transistors nötig ist. Um ein optimales Schaltverhalten zu erreichen ist zu beachten, daß jede zusätzliche Gateladung die Abschaltzeit verlängert, da sie, bevor der Transistor abschalten kann, entfernt werden muß. *Bild 3.13.5* zeigt die Zusammenhänge von Gateladung zu Drainstrom und Drain-Source-Spannung.

72

4 Schaltverhalten von Leistungs-MOS-FETs

Im Kapitel 2 haben wir die vorteilhaften Eigenschaften der Ansteuerung mit Spannung detailliert herausgestellt. Dieses Kapitel beginnen wir nun mit einem Eingeständnis: Diese stromlose Ansteuerung ist in der Tat nur dann vorhanden, wenn das Ein- und Abschalten langsam erfolgt. Lt. *Bild 4.1* sind die Leistungs-MOS-FETs mit Kapazitäten belastet, die bei jedem Schaltvorgang umgeladen werden müssen; dazu ist Strom notwendig. Diese Kapazitäten, die „Rückwirkungskapazität" C_{gd}, die Drain-Source-Kapazität C_{ds} und die Gate-Source-Kapazität C_{gs} bestimmen, zusammen mit dem Ausgangswiderstand des Treibergenerators, die Schaltzeiten der MOS-Leistungstransistoren.

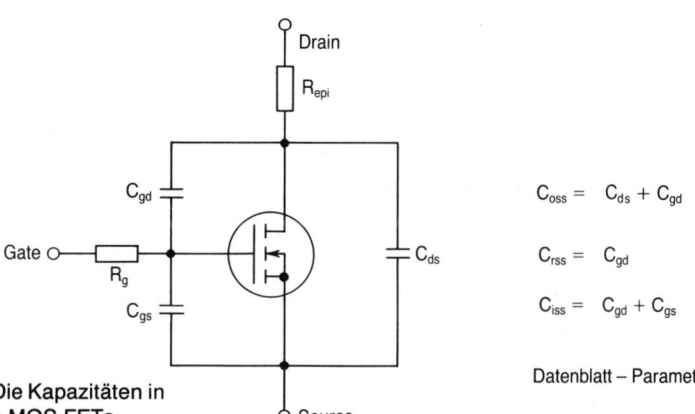

$$C_{oss} = C_{ds} + C_{gd}$$

$$C_{rss} = C_{gd}$$

$$C_{iss} = C_{gd} + C_{gs}$$

Datenblatt – Parameter

Bild 4.1: Die Kapazitäten in Leistungs-MOS-FETs.

Die Zuordnung der Elemente zur Struktur eines MOS-FETs ist in dem Ersatzschaltbild *Bild 4.2* dargestellt. Die Eingangselektrode ist auf das Polysilizium-Gategitter geschaltet, das einen nicht vernachlässigbaren Widerstand hat. Dieser Gate-Widerstand kann bei den erhältlichen Typen einen effektiven Widerstandswert, abhängig von Chipgröße und Layout, von einigen Ohm bis zu 20 Ohm besitzen. Die Gate-Source-Kapazität besteht aus dem Überlappungsteil zwischen Polysilizium und Sourcemetall und aus dem Ka-

73

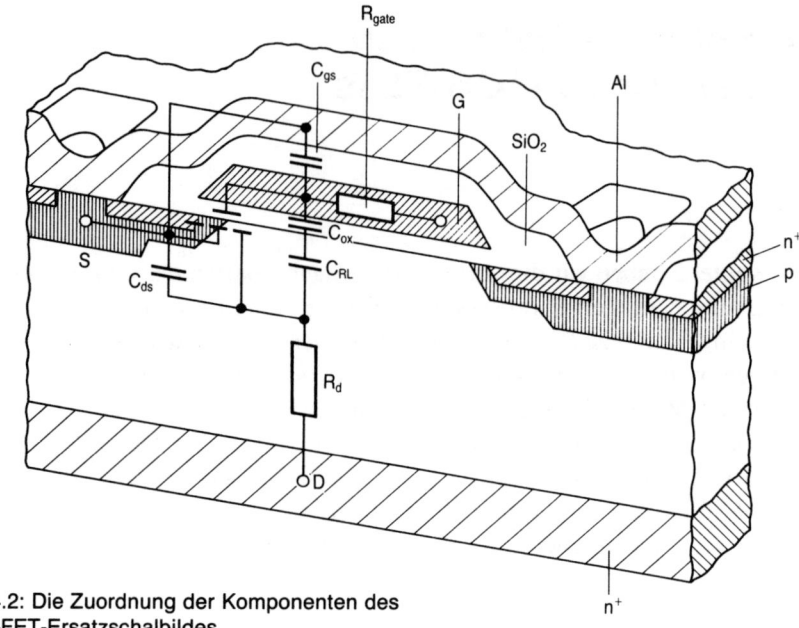

Bild 4.2: Die Zuordnung der Komponenten des
MOS-FET-Ersatzschalbildes.

nalteil, der durch die p-Kanalzone und dem Polysiliziumgate gebildet wird. Die Drain-Source-Kapazität C_{ds} hat die Ursache in der Raumladungszone zwischen der p-Schicht der Zellen und der Epitaxieschicht. Die Breite der Raumladungszone ändert sich — wie es im Kapitel 1 erläutert wurde — mit der angelegten Spannung. Dadurch ändert sich auch deren Gesamtladung. Diese Ladungsänderung kann durch die „Raumladungskapazität" C_{RL} nach (4.1) berücksichtigt werden.

$$C_{RL} = \frac{d\,Q_{RL}}{d\,U_{RL}} \tag{4.1}$$

Für p^+-n-Übergänge wird diese Raumladungskapazität sehr einfach nach Formel (4.2) gerechnet:

$$C_{RL} \simeq \sqrt{\frac{1{,}7 \cdot 10^{-31} \cdot N_d}{2 \cdot U_{RL}}} \tag{4.2}$$

$$E_o \cdot E_{si} \cdot e \dots 1{,}7 \cdot 10^{-31} \,[A^2 \cdot s^2 \cdot V^{-1} \cdot cm^{-1}]$$

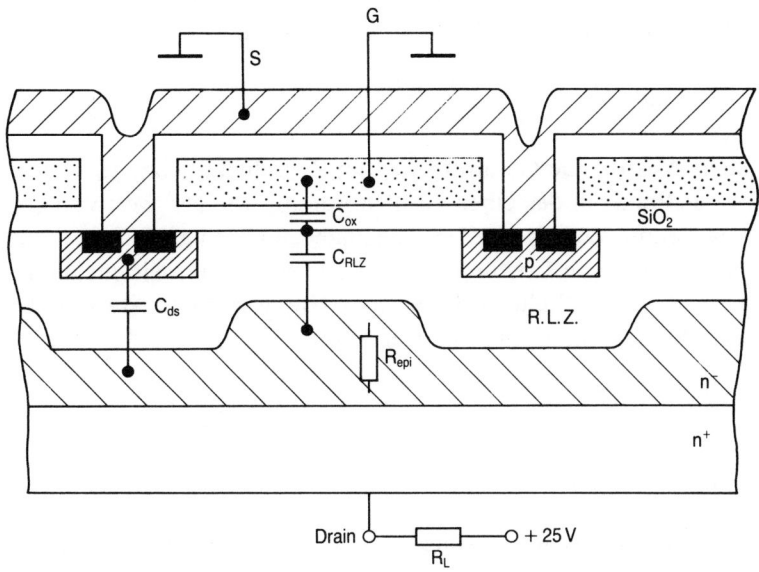

Bild 4.3: Die Datenbücher enthalten die Kapazitätswerte der abgeschalteten MOS-FETs.

Hier ist C_{RL} die Raumladungskapazität (Farad/cm^2), N_d die Dotierung der Epitaxieschicht (cm^{-3}) und U_{RL} die angelegte Spannung in Volt. Um die Drain-Source-Kapazität C_{ds} zu erhalten, muß C_{RL} mit der Gesamtfläche der in dem Leistungs-MOS-FET enthaltenen Source-Zellen multipliziert werden. Aus (4.2) ist zu ersehen, daß der Wert für C_{RL} bei gegebener Spannung und bestimmter Zellenfläche für niedrigere Dotierung, d. h. für höhersperrende MOS-FETs kleiner ist, als bei höherer Dotierung der Epitaxieschicht, wie es bei Niederspannungstransistoren der Fall ist.

Die Kapazität C_{gd} („Miller"- oder „Rückwirkungskapazität") wird, wie in *Bild 4.2* zu sehen ist, durch die Gate-Oxidkapazität und die mit ihr in Serie liegende Drain-Raumladungszonenkapazität im Zwischenzellenbereich (d. h. im Gebiet zwischen den Transistorzellen) gebildet. Wenn der Transistor abgeschaltet ist *(Bild 4.3)*, wird die Raumladungszone unter dem Gate beinahe gleich breit wie in den Bereichen unter den Zellen. Es gibt zwar auch im Gate-Oxid einen kleinen Spannungsabfall; er beträgt selbst bei der höchst anlegbaren Spannung nur wenige Volt, da $C_{ox} \gg C_{RL}$ ist. Er ist also besonders bei Hochspannungs-MOS-FETs vernachlässigbar klein. Die Kapazität C_{rss} läßt sich nach (4.3) für $U_{GS} < U_{GS(th)}$ berechnen.

$$C_{rss}(U) = A_{Mi}\frac{C_{ox} \cdot C_{RL}(U)}{C_{ox} + C_{RL}(U)} \qquad (4.3)$$

Hier steht A_{MI} für die Gesamtfläche der Zwischenzellenzone. Dieser Wert liegt in der Praxis in derselben Größenordnung wie der Wert von C_{ds}, weil Zellenfläche und Zwischenzellenfläche nahezu gleich groß sind.

Die Datenbücher von Leistungs-MOS-FETs enthalten meistens die Kapazitätskurven des abgeschalteten Transistors. Hier werden, in Abhängigkeit von der Drain-Source-Spannung, die Werte von

$$C_{oss} = C_{ds} + C_{gd}$$

$$C_{rss} = C_{gd}$$

$$C_{iss} = C_{gd} + C_{gs}$$

dargestellt. Ein typisches Beispiel zeigt *Bild 4.4*, auf dem die C(U)-Kurven des Leistungs-MOS-FETs BUZ 71 von Siemens zu sehen sind. Der Index ss

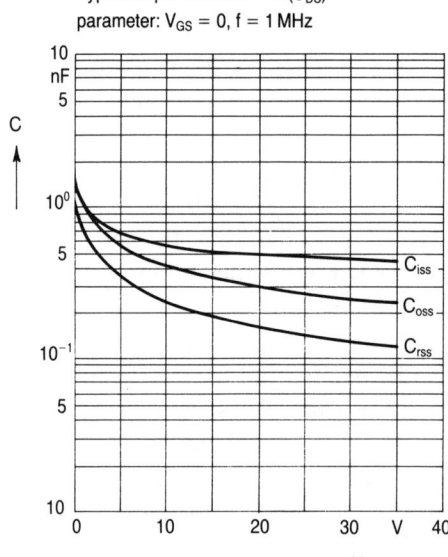

Typical capacitances C = f (U_{DS})
parameter: $V_{GS} = 0$, f = 1 MHz

Bild 4.4: Kapazitäten des BUZ 71 (Siemens) nach Datenblatt.

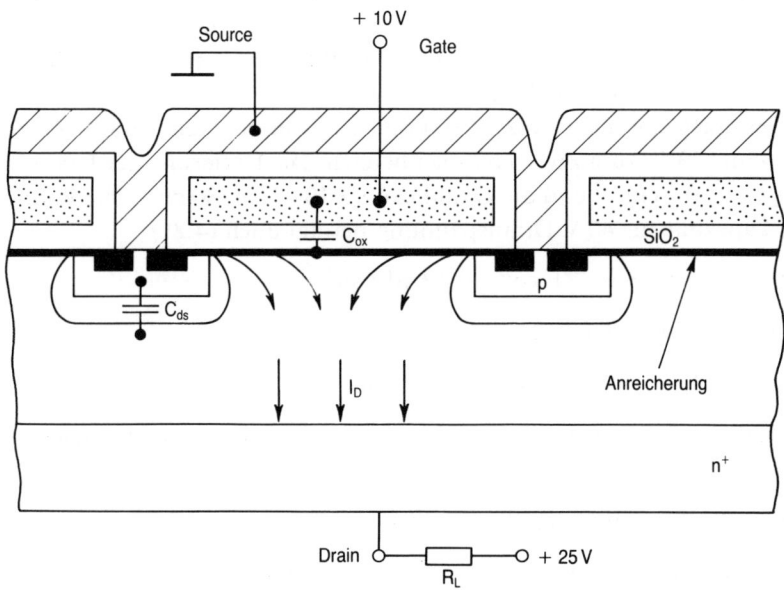

Bild 4.5: Erhöhung der Rückwirkungskapazität im eingeschalteten Zustand.

deutet auf „small signal" hin. Diese Kurven scheinen zwar informativ zu sein, doch für die Berechnung des Transistorverhaltens während des Schaltens können nur annähernd Informationen entnommen werden. Wenn der Transistor voll eingeschaltet wird, d. h. wenn er bei niedriger Drainspannung und großem Strom leitet, wird die Rückwirkungskapazität C_{rss} noch größer, als sie bei 0 V ist. Gerade dieses Verhalten ist in *Bild 4.4* nicht zu sehen. Zur genauen Erklärung betrachten wir *Bild 4.5*. Es zeigt den Zustand $U_{DS} < U_{GS(th)}$, der die übliche Situation in Schaltanwendungen im eingeschalteten Zustand darstellt. Die Raumladungszone ist verschwunden; es gibt eine leitende Anreicherungsschicht, bestehend aus den Elektronen, die von der positiven Gate-Spannung an die Oberfläche gezogen werden. Es fließt Strom durch die leitende Epitaxieschicht. Die Kapazität zwischen Gate und Drain ist, da $C_{RL} \approx \infty$ geworden ist,

$$C_{rss} = A_{Mi} \cdot C_{ox} \tag{4.4}$$

Dies ist ein sehr hoher Wert im Vergleich zur Raumladungskapazität bei höheren Drainspannungen. Um ein Gefühl für die Größenordnungen zu bekommen, schätzen wir die C_{rss}-Werte des SIPMOS-FET BUZ 71 für den eingeschalteten und abgeschalteten Zustand.

Die Gesamtfläche des Chips ist $0,06\,cm^2$, davon gehören etwa 40 % zum Zellen- und 33 % zum Zwischenzellenbereich. Die Dotierung der Drainzone beträgt $6 \cdot 10^{15}\,cm^{-3}$ und die Oxiddicke $8 \cdot 10^{-6}\,cm$ (80 nm). Die Raumladungskapazität für 40 V Drainspannung beträgt auch (4.2)

$$C_{RL} = 3,57 \cdot 10^{-9} F/cm^2 \cong 3,6\,nF/cm^2$$

Die Oxidkapazität, nach (1.7) berechnet, beträgt

$$C_{ox} = 4,37 \cdot 10^{-8} F/cm^2 \cong 44\,nF/cm^2$$

Der Wert C_{rss} des Transistors BUZ 71 nach (4.3) wird für den abgeschalteten Zustand

$$C_{rss} \cong 48,8 \cdot 10^{-12} F, \text{ also } \cong 50\,pF,$$

was auch aus dem Datenblatt zu entnehmen ist. Für den eingeschalteten Zustand berechnet sich die Rückwirkungskapazität nach (4.4) zu $C_{rss} \cong 0,65\,nF$. Dies ist mehr als eine Größenordnung höher als der Wert im abgeschalteten Zustand. Die Eingangskapazität im eingeschalteten Zustand ergibt sich zu

$$C_{iss} = 0,65\,nF + 0,5\,nF = 1,15\,nF,$$

mit C_{gs} etwa gleich 0,5 nF.

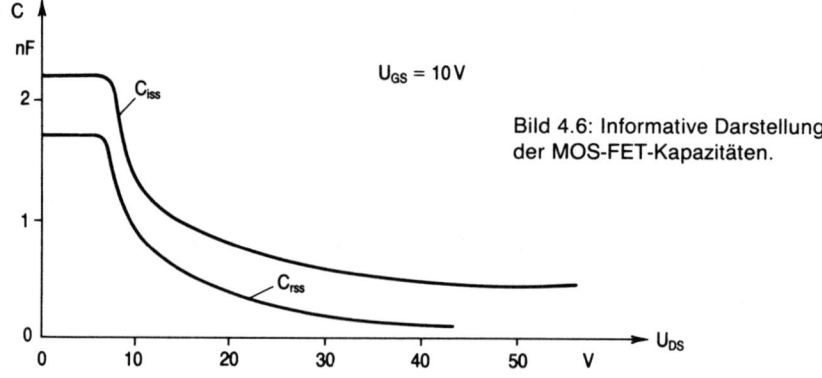

Bild 4.6: Informative Darstellung der MOS-FET-Kapazitäten.

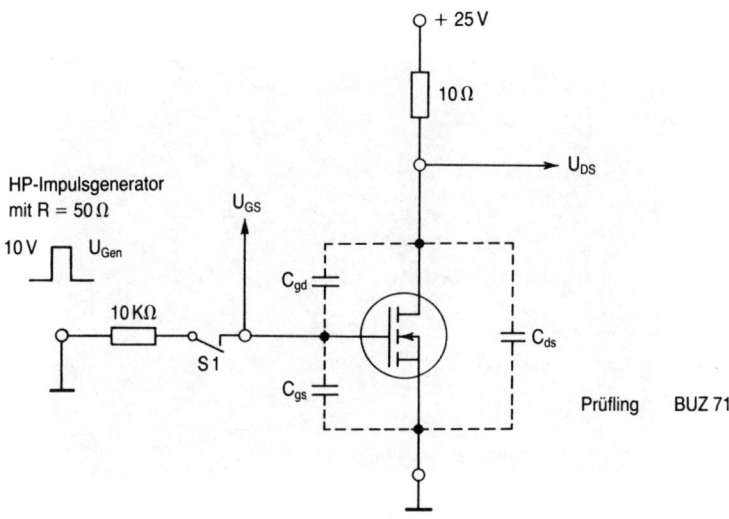

Bild 4.7: Prüfschaltung für die Demonstration des Schaltvorganges.

Um dem Anwender eine umfangreichere Information zu geben, sollte die Darstellung der Kapazitäten eines MOS-FETs nicht wie nach *Bild 4.4* erfolgen, sondern so, wie in *Bild 4.6.* Hier ist die Erhöhung der Eingangs- und der Rückwirkungskapazität des Transistors im eingeschalteten Zustand deutlich sichtbar. Der Effekt ist bei Hochspannungstypen noch ausgeprägter als bei einem 50-V-Typ. Dies ist jedoch leider noch nicht in den Datenbüchern dargestellt.

Alle drei einem Leistungs-MOS-FET zugehörigen Kapazitäten sind im wesentlichen temperaturunabhängig. Dies bringt enorme Vorteile gegenüber den bipolaren Leistungstransistoren und wird nun im folgenden, anhand von konkreten Beispielen, detaillierter diskutiert. Die Spannungsabhängigkeit der Kapazitäten bestimmen selbstverständlich den Schaltvorgang eines Leistungs-MOS-FET.

Um das Geschehen beim Schalten zu demonstrieren, verfolgen wir genau den gesamten Schaltablauf eines Inverters mit ohmscher Last.

Zur Vereinfachung sei die Ansteuerung der Treibstufe ein Pulsgenerator mit großem Ausgangswiderstand (siehe *Bild 4.7*). Das Ausgangskennlinienfeld

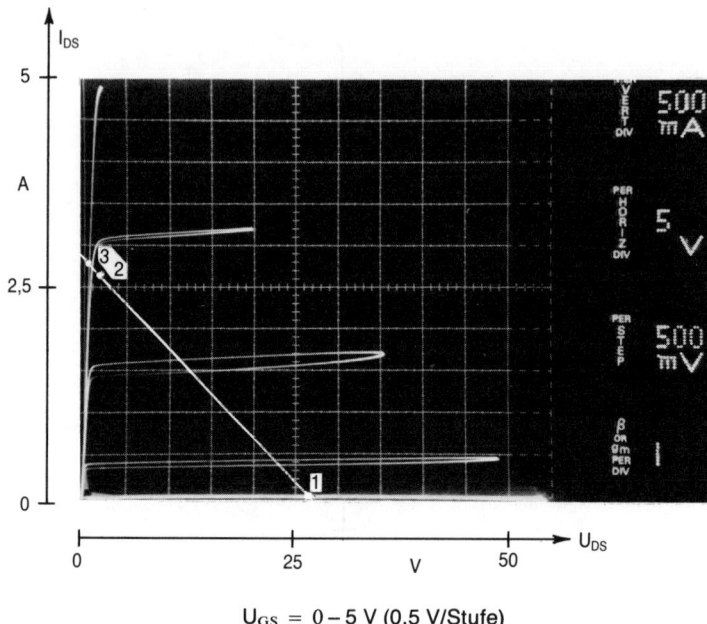

$U_{GS} = 0 - 5\,V$ (0,5 V/Stufe)

Bild 4.8: Gemessenes Kennlinienfeld des Transistors BUZ 71 mit der Arbeitsgeraden (R_L = 10 Ω, U_B = 25 V).

des Transistors BUZ 71 mit der Arbeitsgeraden ist in *Bild 4.8* zu sehen. *Bild 4.9* zeigt die durch den 10 kΩ Innenwiderstand (eingepräger Strom) gedehnten Drain- und Gate-Spannungsimpulse beim Schalten.
Der Schaltvorgang beginnt nach dem Anlegen des Eingangsstromes mit einer kleinen Verzögerung. Es ist jene Zeit, welche die Eingangskapazität C_{iss} benötigt, um sich auf die Einsatzspannung von etwa 3 V aufzuladen. Es ist klar, daß diese „Verzögerungszeit" (Bereich E 1) um so länger ist, je größer Einsatzspannung und Kapazität C_{iss} sind. Der Transistor ist noch in Punkt 1 aus der $I_D(U_D)$-Kennlinie. Nachdem die Gate-Spannung den $U_{GS(th)}$-Wert überschritten hat, beginnt der Transistor zu leiten. Strom fließt, die Drainspannung sinkt. Das Fallen der Drainspannung beeinflußt durch Rückkopplung über C_{rss} die Gatespannung und kompensiert sie teilweise. Das Ergebnis ist: Es stellt sich eine Fallgeschwindigkeit der Ausgangsspannung ein, die durch das Entladen von C_{rss} und durch den Eingangsstrom I_{in} bestimmt wird. Das ist der bekannte „Miller-Effekt".

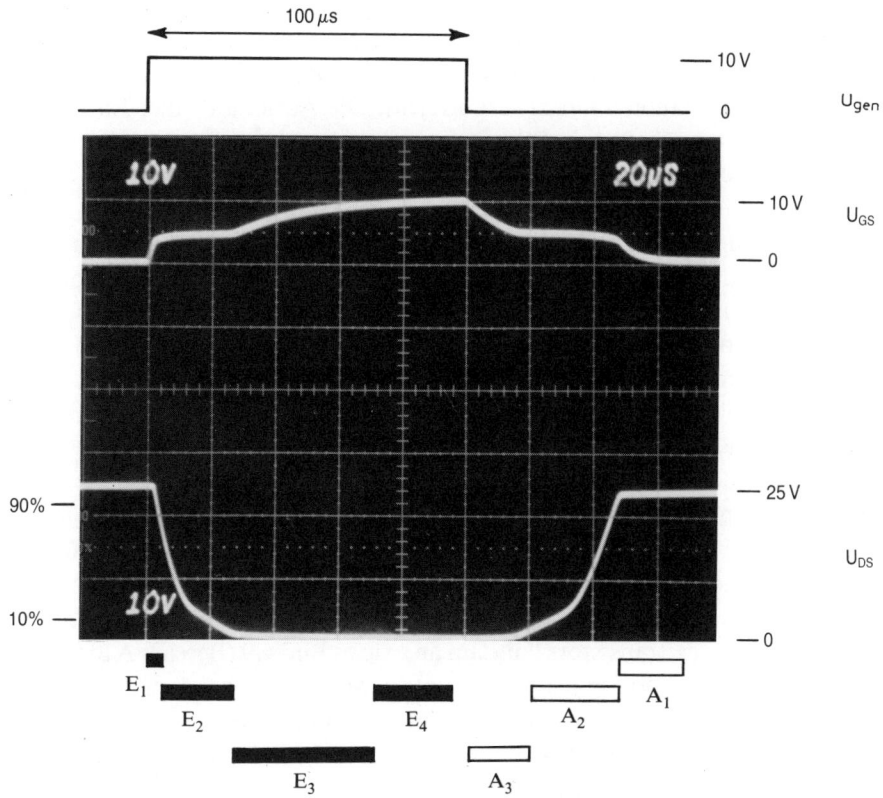

Bild 4.9: Spannungsverlauf an Drain und Gate beim Schalten (1).

Wie bereits erklärt wurde, steigt bei sinkender U_{DS} die Kapazität C_{rss}. Somit verlangsamt sich auch die Fallgeschwindigkeit der Drainspannung. Die Gatespannung steigt langsam, entsprechend der Bewegung des Arbeitspunktes auf der Arbeitsgeraden (Bereich E 2). Zunächst fällt die Drainspannung relativ schnell, da C_{rss} noch klein ist. Sobald aber die Drainspannung die Gatespannung unterschritten hat (Punkt 2 in *Bild 4.8*), wird C_{rss} plötzlich nochmals größer. Dementsprechend verlangsamt sich auch der weitere Drainspannungsabfall und das Steigen der Gatespannung. Wie bekannt, definiert man als „Einschaltzeit" das Zeitintervall, welches für das Fallen der Drainspannung vom 90 %-Wert auf den 10 %-Wert nötig ist. Diese Zeit ist für den MOS-FET relativ kurz. Die Zeit aber, die nachher noch für das volle

Einschalten benötigt wird (Bereich E 3), ist wesentlich länger. Im Bereich E 4 ist der MOS-FET eingeschaltet; die Gatespannung hat ihren von dem Treiberimpuls erlaubten Grenzwert erreicht. Die Aufladung aller Kapazitäten ist beendet; es fließt kein Eingangsstrom mehr. Der Transistor ist leitend (Punkt 3 im Kennlinienfeld) und kann praktisch ohne Leistung und ohne Gatestrom für beliebige Zeit im leitenden Zustand gehalten werden. Man könnte nun den Kontakt durch Öffnen des Schalters S_1 zur Gate-Elektrode unterbrechen. Im Prinzip würde die aufgeladene Gate-Eingangskapazität die Gatespannung, und damit den eingeschalteten Zustand, weiter aufrecht erhalten. In der Praxis hat aber das Gate-Polysilizium immer einen Leckstrom von einigen Nano-Ampere, der die Gateladung ableiten kann. Diese Entladung geht jedoch sehr langsam vor sich. Die Entladezeitkonstante beträgt normalerweise mehrere Minuten!

Um abzuschalten muß die Gatekapazität entladen werden. Geschieht dies durch einen großen Widerstand, wie es unsere Prüfschaltung vorsieht, so verläuft der Vorgang in der umgekehrten Richtung wie beim Einschalten. Zuerst wird die Gatespannung langsam gesenkt, da die große Eingangskapazität entladen werden muß. Dabei steigen der Einschaltwiderstand und die Restspannung des Transistors langsam an, wie es Bild 4.9 (Bereich A 3) zeigt. Sobald die Gatespannung jenen Wert unterschritten hat, bei dem der Drainstrom nicht mehr ausreicht, um die Ausgangsspannung auf ihrem niedrigen Wert zu halten, fängt die Drainspannung an zu steigen. Es tritt nun der „Miller-Effekt" in Funktion und abhängig vom momentan fallenden Wert der Rückwirkungskapazität C_{gd} wird der Spannungsanstieg am Drain begrenzt. Der Anstieg, entsprechend des zuerst sehr großen, dann kleinen Wertes von C_{dg}, ist zuerst langsam, dann steil, wie dies in Bild 4.9 (Bereich A 2) gezeigt wird. Nachdem die Drainspannung auf die Betriebsspannung angestiegen ist, ist der Schaltvorgang am Drain beendet. Die Gatespannung sinkt aber weiter, da sie bei Erreichen der Situation $I_D = 0$ erst den Wert der Einsatzspannung angenommen hat. Der Schaltvorgang ist dann beendet, wenn die Gatespannung den von der Treiberschaltung bestimmten negativsten Wert erreicht hat (Bereich A 1).

Auffallend ist, daß es eine Art von „Speicherzeit" zwischen dem Einleiten des Abschaltvorganges und dem Beginn des Spannungsanstieges am Drain (bzw. des Stromabstieges) gibt. Sie ist um so länger, je höher die Spannung, auf die die Gatekapazität C_{iss} aufgeladen wird, und je kleiner der Entladestrom ist.

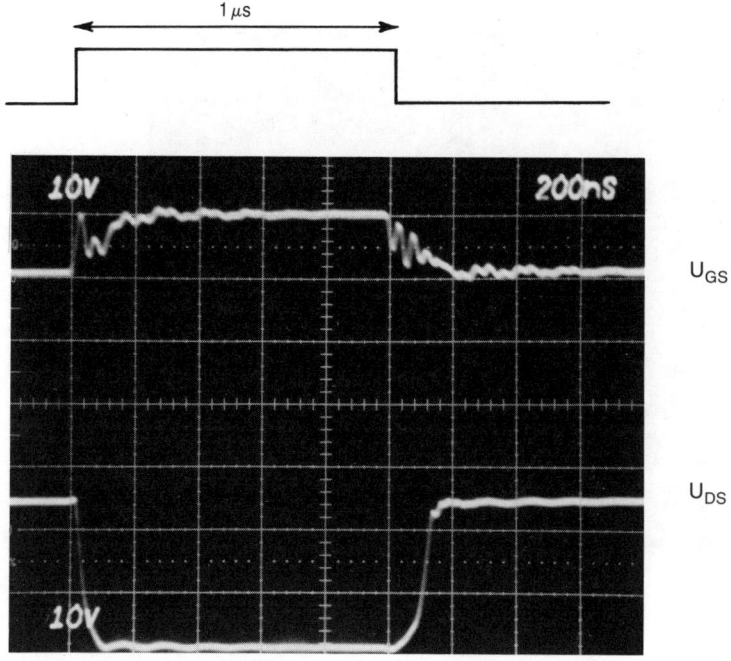

Bild 4.10: Spannungsverlauf an Drain und Gate beim Schalten (2).

Da alle Kapazitäten einen vom Laststrom und von der Temperatur praktisch unabhängigen Spannungsverlauf haben, oder mindestens von diesem
sehr wenig abhängig sind, hängen die Schaltzeiten für einen gegebenen Leistungs-MOS-FET-Typen nur von den Auf- und Entladeströmen ab. Normalerweise steuert man in der Praxis einen Leistungs-MOS-FET nicht mit
konstantem Strom, sondern, ähnlich wie bei der Schaltung in *Bild 4.7* mit einem Treiber mit bestimmtem Ausgangswiderstand oder einem IC mit stär-
keren Ausgangstreibertransistoren an. Deshalb werden die Schaltzeiten
überwiegend von der I(U)-Kennlinie des Treibers bestimmt. Wenn z. B. der
Transistor BUZ 71 direkt von einem 50-Ω-Generator angesteuert wird, erreicht er Schaltzeiten von wenigen zehntel Mikrosekunden, wie im *Bild 4.10*
zu sehen ist. Als Faustregel gilt, daß für einen gegebenen Leistungs-
MOS-FET-Typ die Schaltzeiten proportional zum Treiberwiderstand sind
(gleiche Eingangsamplitude vorausgesetzt). Diese Problematik wird im folgenden detaillierter diskutiert.

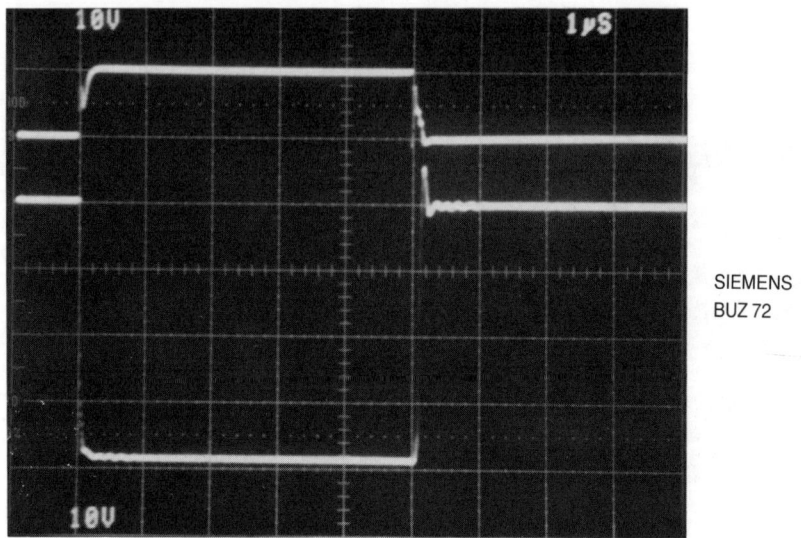

SIEMENS
BUZ 72

Bild 4.11: Vergleich des Schaltvorganges eines 8 mm² großen 100 V Leistungs-MOS-FETs.

Die unterschiedlichen Fabrikate und Typen von Leistungs-MOS-FETs verhalten sich beim Schalten im wesentlichen ähnlich. Die Abweichungen liegen mehr in Chipgröße, Stromsteilheit, Dicke des Gate-Oxides und der Proportionalität zwischen Zellfläche, Zellabstand, Gate-Source-Überlappung und Randpassivierungsfläche. Diese Unterschiede sind aber nicht allzu groß. Will man genau bestimmen, welche Steuerleistung für einen bestimmten MOS-FET nötig ist, muß man die in Kapitel 3.13 besprochenen Angaben der Gateladung Q_{GS} heranziehen.

Um das Schaltverhalten bei gegebenem Generator zu demonstrieren, zeigt *Bild 4.11* die gemessene Schaltkurve eines BUZ 72. Die Chipfläche dieses Typs ist kleiner 8 mm², die Durchbruchspannung beträgt 100 V.

Bei größeren Chips — die Kapazitäten sind entsprechend der Chipfläche auch proportional größer — wird das Schalten langsamer, wie es *Bild 4.12* zeigt.

Die Chipfläche dieses Transistors beträgt etwa 40 mm². Um auch die großflächigen Leistungs-MOS-FETs schnell schalten zu können, müßte die Treiberstufe verstärkt werden. Nun ist es vielleicht nützlich, wenn wir einmal die Schalteigenschaften von MOS- und Bipolar-Leistungstransistoren direkt

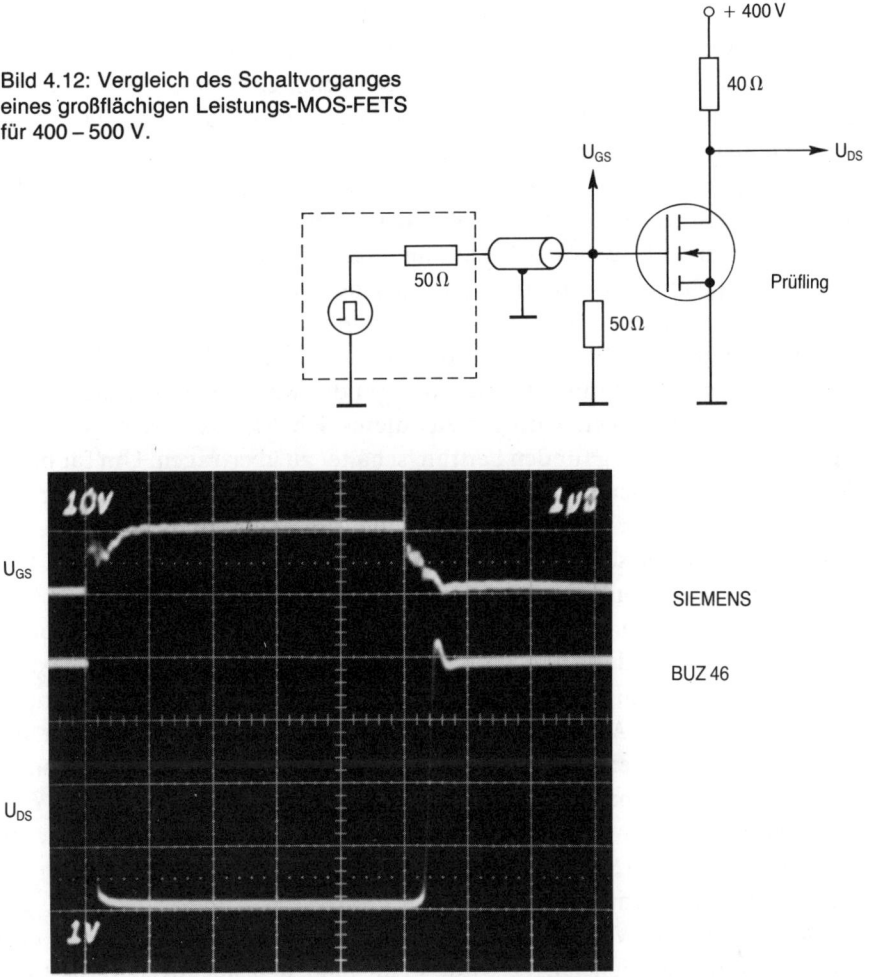

Bild 4.12: Vergleich des Schaltvorganges eines großflächigen Leistungs-MOS-FETS für 400 – 500 V.

miteinander vergleichen. Betrachten wir dazu einen modernen Bipolar-Leistungstransistor vom Typ BUX 98. Der in einem TO-3-Gehäuse montierte Transistor kann bis zu einer $U_{CEO\ sus}$-Spannung von 440 V benutzt werden. Die Chipgröße des Bauelements beträgt etwa 80 mm². Beinahe die gleiche Chipgröße (72 mm²) haben zwei Leistungs-MOS-FETs mit der Typenbezeichnung BUZ 64. Die maximale Spannung beträgt für diesen Typ 400 V.

Der Bipolartransistor BUX 98 und zwei MOS-FETs vom Typ BUZ 64 sind nach den wichtigsten Schaltmerkmalen etwa gleich, auch die Chipfläche ist nahezu identisch. Nehmen wir für den Vergleich eine einfache Schaltstufe mit potentialfreier Ansteuerung für eine Betriebsspannung von 400 V. Solche Schaltstufen werden in den H-Brücken für Motorsteuerungen verwendet. Beide Transistoren benötigen eine geeignete Treiberschaltung, mit der möglichst schnell ein- und wieder abgeschaltet werden kann. Den prinzipiellen Aufbau einer H-Brücken-Schaltung zeigen die Bilder 5.6 und 5.7. Da in den meisten Fällen Potentialtrennung zwischen Steuer- und Leistungsteil gefordert wird, soll auch hier eine Treiberstufe verwendet werden, die diesen Anforderungen gerecht wird. Es gibt schaltungstechnisch viele Möglichkeiten der Potentialtrennung. Häufig angewendet wird die Steuerimpulstrennung über Optokoppler. Jedoch bietet dieses Schaltkonzept keine Möglichkeit, die Steuerleistung für den Leistungsschalter zu übertragen. Um für beide Stufen von ähnlichen Verhältnissen ausgehen zu können, wählten wir die Übertragerkopplung. Mit dieser Schaltung, die in Abschnitt 8.9 näher erklärt wird, läßt sich sogar die Steuerleistung des MOS-FETs übertragen. Der Bipolartransistor benötigt eine zusätzliche Versorgung.

Die geeignete Treiberschaltung für den Bipolartransistor soll den Anforderungen entsprechend für $I_B > 1,5$ A dimensioniert sein, da für den Kollektorstrom von 8 A im eingeschalteten Zustand ein Basisstrom von $> 1,5$ A zugeführt werden muß. Außerdem soll der Bipolartreiber beim Abschalten den Basisstrom umkehren, also in beiden Polaritätsrichtungen den Eingangsstrom schalten können. Diese Forderungen erfüllt die Treiberstufe lt. *Bild 4.13*, die neben dem CMOS-IC noch die kleineren Treibertransistoren, ein Netzgerät für hohen Strom in beiden Polaritäten sowie einen Impulsübertrager zur Potentialtrennung enthält.

In *Bild 4.14* sind die Verläufe von I_{ein} und I_L zu sehen. Auffallend ist die lange Speicherzeit, die noch länger wird, wenn man den negativen Basisstrom beim Abschalten reduziert. Der Eingangsstrom von etwa 1,5 A fließt kontinuierlich, solange der Bipolartransistor eingeschaltet ist. Die Speicherzeit ist stark temperaturabhängig.

Die für den MOS-FET benötigte Treiberstufe in *Bild 4.15* ist wesentlich kleiner [2]. Sie besteht praktisch nur aus der Treiberschaltung, kleinen Treiber-FETs und aus dem kleinen Impulstransformator, der die für das Einschalten des Transistors nötige Ladungsmenge liefert. Für das Abschalten ist kein negativer Eingangsstrom notwendig. Die Aufladung der Eingangskapazität er-

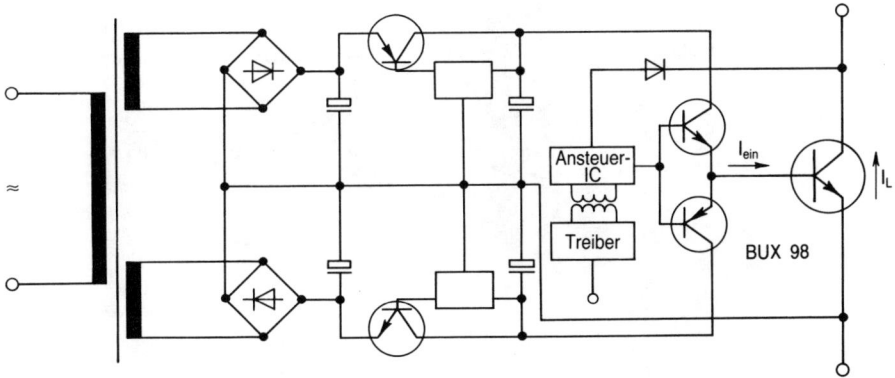

Bild 4.13: Schaltplan einer potentialfrei angesteuerten Bipolarschaltstufe für 400 V/120 A.

Links: Bild 4.14: Verlauf des Eingangs- und Laststromes der Bipolarschaltstufe.

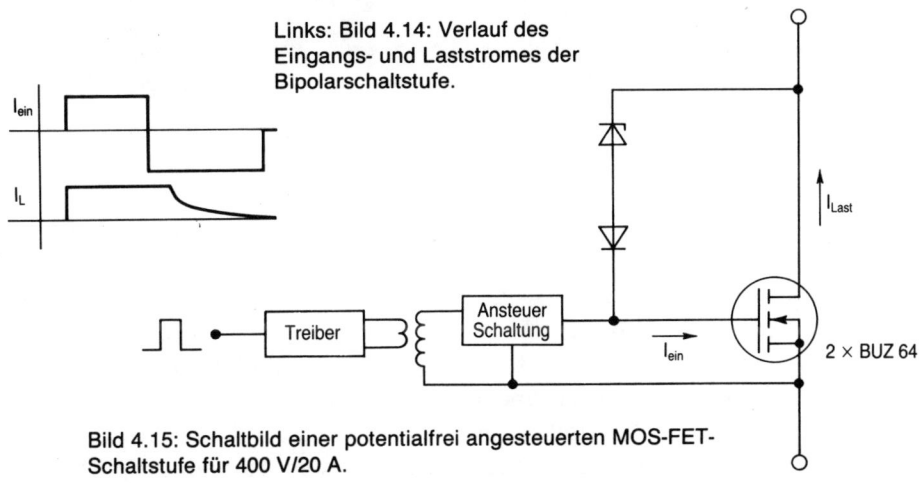

Bild 4.15: Schaltbild einer potentialfrei angesteuerten MOS-FET-Schaltstufe für 400 V/20 A.

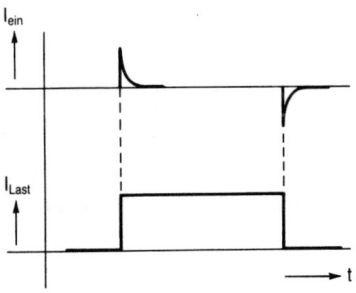

4.16: Verlauf des Eingangs- und Laststromes der MOS-FET-Schaltstufe.

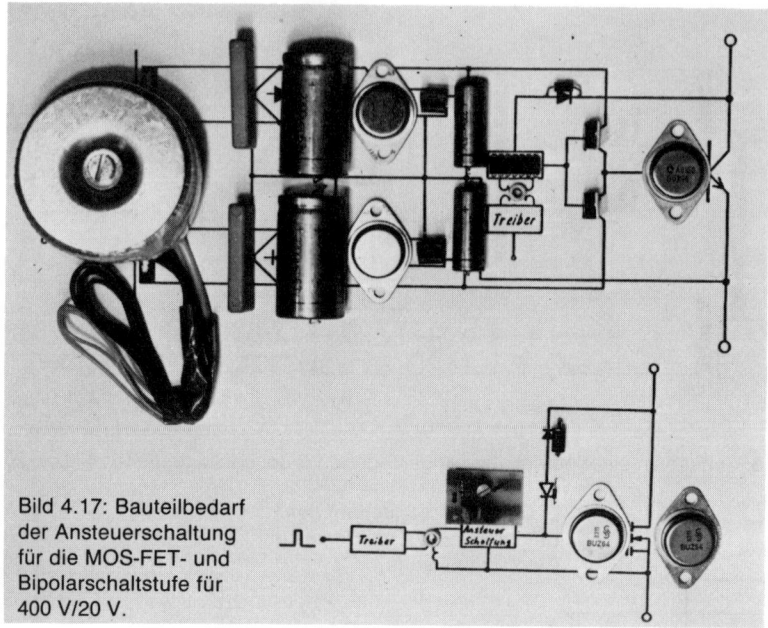

Bild 4.17: Bauteilbedarf der Ansteuerschaltung für die MOS-FET- und Bipolarschaltstufe für 400 V/20 V.

fordert nur einen kleinen Strom, der von einem einzigen Impuls übertragen werden kann. Die I_{ein}- und I_{Last}-Signalformen sind in *Bild 4.16* dargestellt. Wie sofort zu erkennen ist, schaltet der Leistungs-MOS-FET praktisch ohne Speicherzeit. Der kapazitive Eingangsstrom beträgt sogar in der Spitze nicht mehr als 0,1 A. Die Schaltgeschwindigkeit ist trotz der kleinen Treiberstufe wesentlich höher als beim Bipolartransistor.

Der Vergleich der elektrischen Eigenschaften und des Bauteilebedarfes *(Bild 4.17)* illustriert eindeutig, welche grundlegenden Vorteile die MOS-FETs bieten: einfache Ansteuerung, weniger Gewicht pro Schalter, wesentlich kleinere Eingangsströme als beim Bipolartransistor und temperaturunabhängige, kurze Schaltzeiten.

Kurz zusammengefaßt: Folgende Vorteile sind allgemein gültig, egal welche Fabrikate oder Typen von Leistungs-MOS-FETs man betrachtet: Der MOS-FET ist einfacher ansteuerbar und schaltet schneller und mit wesentlich weniger Eingangsstrom (der eigentlich nur ein Umladestrom der Eingangskapazität ist) als ein Bipolartransistor mit gleicher Chipfläche.

5 Die integrierte Revers-Diode

In den bis jetzt geschilderten Fällen wurden die Leistungs-MOS-FETs immer unter „normalen Bedingungen" betrachtet: Die Drainspannung der MOS-FETs war positiv (für p-Kanal FETs negativ), der Drain-Source-p-n-Übergang war in Sperrichtung belastet. Unter diesen Bedingungen hat die Tatsache, daß sich die Leistungs-MOS-FETs in Rückwärtsrichtung wie eine leitende Gleichrichterdiode verhalten, keine Bedeutung. In späteren Kapiteln werden andere Anwendungen, in denen die Diodenfunktion auch ausgenutzt wird, detaillierter diskutiert.

Das in Rückwärtsrichtung diodenartige Verhalten ist die Folge des Aufbaues der Leistungs-MOS-FETs. Die p-Gebiete in den Zellen bilden nämlich naturgemäß mit der n^--Epitaxieschicht und mit dem n^+-Substrat eine „Epitaxiebasisdiode", welche in allen Leistungs-MOS-FETs zwangsweise „integriert" ist.

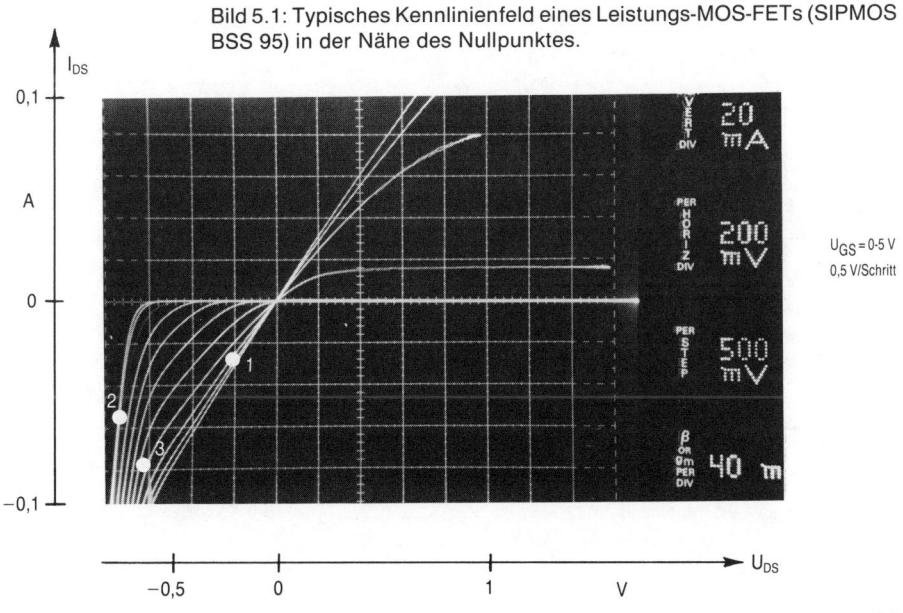

Bild 5.1: Typisches Kennlinienfeld eines Leistungs-MOS-FETs (SIPMOS BSS 95) in der Nähe des Nullpunktes.

89

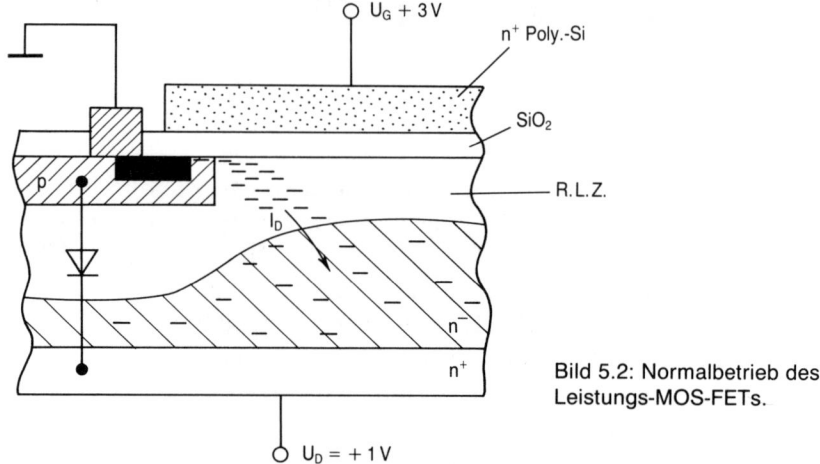

Bild 5.2: Normalbetrieb des Leistungs-MOS-FETs.

Da unter normalen Vorspannungsbedingungen diese „integrierte Reversdiode" gesperrt ist, spielt sie im Stromflußmechanismus keine Rolle. Der Strom wird durch Majoritätsträger (Elektronen in n-Kanal-Transistoren) geführt, die aus der Sourcezone durch den gesteuerten Kanal und durch die Epitaxiezone in das hochdotierte Draingebiet fließen. Diese Situation ist in *Bild 5.2* dargestellt. Dieser Betrieb, wir nennen ihn „Normalbetrieb", wird im

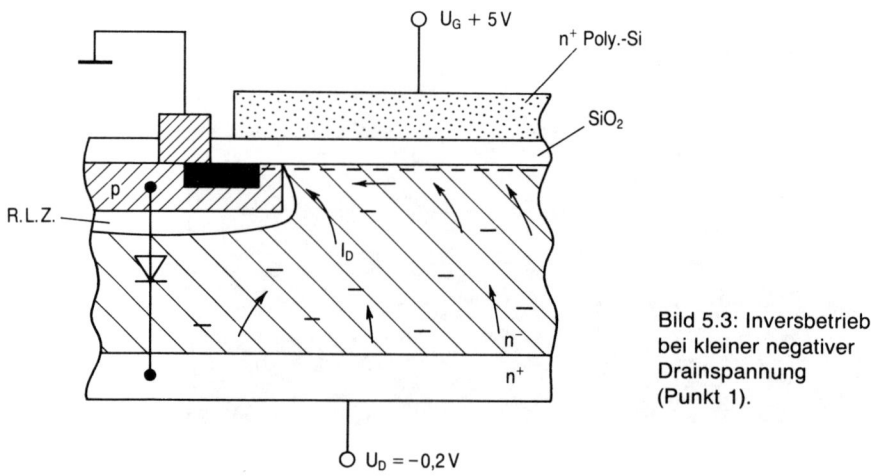

Bild 5.3: Inversbetrieb bei kleiner negativer Drainspannung (Punkt 1).

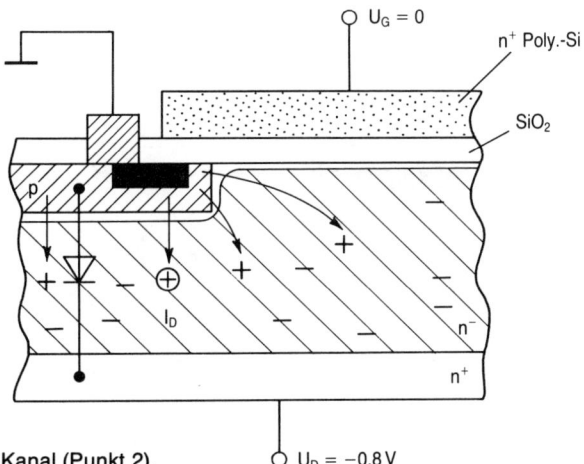

$U_G = 0$

n^+ Poly.-Si

SiO_2

p

I_D

n^-

n^+

Bild 5.4: Bipolarer
Stromfluß in Reverse-
richtung bei geschlossenem Kanal (Punkt 2).

$U_D = -0,8\,V$

gesamten ersten Quadranten auf dem Kennlinienfeld nach *Bild 5.1* gezeigt.
Bei umgekehrter Drainspannung, mit Werten kleiner 0,5 V fließen die Majoritätsträger in umgekehrter Richtung. Die Reversdiode ist noch nicht aktiv,
und der fließende Strom entspricht den Werten, die sich durch Gate- und
Drainspannung einstellen, wie in Arbeitspunkt 1 (Bild 5.1) und in *Bild 5.3* gezeigt wird. Wenn der Kanal gesperrt ($U_{GS} < U_{GS(th)}$) und die Revers-
Drain-Spannung erhöht wird, fängt die Reversdiode zu leiten an. Der Dio-
denstrom fließt in den Zellenbereichen und ist von bipolarem Charakter, also
grundsätzlich anders als der Transistorstrom im Normalbetrieb. Dieser Zustand wird durch den Arbeitspunkt 2 (Bild 5.1) und in *Bild 5.4* dargestellt.
Wird nun die Kanalzone durch Anlegen der Gatespannung zusätzlich akti-
viert, so tritt eine kombinierte Stromführung auf (siehe *Bild 5.5*). Der Arbeitspunkt 3 zeigt diesen Fall im Kennlinienfeld. In dieser Betriebsart leiten
der Kanal und die Diode gleichzeitig.
Es ist interessant, daß in diesem Zustand der Spannungsabfall immer kleiner
ist als jener, der aus der einfachen Parallelkombination einer Diode und eines MOS-FETs zu erwarten wäre. Die Ursache dafür ist, daß die injizierten
Ladungsträger auch seitlich diffundieren und dadurch zusätzlich die Leitfähigkeit in der MOS-FET-Zone erhöhen. Dies bewirkt, daß der Widerstand
der Epitaxieschicht kleiner wird, der eingeschaltete MOS-FET besser leitet

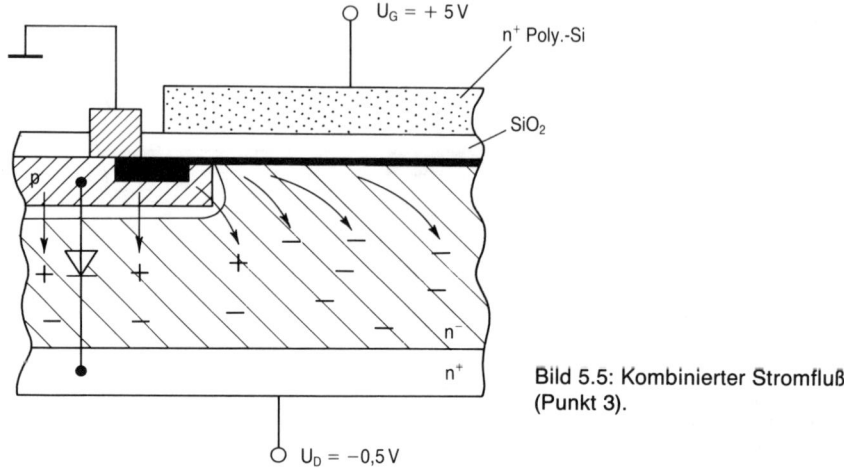

$U_G = +5\,V$

n^+ Poly.-Si

SiO_2

p

$+$ $+$ $+$

$-$ $-$ $-$ $-$

n^-

n^+

$U_D = -0,5\,V$

Bild 5.5: Kombinierter Stromfluß (Punkt 3).

und dadurch einen kleineren $R_{DS(on)}$ hat, als dies im Norbmalbetrieb der Fall ist.

Bei allen gängigen n-Kanal-Leistungs-MOS-FETs erlauben die Hersteller in ihren Datenbüchern für die Reversdiode mindestens den gleichen hohen Strom, wie er für den Transistorbetrieb als maximal zulässiger Schaltstrom angegeben ist.

Gewöhnlich wird in den Schaltplänen die integrierte Reversdiode aus Bequemlichkeitsgründen nur dann in dem Symbol des Leistungs-MOS-FETs dargestellt, wenn sie in der Schaltung tatsächlich eine Bedeutung hat. Dies soll aber nicht täuschen. Alle Leistungs-MOS-FETs mit vertikalem Aufbau besitzen diese Diode, unabhängig davon, ob sie dargestellt wird oder nicht. Rein theoretisch könnte der Leistungs-MOS-FET mit seiner integrierten Reversdiode dann sehr vorteilhaft werden, wenn induktive Lasten geschaltet werden sollen. Ein typisches Beispiel dafür ist die „H-Brückenschaltung" für die Steuerung eines Gleichstrommotors nach *Bild 5.6.*

Die Schaltung besteht aus vier „Schaltern" mit parallel geschalteter „Freilaufdiode", welche die Aufgabe hat, den Strom in der Lastinduktivität im Leerlauf mit wenig Verlust zu führen. Als Schalter wurden früher Thyristoren oder Bipolartransistoren eingesetzt. Die Freilaufdiode mußte aber immer als zusätzliches Bauelement zugeschaltet werden. Der Leistungs-MOS-FET hat, bedingt durch seinen Aufbau, diese Diode automatisch mitintegriert. So

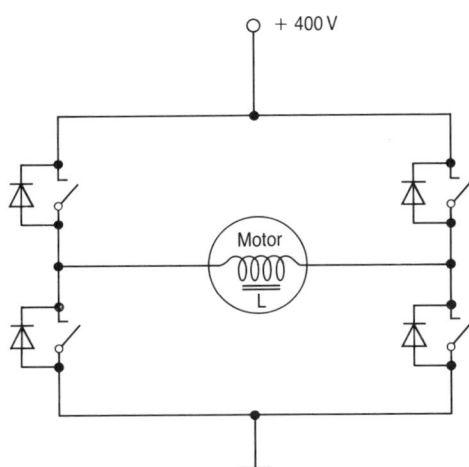

Bild 5.6: H-Brückenschaltung
für Steuerung von DC-Motoren.

erschienen die Leistungs-MOS-FETs von Anfang an sehr attraktiv für die Entwicklung von Motorsteuerungen, besonders wenn man noch die hohe Schaltgeschwindigkeit dazurechnet.

Nun, ziemlich rasch hat die Euphorie nachgelassen. Man erkannte, daß die integrierte Reversdiode der Leistungs-MOS-FETs in den Spannungsbereichen größer 400 V einfach zu langsam und dadurch nur bedingt geeignet ist. Gerade dieser Spannungsbereich hat aber die größte Bedeutung, da für Motorsteuerungen hauptsächlich Netzbetrieb verwendet wird.

Um das Problem zu erläutern, betrachten wir *Bild 5.7*, in dem die H-Brücke aus Leistungs-MOS-FETs besteht. Für eine Drehrichtung bei gegebener Last an dem Motor soll ein konstanter Strom durch die Motorinduktivität fließen. Der Strom kann dadurch quasi konstant gehalten werden, indem man das eine Ende der Induktivität periodisch für eine kurze Zeit auf 0 V schaltet und das andere Ende an positive Spannung legt. (Dazu sind T_1 und T_4 abgeschaltet, T_2 wird periodisch ein- und abgeschaltet.) Wird T_2 eingeschaltet, so steigt der Strom in der Induktivität schnell an. Sperrt T_2, dann fließt der Strom durch die Reversdiode („Freilaufbetrieb") des abgeschalteten Transistors T_1. Er verringert, entsprechend der Last und dem Spannungsabfall, an der Reversdiode seinen Wert. Um einen Quasigleichstrom in der Induktivität zu erhalten, müsen bei jedem Stromstoß durch T_2 die Verluste ausgeglichen

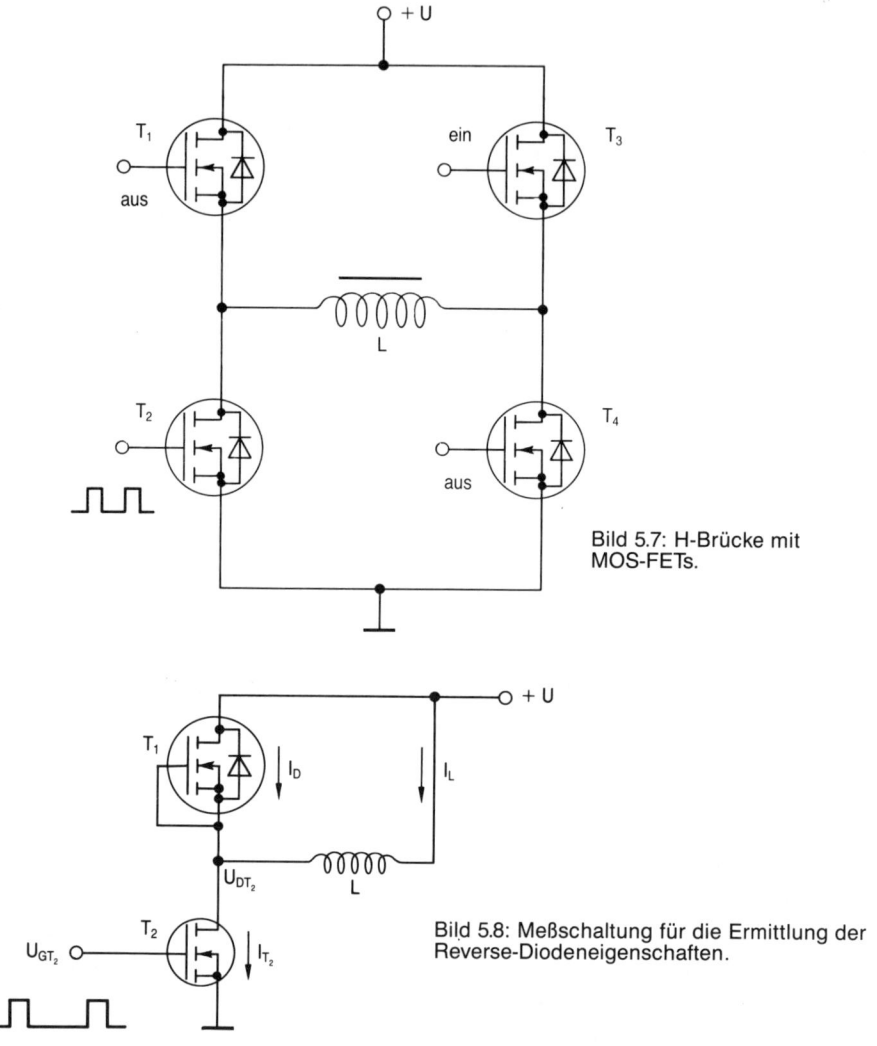

Bild 5.7: H-Brücke mit MOS-FETs.

Bild 5.8: Meßschaltung für die Ermittlung der Reverse-Diodeneigenschaften.

werden. Die Prüfschaltung nach *Bild 5.8* simuliert die Situation unter diesen Umständen in vereinfachter Form.

Bild 5.9 zeigt die Spannungs- und Stromabläufe in der H-Brücke schematisiert dargestellt. Damit wären wir bei dem Problem der Reversdioden. Bei je

94

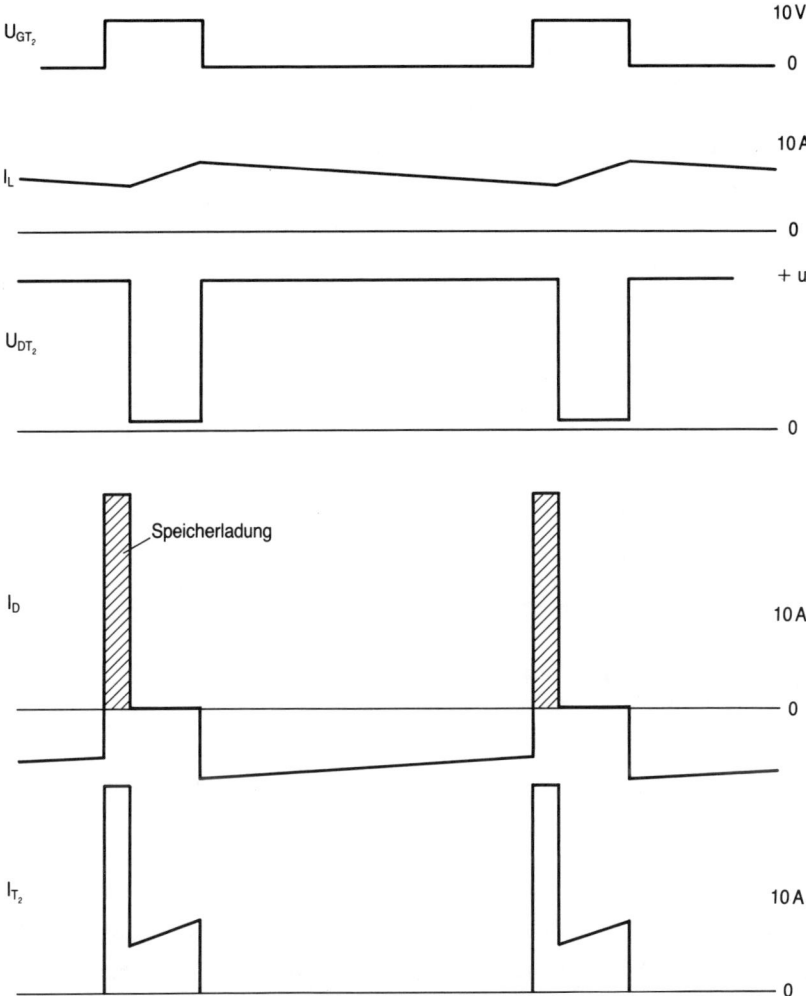

Bild 5.9: Signalformen der H-Brücke mit Leistungs-FETs.

dem Umschalten („Kommutieren" von Leerlauf in die Sperrichtung) tritt ein großer Stromstoß auf, welcher durch T_1 und T_2 fließt. Die Reversdiode ist nach dem Kommutierungsvorgang erst nach einer gewissen Zeit, der „Freiwerdezeit", in der Lage, die Sperrspannung aufzubauen. Während dieser Zeit stellt die von Flußrichtung in Sperrichtung kommutierende Diode einen

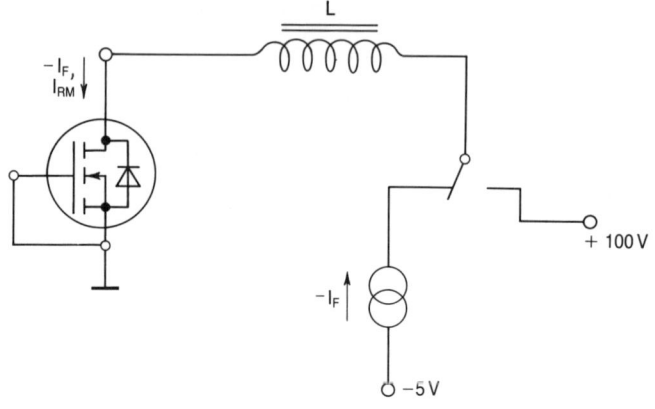

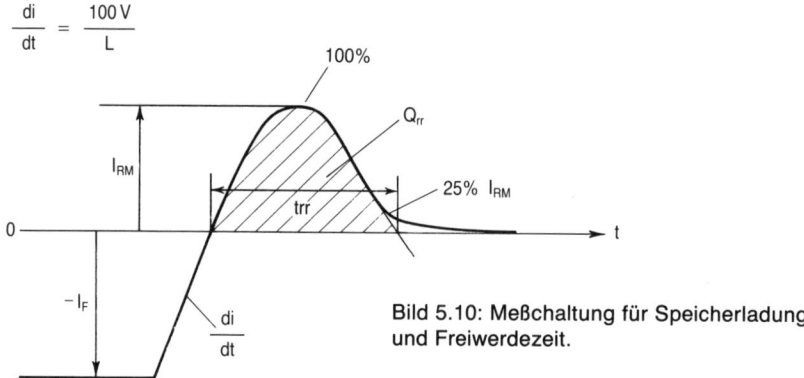

Bild 5.10: Meßschaltung für Speicherladung und Freiwerdezeit.

Kurzschluß dar. Die Gesamtladung, die während der Freiwerdezeit aus der kommutierten Diode entfernt werden muß, nennt man „Speicherladung". In den Leistungs-MOS-FET-Datenbüchern sind Freiwerdezeit und Speicherladung (reverse recovery time t_{rr} bzw. reverse recovery charge Q_{rr}), die Gleichstromparameter der Reversdiode und die Meßbedingungen für diese Parameter angegeben. Typisch ist die Meßschaltung nach *Bild 5.10*, welche die Definition von t_{rr} und Q_{rr} enthält. Für praktischen Gebrauch ist die Speicherladung mehr informativ, da die Freiwerdezeit stark von der Stromsteilheit des Kommutierungsvorgangs abhängt.

Die Speicherladung ist das Ergebnis der Ladungsträgerinjektion. Die Ladungsträger reichern sich nämlich während der Diodenleitung der Freilaufperiode in der n^--Epitaxieschicht an. Nun kann aber der p-n^--n^+-Übergang nicht früher in seine Sperrichtung umgepolt werden, ehe diese Ladung aus der Struktur verschwunden ist. Beim Kommutieren zieht der Transistor T_2 die Speicherladung aus der Reversdiode von T_1 (hauptsächlich aus der n^--Epitaxieschicht) ab. Solange nicht die gesamte Ladung entfernt ist, liegt die volle Spannung an T_2, und es fließt ein Strom, der von der Gatespannung und dem Arbeitspunkt im Kennlinienfeld von T_2 bestimmt wird. Dieser Strom kann den Gleichstrom, der durch die Induktivität fließt, um ein Vielfaches übersteigen. Als Ergebnis tritt bei jedem Kommutierungsvorgang eine überhöhte Impulsbelastung an T_2 auf, die ihn zerstören kann. In unserem Fall, bei z. B. 10 kHz Taktfrequenz, müßte der Transistor T_2 eine durchschnittliche Schaltbelastung, hervorgerufen nur durch die Kommutierung, von etwa 50 Watt verarbeiten; die Impulsbelastung würde mehrere Kilowatt betragen. Bereits diese Belastung ist so groß, daß im Anwendungsfall nur wenig Nutzleistung übertragen werden kann. Diese Schwäche der Reversdiode von Leistungs-MOS-FETs, die zu große Speicherladung, wird kurz und bündig mit den Worten ausgedrückt:

„Die Reversdiode ist zu langsam."

Die Speicherladung ist bei gegebenem Strom um so höher, je größer die Spannungsklasse des Transistors ist. Sie steigt bei einer gegebenen Struktur nahezu linear mit dem Diodenflußstrom an. Außerdem hängt sie zusätzlich noch von der Temperatur ab (d. h. je höher die Temperatur des Transistors, um so größer ist die Speicherladung).

Zur praktischen Anwendung soll folgende Information dienen: Bei allen herkömmlichen Leistungs-MOS-FETs mit höheren Blockierspannungen als 300 V ist die Reversdiode nur bedingt verwendbar, da sie zu langsam ist. Bei Niedervolt-MOS-FETs ist die Speicherladung kleiner, bei 50-V-Bauelementen sogar uninteressant klein. So kann die Reversdiode in diesen Spannungsbereichen weitgehend verwendet werden. Um das eben Geschilderte zu demonstrieren, zeigt *Bild 5.11b* die Kommutierungsstromkurven von unterschiedlichen, etwa gleich großen Leistungs-MOS-FETs unter identischen Meßbedingungen.

In bezug auf die Eigenschaften der Reversdiode verhalten sich die verschiedenen Fabrikate der n-Kanal-Leistungstransistoren etwa ähnlich. Die p-Ka-

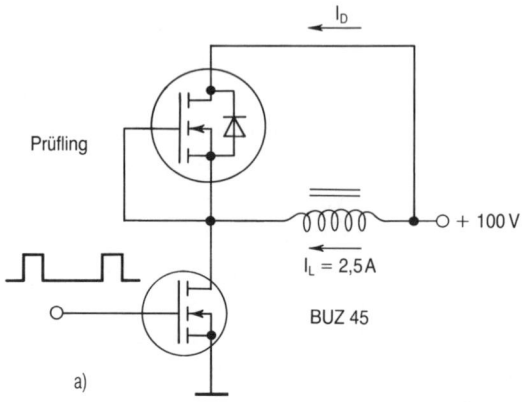

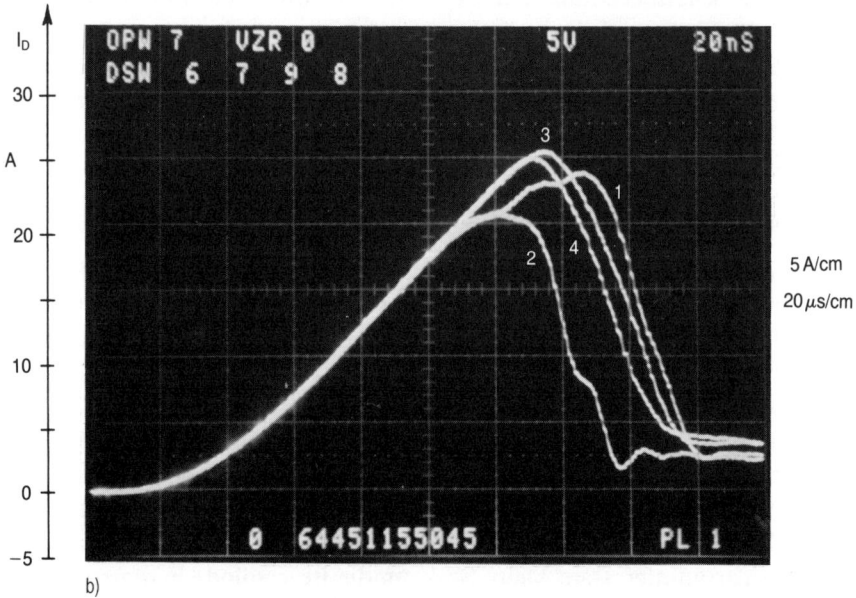

Bild 5.11:
a) Meßschaltung für die Kommutierung.
b) Die Kommutierungskurven von unterschiedlichen Leistungs-MOS-FETs gemessen mit der Schaltung nach Bild 5.11.a

1. BUZ 54 (Siemens)
2. IRF 451 (IR)
3. S15N50 (Motorola)
4. BUZ 45 (Siemens)

nal-MOS-Transistoren haben dagegen bei den meisten Typen ungewöhnlich große Flußspannungsabfälle (U_{SD} bis zu 6 V). In dieser Hinsicht sind die SIPMOS-Leistungstransistoren unproblematisch. Die p-Kanal-SIPMOS-FETs haben, ähnlich wie die n-Kanaltypen, in Flußrichtung einheitlich etwa 1 V Spannungsabfall.

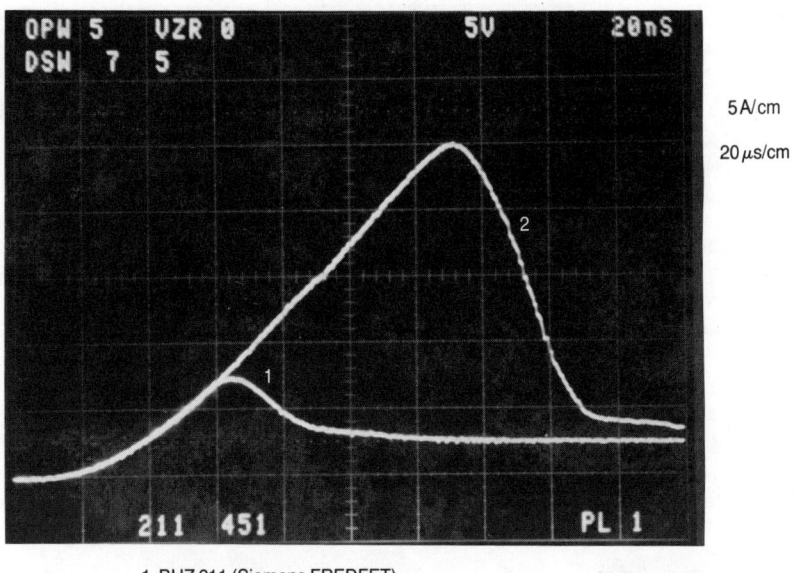

OPW 5   VZR 0   5V   20nS
DSW 7   5

5 A/cm

20 μs/cm

2

1

211 451   PL 1

1. BUZ 211 (Siemens FREDFET)
2. IRF 451 (IR)

Bild 5.12: Wesentlich verringerte Speicherladung. Beim „FRED-FET" BUZ 211.
Vergleich: IRF 451.

Die sonst sehr gute Verwendbarkeit von Leistungs-MOS-FETs für Motorsteuerungen motiviert die Bauelementeentwicklung sehr, sich um die Verbesserung der Reversdiodeneigenschaften zu bemühen. Als erster Hersteller hat
Siemens neue Typen (BUZ 210 und BUZ 211) mit schneller Reversdiode und
500 V Sperrspannung eingeführt, die eine Größenordnung weniger Speicherladung, als die ursprünglichen Typen BUZ 45A bzw. BUZ 46 haben
(siehe *Bild 5.12*). Die wichtigsten Parameter des BUZ 211 im Vergleich zu dem
identisch aufgebauten BUZ 45A Normaltyp sind wie folgt:

	BUZ 211	BUZ 45A
U_{DS}	500 V	500 V
$R_{DS(on)}$	0,8 Ω	0,8 Ω
$U_{GS(th)typ.}$	3 V	3 V
$t_{(rr)typ.}$	180 ns	1200 ns
$Q_{(rr)typ.}$	0,6 μC	12 μC

99

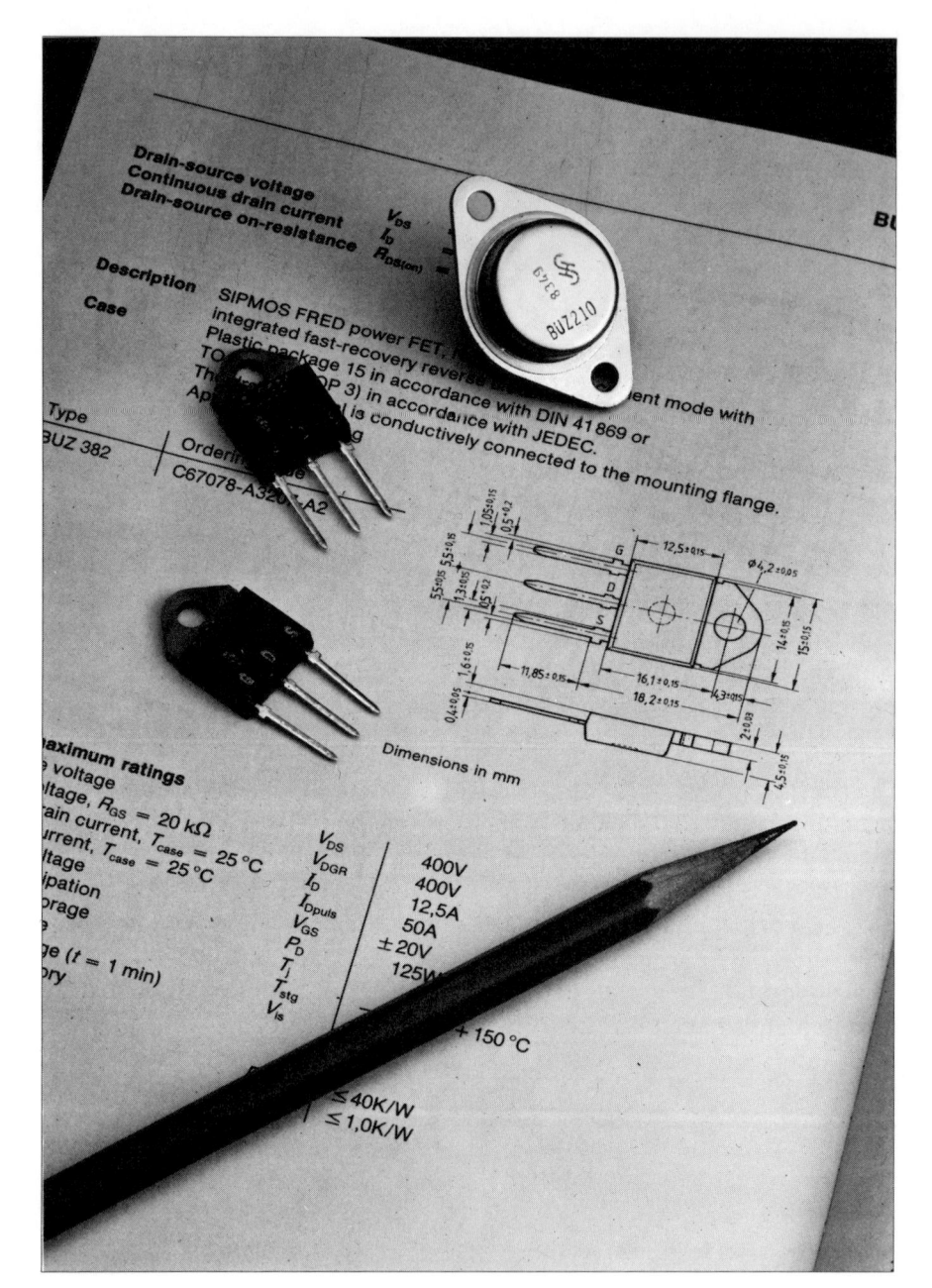

6 Der IGBT

Leistungs-MOS-FETs sind für Anwendungen im Bereich oberhalb 600 V zu hochohmig, deswegen müssen oft mehrere Transistoren parallel geschaltet werden. Dies verteuert die Schaltungskonzepte. Man suchte daher nach Lösungen zur Verbesserung dieses Nachteils, jedoch unter Beibehaltung der vorteilhaften Eigenschaften der MOS-Bauelemente. Das Resultat ist der „IGBT" (isolated gate bipolar transistor), der „COM-FET" (conductivity modulated FET) oder „GEM-FET" (gain enhanced MOS-FET), wie die gebräuchlichsten Namen sind. Wir wollen ihn IGBT nennen. Der IGBT entpuppte sich mit seinen heutigen Eigenschaften zu einem fast idealen Schalter für hohe Spannungen. Die anfänglichen Probleme zur Neigung zum thyristorartigen „latch up" bei hohen Strömen und höheren Temperaturen und das Abschalten mit langem „Tailstrom" sind weitgehend beseitigt. Ein Vergleich der einzelnen Hersteller zu diesen Punkten ist jedoch durchaus noch angebracht. Nun aber zum Bauelement selbst.

6.1 Der Unterschied zum Leistungs-MOS-FET

Wie schon in Kapitel 3.1 erklärt, gibt es einen festen Zusammenhang zwischen Sperrfähigkeit und $R_{DS(on)}$ eines MOS-Bauelementes. Da nur eine Ladungsträgersorte, die Majoritätsträger (beim n-Kanaltransistor Elektronen) am Stromtransport beteiligt ist, kann man die Leitfähigkeit nur durch Injektion von Minoritätsträgern verbessern. Man erreicht dies z. B. indem man statt einem n-Substrat (*Bild 6.1.1*) ein p-Substrat (*Bild 6.1.2*) verwendet. Im Strompfad liegt nun eine im Durchlaß betriebene Diode, die Minoritätsträger in die n- Schicht injiziert. Dies hat den Vorteil, daß das nun entstandene Bauelement, ein vertikaler n^+, p^+, n^-, p^+ Thyristor (siehe *Bild 6.1.2a* Ersatzschaltung und *6.1.2b* Querschnitt), über einen MOS-Transistor eingeschaltet werden kann, aber den Nachteil, daß er ab einem bestimmten Strom durchschaltet („latcht") und nicht mehr über den MOS-Kreis abschaltbar ist. Deutlich ist im Vergleich der Kennlinien dieser Teststrukturen eine Verbesserung der Leitfähigkeit zu erkennen. Das Kennlinienfeld in *Bild 6.1.2c*

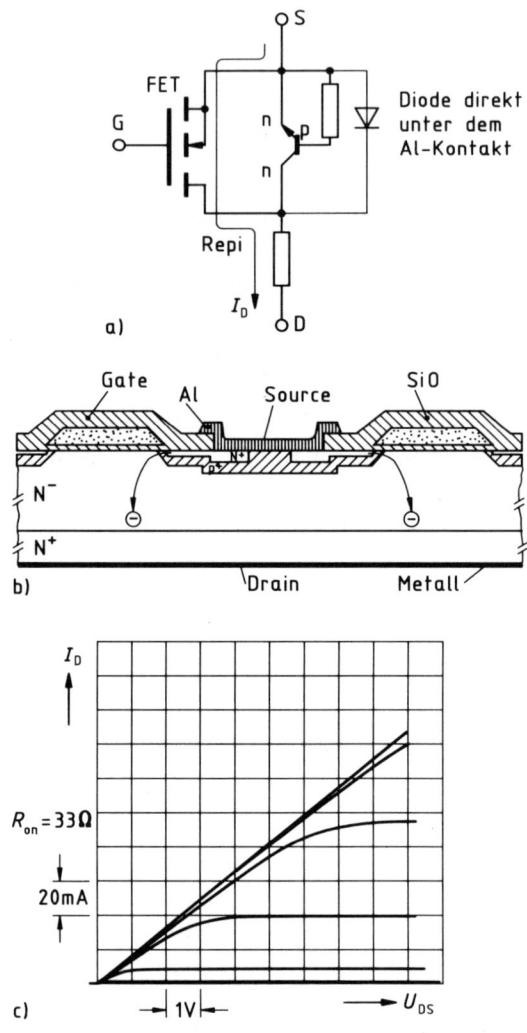

Bild 6.1.1: Vertikaler MOS-Transistor, a) Vereinfachte Ersatzschaltung, b) Querschnitt durch eine Teststruktur, c) Kennlinienfeld

102

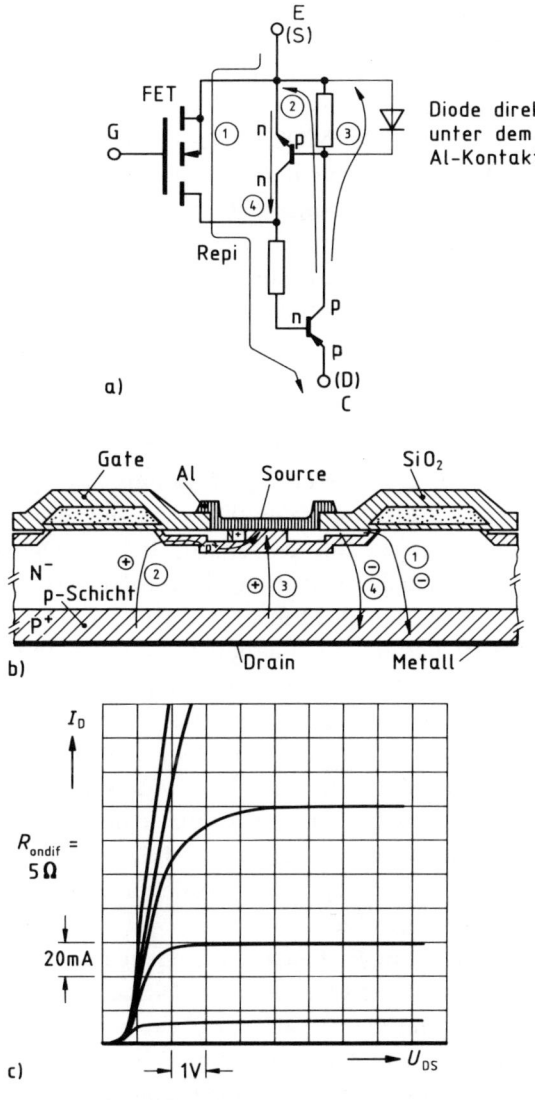

Bild 6.1.2: MOS gesteuerter Tyristor. a) Vereinfachte Ersatzschaltung, b) Querschnitt durch eine Teststruktur, c) Kennlinienfeld.

hat die charakteristische Diodenschwelle des IGBT, da der Thyristor, wie beabsichtigt, nicht eingeschaltet hat. Nun aber etwas mehr zum Mechanismus dieser vertikalen 4-Schichtstruktur. Wie in Bild 6.1.2b zu sehen ist, liegt im Einschaltstrompfad (1) eine Diode (sie ist Teil des vertikalen pnp-Transistors) in Flußrichtung. Schaltet der MOS-Transistor ein, so fließt ein Elektronenstrom über den MOS-Kanal durch die n-Schicht und über den np-Übergang zum Kollektor. Dies hat zur Folge, daß die Basis-Emitter-Strecke des pnp-Transistors angesteuert wird, und Löcher in die n-Basis (der hochohmigen n-Epitaxieschicht) injiziert werden. Ein Teil des Löcherstromes (3) fließt direkt über das p-Gebiet und den p-Kontakt ab. Ein anderer Teil (2), der unter der Gatefläche, fließt seitlich in das p-Gebiet zum p-Kontakt. Dieser Anteil des Löcherstromes erzeugt im p-Gebiet einen Spannungsabfall. Erreicht dieser ca. 0,6 V so schaltet der npn-Transistor ein, der nun unabhängig, aber parallel (4) zum ursprünglichen MOS-Strom einen Steuertrom für den pnp-Transistor liefert. Dies erhöht wiederum den Stromanteil (2) und (3) usf. Dieser Vorgang bewirkt eine Anhebung der Trägerkonzentration von ursprünglich $1 \cdot 10^{15}/\mathrm{cm}^3$ (IGBT-Bertieb) um den Faktor 100 im Thyristorbetrieb. Wie schon erwähnt, läßt sich diese Struktur, eigentlich ein MOS-gesteuerter Thyristor, über den MOS-Kreis nicht mehr beeinflussen. Der Anwender will einen spannungsgesteuerten, abschaltbaren, „niederohmigen" Schalter für hohe Spannungen. In weiteren Schritten wurde die Struktur so verbessert, daß man sie als MOS-gesteuerten Bipolartransistor bezeichnen kann (es werden daher die Anschlüsse mit Collektor, Gate und Emitter bezeichnet). Wesentliche Änderungen sind niedrige Schichtwiderstände in der p-Wanne der MOS-Zellen und eine stark reduzierte Stromverstärkung des npn-Transistors [16]. Da der Thyristor nicht mehr gezündet wird, bleibt das Bauelement steuerbar, hat aber durch nur einseitige Trägerinjektion die bereits erwähnte Diodenschwelle im Kennlinienfeld.

Will man das Bauelement abschalten, müssen die Ladungsträger aus dem n-Gebiet entfernt werden, bevor es seine volle Sperrfähigkeit wiedererlangt. Dieser Ausräumvorgang macht sich durch einen Stromfluß nach dem Abschalten, man spricht von Tailstrom, bemerkbar. Das bedeutet, daß noch Strom fließt, obwohl schon die volle Spannung am Bauelement liegt (siehe *Bild 6.1.3*). Dies wirkt sich ungünstig auf die Verlustleistungsbilanz des Schalters aus. Je nach dem, wie nun das Bauelement konstruiert ist, kann man den Tailstrom beeinflussen. Eine Möglichkeit ist die Rekombinationszeit der Ladungsträger zu verkürzen (siehe Kapitel 5). Dies hat aber zur Fol-

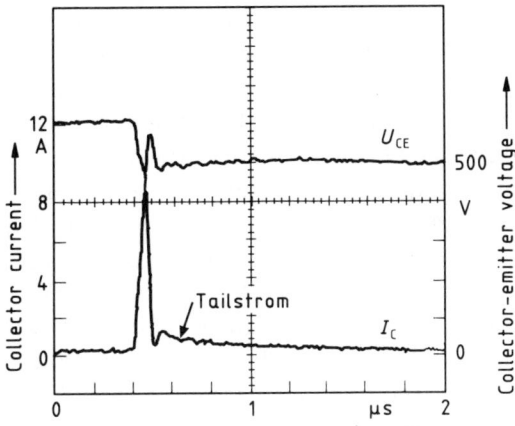

Bild 6.1.3: Abschaltverhalten
eines IGBT (Induktive Last
12 A/500 V).

ge, daß der Durchlaßspannungsabfall ansteigt und damit auch die Durchlaß-
verlluste. Die andere Möglichkeit ist ein spezieller Aufbau der Schichtfolge
von n-, und p-Gebieten.

6.2 Grundkonstruktionen

Im Laufe der Entwicklung haben sich zwei Grundkonstruktionen herauskri-
stallisiert. Es sind dies (*Bild 6.2.1*) der **n**on-**p**unch-through-IGBT (NPT-
IGBT) und der **p**unch **t**hrough-IGBT (PT-IGBT).

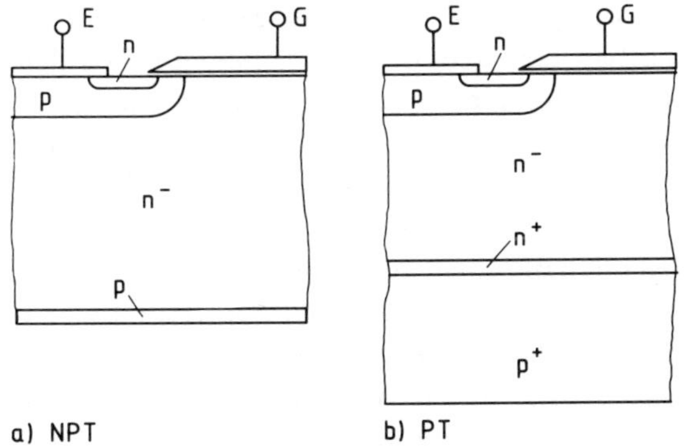

Bild 6.2.1: Grundkonstruktionen des IGBT.
a) Non-punch-through-
(NPT)-IGBT
b) Punch-through-(PT)-IGBT

105

Beim PT-IGBT, liegt zwischen p^+-Rückseite und n-Gebiet eine hochdotierte n^+ Schicht, der sogenannte Buffer-layer. Er hat die Aufgabe, den Durchgriff des elektrischen Feldes bei voller Sperrspannung zum p^+-Emitter zu verhindern, und die kräftige Injektionswirkung des Emitters zu reduzieren, die durch die Dotierung der n^- bzw p^+ Schicht gegeben wäre. Dies ist aber nur bis zu einem bestimmten Grad möglich. Man muß daher zusätzlich die Ladungsträgerlebensdauer herabsetzen. Dies geht aber auf Kosten der Durchlaßeigenschaften. NPT-IGBT ist auf einem homogenen n-Substrat aufgebaut, und die p^+-Schicht befindet sich nicht in Reichweite der Raumladungszone. Dadurch kann man auf einen Bufferlayer verzichten. Durch eine niedrigdotierte und dünne p-Emitter-Schicht erreicht man einen schlechten Emitter-Wirkungsgrad. Dadurch kann die Trägerinjektion so niedrig gehalten werden, daß man auf die Anwendung von „Lebensdauerkillern", wie diese Dotierstoffe zur Verkürzung der Trägerlebensdauer und somit zur Absenkung der Trägerkonzentration so schön genannt werden, ganz verzichten kann. Die schwache Injektionswirkung des p-Emitters macht die Struktur bei Überstrom und Überspannung sehr robust. Durch die Verwendung von Substratmaterial, dessen Dicke und Dotierung die Sperrspannung festlegen, sind Bauelemente mit Durchbruchspannungen oberhalb 600 V kostengünstig zu fertigen. Auch 2000 V Bauelemente wurden bereits im Labor realisiert.

6.3 Schaltverhalten

Die wesentlichen Unterschiede von PT-IGBT und NPT-IGBT sind neben dem Aufbau der Struktur, die Abhängigkeiten der Ausschalt-Verlustarbeit und die der Durchlaßverluste mit der Temperatur. *Bild 6.3.1* zeigt, daß beim NPT-IGBT die Durchlaßverluste zwar mit der Temperatur steigen, jedoch die Abschaltenergie nahezu konstant bleibt. Beim PT-IGBT steigen die Ausschalt- und sinken die Durchlaßverluste mit steigender Temperatur. Da IGBTs in hochdynamischen Antrieben verwendet werden, wo mit Schaltfrequenzen von mehr als 10 kHz und Parallelschaltung von Bauelementen gearbeitet wird, ist das Verhalten im Durchlaß von großer Bedeutung. *Bild 6.3.2* zeigt das Ausgangskennlinienfeld eines 40 mm^2 NPT-IGBT. Sein Querschnitt, der große Ähnlichkeit mit der Zellstruktur des Leistungs-

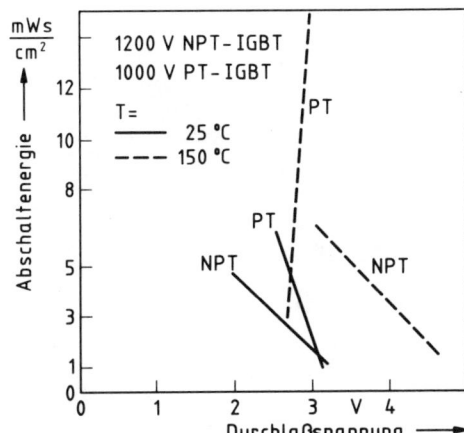

Bild 6.3.1: Korrelation von Abschaltenergie und Durchlaßspannungsabfall bei gleicher Stromdichte.

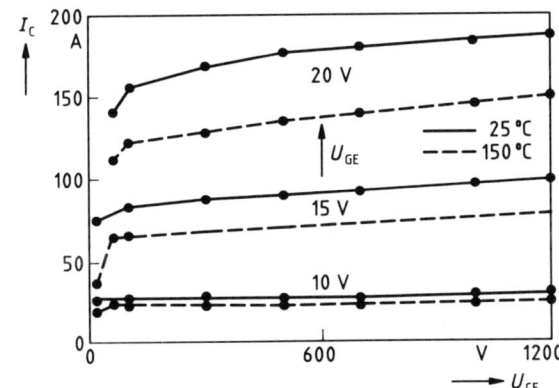

Bild 6.3.2: Ausgangskennli-
linienfeld eines NPT-IGBT mit
40 mm² Chipfläche.

MOS-FETs hat, ist in *Bild 6.3.3* zu sehen. Es ist möglich, das volle Kennlinienfeld im Falle eines Kurzschlusses, natürlich nur im Pulsbetrieb für wenige μS (begrenzender Faktor ist die Verlustleistung) zu durchfahren, ohne daß
das Bauelement „latcht". Für den Einsatz bedeutet dies: tritt ein Kurzschluß
am Bauelement auf, so muß dieser innerhalb von ca. 10 μS erfaßt und abgeschaltet werden. Die Verlustleistung ist in diesem Fall so groß, daß das Bauelement schon nach einigen 10 μS schmelzen würde. Für den Anwender ist
wichtig, daß ein Bauelement kurzzeitig solche Extremzustände ertragen

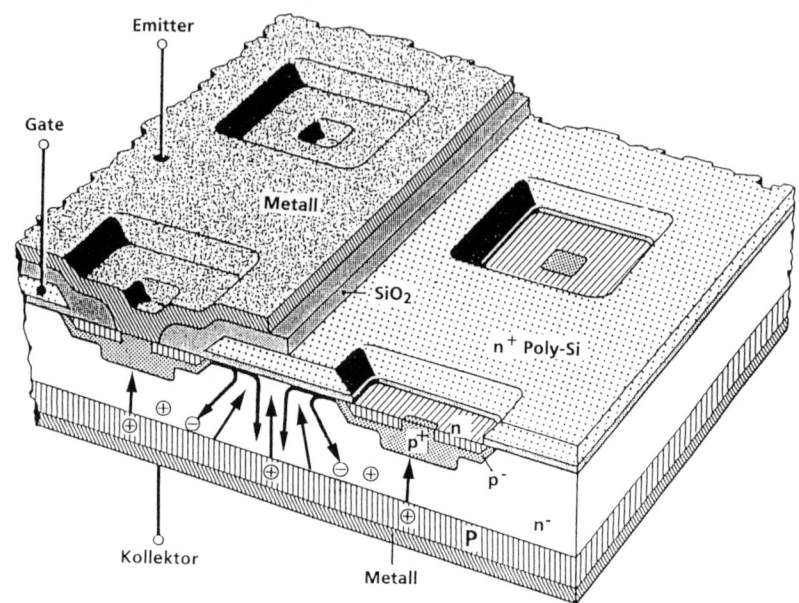

Bild 6.3.3: Querschnitt durch einen IGBT.

kann, ohne außer Kontrolle zu geraten und zerstört zu werden (z. B. Latchen oder Second-Breakdown).

Nach diesem Abstecher zu hohen Spannungen und Strömen wollen wir uns mit neuen, nahezu unzerstörbaren Bauelementen im Bereich < 100 V beschäftigen.

108

7. Intelligente Leistungs-MOS-FETs (SMART-FETs)

Der „SMART-FET", „SMART-POWER-Transistor", „SMART-MOS" oder ... wie auch immer die Bauelemente bezeichnet werden, ist eine neue Generation von Leistungsschaltern, die MOS-Leistung und MOS-Logik in sich vereinen. Sie fügen sich in den Trend der zukünftigen Entwicklungen, wie z. B. Steuerungen mit intelligenter Peripherie ein.

7.1 Eigenschaften intelligenter Leistungs-MOS-FETs

Da Leistungs-MOS-FETs ohne große Steuerleistung betrieben werden können, d. h. auch von MOS-Schaltungen aus, liegt es nahe Ansteuerschaltungen und andere Logikfunktionen gleich in den Leistungsschalter mitzuintegrieren. Die Vorteile eines solchen „intelligenten" Leistungsschalters oder kurz auch SMART-FET sind:

- hohe Zuverlässigkeit gegenüber Schaltungen mit Einzelbauelementen
- Schutzfunktionen, wie Erkennen von Über- und Unterspannung, Überstrom, Kurzschluß (in der Zuleitung oder Last), Leerlauf (Zuleitung oder Last unterbrochen) und Übertemperatur des Bauelementes
- Eingebaute Ladungspumpe für den Betrieb als Highside-Schalter (Source-Folger)
- Klemmen von negativen Spannungsspitzen beim Schalten von induktiven Lasten
- ESD-Schutz an Ein-, und Ausgängen
- Ein-, und Ausgänge CMOS-, bzw. TTL-kompatibel
- Rückmeldung von Zuständen über ein Status-Signal.

Da die Erfassung und Verarbeitung der Daten direkt oder unmittelbar am Leistungs-Chip erfolgt und aufbereitete Meldungen am Status-Ausgang abgefragt werden können, ist eine hohe Sicherheit gegen Störungen gewährleistet. Bauelemente mit eben genannten Eigenschaften werden von verschiede-

109

nen Herstellern mit unterschiedlichen Funktionen angeboten. Einsatzbereiche sind Leistungsstufen für Mikroprozessor-, oder CMOS-Steuerungen mit Spannungen < 60 V. Man findet dies in Industriesteuerungen, programmierbaren Maschinensteuerungen und KFZ-Anwendungen mit Batteriespannungen von 12 V oder 24 V und definierten Spannungsspitzen bis 80 V.
Für die Herstellungsprozesse der Bauelemente wird eine Mischung aus CMOS-Logik-, lateraler bzw. vertikaler Hochspannungs-Logik- und Leistungs-MOS-Technologie verwendet.
Die Herstellung der Bauelemente kann erfolgen als

7.1.1. Monolithisch aufgebaute SMART-FETs

Hier sind Leistungsteil und Logik auf einem Chip vereint (siehe *Bild 7.1.1*). Da der Platz den die Logik beansprucht mit dem Leistungsteil geteilt werden

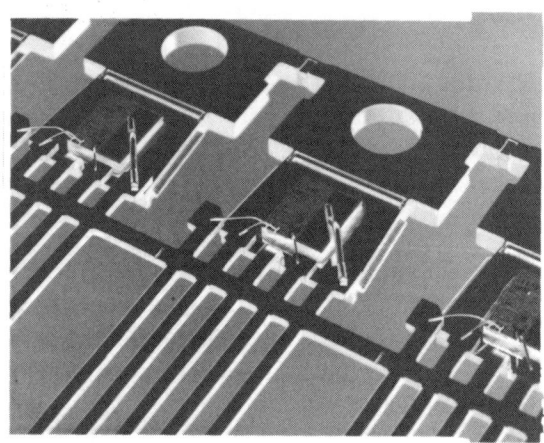

Bild 7.1.1: Montierter Monolythischer SMART-FET im TO-220/5 Gehäuse.

muß, sind nicht so niedrige $R_{DS(on)}$-Werte wie beim MOS-Leistungstransistor gleicher Chipfläche möglich. Je nach angewandter Technologie können Highside-, oder Lowside-Schalter (siehe Kapitel 8.15 Schalten masseseitiger Lasten) auch mit mehreren Ausgängen hergestellt werden.

110

7.1.2 Chip on Chip SMART-FETs

Auf einem Leistungstransistor-Chip wird ein Logik-Chip montiert, kontaktiert und umpreßt (siehe *Bild 7.1.2* TEMP-FET und *7.1.3* SMART-FET größerer Leistung). Mit der Chip on Chip Technologie ist es möglich, SMART-FETs herzustellen, die in einem TO-220/5 Gehäuse den größtmöglichen Leistungstransistorchip und zusätzlich Logikfunktionen vereinen. Für Leistungsteil und Logik sind jeweils optimale Technologien möglich. Zusätzlich können, sehr einfach, unterschiedliche Leistungs-Chips mit einem Logik-Chip versehen werden.

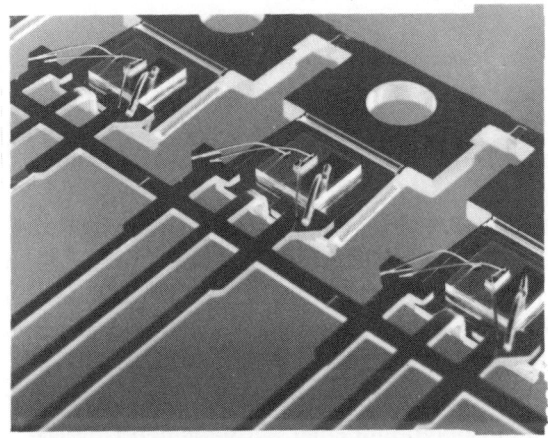

Bild 7.1.2: Chip on Chip
Montage eines TEMP-FET.

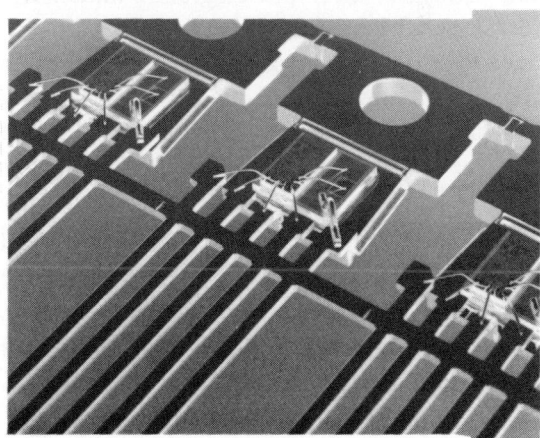

Bild 7.1.3: Chip on Chip
Montage eines PRO-FET
BTS432.

111

Die einfachsten Schutzfunktionen (Übertemperatur-, und Kurzschluß-schutz) sind für einen Leistungsschalter im TEMP-FET, dem nun folgenden Bauelement, realisiert.

7.2 Der TEMP-FET (Temperature Protected FET)

Der TEMP-FET ist ein n- oder p-Kanal Leistungs-MOS-FET mit eingebau-tem Temperatursensor, hergestellt in Chip on Chip Technologie. Er ist ge-schützt gegen Übertemperatur und Kurzschluß, wobei die starke Erwärmung des Leistungstransistors als Indikator für einen Kurzschluß herangezogen wird. Der Sensor-Chip, auf die Oberseite des Leistungs-MOS-FET-Chip montiert (*Bild 7.1.2*) und mit Gate und Source verbunden, enthält einen Thy-ristor, der von einem Temperatursensor angesteuert wird. Bei Übertempera-tur oder Kurzschluß des Leistungstransistors (T >150 ° C) zündet der Tem-peratursensor den Thyristor, der die Gate-Source-Strecke kurzschließt. Durch die Serienschaltung R_1 — gezündeter Thyristor (siehe *Bild 7.2.1a*), entsteht am Thyristor ein so kleiner Spannungsabfall, daß die Einsatzspan-nung des Leistungs-MOS-FET unterschritten und der Lastkreis abgeschaltet wird. Durch die Wahl des Steuerstromes, der größer als der Haltestrom des Thyristors (I_H = 0,5 mA max.) sein muß, wird ein Wiedereinschalten nach Abkühlung des Bauelementes verhindert. Dies zeigt auch *Bild 7.2.1b* mit dem Impulsdiagramm einer permanenten Überlast.

Bild 7.2.1c zeigt ein Impulsdiagramm für den Kurzschlußfall, der nach einem kurzen Schaltbetrieb eintritt.

Nach Beschreibung der grundlegenden Funktion dieses Bauelementes folgen nun einige Hinweise über die elektrische Auslegung der Schaltung und die verschiedenen Schaltungsvarianten zur Ansteuerung.

Die Minimalbeschaltung des TEMP-FET im Gatekreis muß nach *Bild 7.2.1a* bzw. 7.2.5 mit R_1 und ZD_1 bzw. D_1, ZD_2 als Überspannungsschutz erfolgen. Man kann natürlich auch eine andere Steuerquelle mit ähnlichen Eigen-schaften verwenden. Nun aber zur Dimensionierung:

Gate-Serienwiderstand R_1:

Für TEMP-FETs mit $U_{GS(th)}$ = 3 V (Standard-Typ):

$$\frac{(U_{IN}-1,5)\ [V]}{10\ [mA]} \leq R_1\ [k\Omega] \leq \frac{(U_{IN}-1.5)\ [V]}{0,5\ [mA]}$$

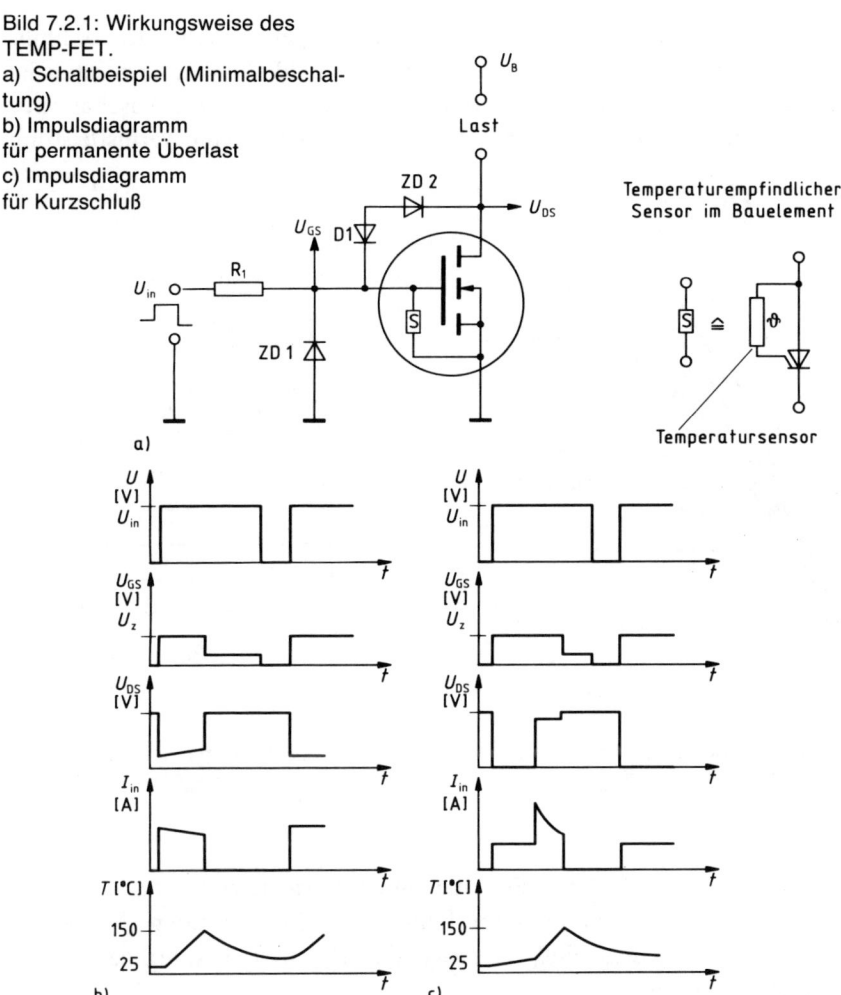

Bild 7.2.1: Wirkungsweise des TEMP-FET.
a) Schaltbeispiel (Minimalbeschaltung)
b) Impulsdiagramm für permanente Überlast
c) Impulsdiagramm für Kurzschluß

Für TEMP-FETs mit $U_{GS(th)} = 1,5$ V (Logik-Level-Typ):

$$\frac{(U_{IN}-1,4)\ [V]}{5\ [mA]} \leqq R_1\ [k\Omega] \leqq \frac{(U_{IN}-1,4)\ [V]}{0,5\ [mA]}$$

Je nach gewünschter Schaltzeit des TEMP-FET legt man sich näher dem unteren oder oberen Wert von R_1.

Zenerdiode ZD$_1$:

ZD$_1$ wird je nach erforderlichem Laststrom bzw. gewünschtem Kurzschluß-strom gewählt. Es helfen neben dem Kennlinienfeld (*Bild 7.2.2*) zusätzliche Diagramme für den Kurzschlußstrom I$_{SC}$ (*Bild 7.2.3*), und die Abschaltzeit t als Funktion der Gehäusetemperatur mit dem Parameter Verlustleistung

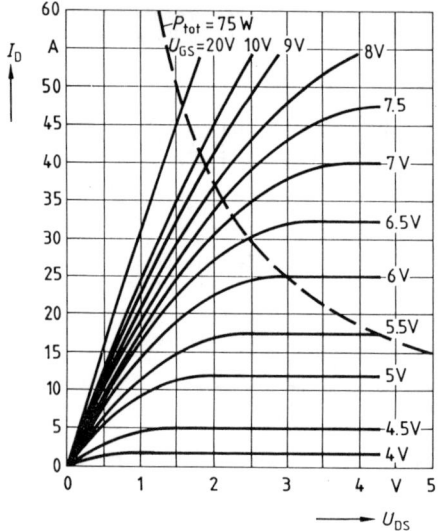

Bild 7.2.2: Ausgangskennlinienfeld für den Typ BTS 130. I$_D$ = f(U$_{DS}$).

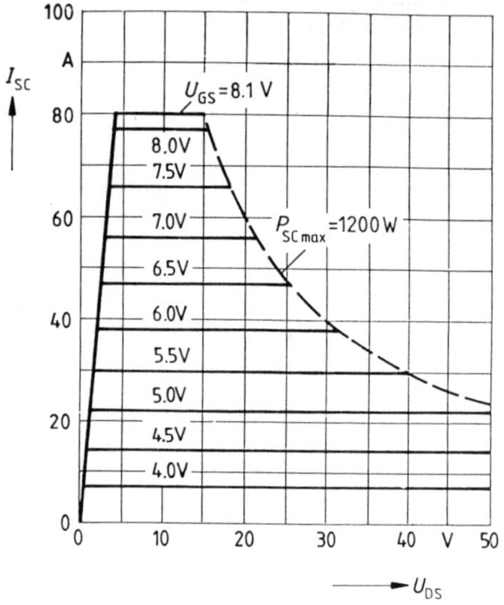

Bild 7.2.3: Diagramm des Kurschluß-stromes I$_{SC}$ = f (U$_{DS}$/U$_{GS}$) für T$_J$ = −55 ... +150°C

P$_{SCmax}$ = U$_{DS}$ · I$_D$ (*Bild 7.2.4*). Für eine schnelle Orientierung sind in den Da-tenbüchern die Werte von Drainspannung U$_{DS}$, Gatespannung U$_{GS}$, Kurz-schlußstrom I$_{SC}$, Kurzschluß-Verlustleistung P$_{SC}$ und Ansprechzeit t$_{SC(off)}$ als Beispiele angegeben.

Der Betrieb des Bauelementes erfolgt niemals unter idealen Bedingungen sondern immer so, wie dies in *Bild 7.2.5* gezeigt wird. Man hat einen Last-kreis (fett gezeichnet) mit seinen Streuinduktivitäten L$_S$ und Leitungswider-ständen R$_D$ und den Steuerkreis mit R$_1$ und ZD$_1$, der am Massepunkt des Lastkreises geerdet ist. Die Zenerdiode ZD$_1$ sollte an den Logik Massepunkt gelegt werden. Der gemeinsame Erdungspunkt bewirkt bei Kurzschluß des Lastwiderstandes eine kräftige Gegenkopplung der Gate-Source-Spannung.

114

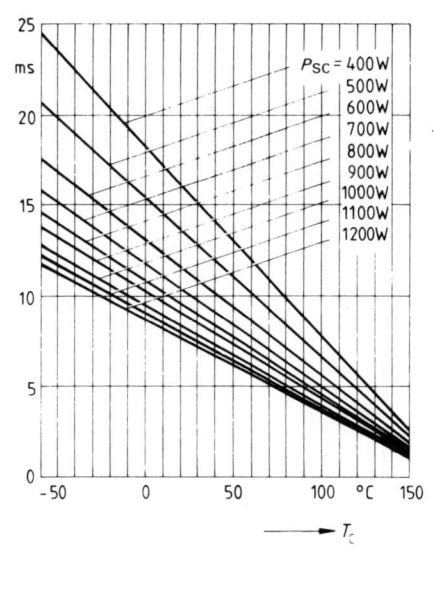

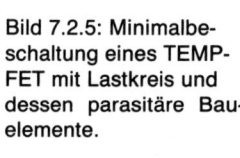

Bild 7.2.4: Abhängigkeit der Abschaltzeit t[ms]. t = f(T_C) mit Parameter
P_{SCmax} = $U_{DS} \cdot I_D$.

Bild 7.2.5: Minimalbe-
schaltung eines TEMP-
FET mit Lastkreis und
dessen parasitäre Bau-
elemente.

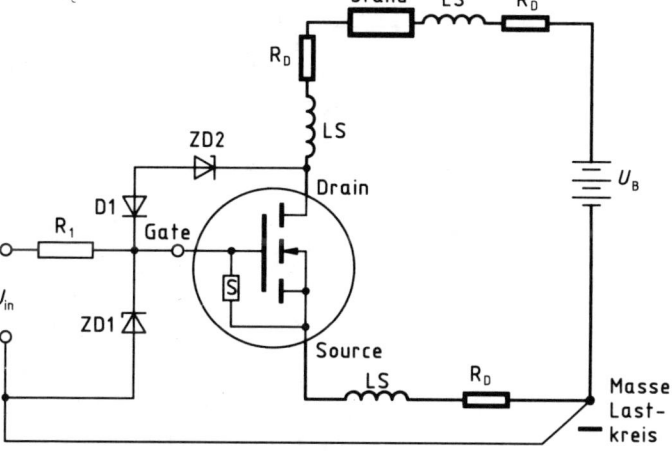

Für den statischen Fall kann man folgende Überlegung anstellen. Je nach
Leitungsführung (R_D ca. 15 mOhm) und Einschaltwiderstand des TEMP-
FET ($R_{DS(on)}$ mit ca 30 mOhm gerechnet) kann die Spannungsteilung

$$\frac{U_B}{U_{Source}} = \frac{2R_D + R_{DS(on)}}{R_D} \quad oder = \frac{R_D + R_{DS(on)}}{R_D}$$

betragen.

115

Es wirkt 1/4 oder 1/3 U_B der Steuerspannung U_{IN} entgegen und begrenzt den maximal auftretenden Kurzschlußstrom. Dies ist jedoch nur bei TEMP-FETs mit niedrigem $R_{DS(on)}$ von Bedeutung. Bei der dynamischen Betrachtung sorgt L_S, beim Abschalten im Störfall, im Source-Masse-Kreis für eine Mitkopplung d. h. für ein Aufsteuern des MOS-FETs und zwar so lange, bis die in der Induktivität gespeicherte Energie aufgebraucht ist. Dieses Verhal-

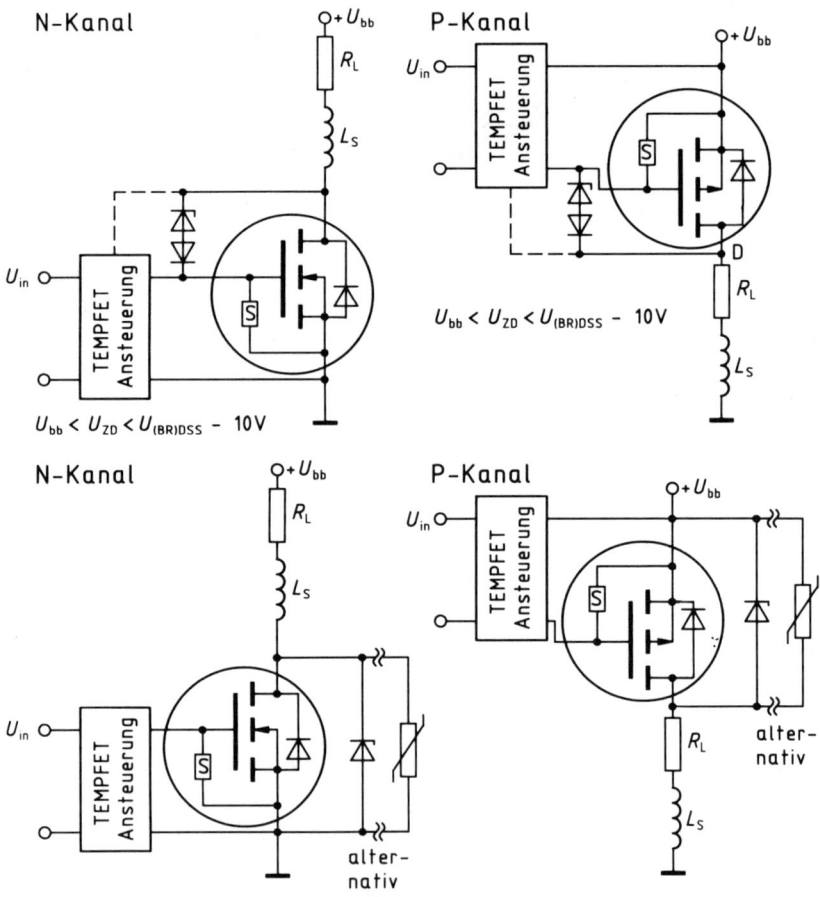

Bild 7.2.6: Verschiedene Möglichkeiten des Überspannungsschutzes bei n-Kanal oder p-Kanal TEMP-FETs.

ten begrenzt auch die Spannungsspitzen im Drainkreis. Auch hier kommt es auf die L_S-Verhältnisse im Drain-, und Sourcekreis an.

Auf jeden Fall sorgt die Diodenkette D_1 und ZD_1, die mit möglichst kurzen Leitungen zwischen Drain und Gate angeschlossen wird, (siehe auch Kapitel 8.2 Schutzmaßnahmen) für eine einwandfreie Spannungsbegrenzung am Drain. Dies ist trotz avalanchefester MOS-FETs notwendig, da im Kurzschlußfall ein wesentlich höherer als der zulässige Avalanchestrom fließt. Aus Bild 7.2.3 kann man entnehmen, daß bei 6.0 V Gatespannung und Kurzschluß mit einem Maximalstrom von ca. 38 A zu rechnen ist. Die Ursache des hohen Stromes im Durchbruch ist die in den Streuinduktivitäten gespeicherte Energie. Nach dem Abschalten steigt die Spannung am Drain und der Strom — dies war eben kurz vor dem Abschalten der Kurzschlußstrom — fließt weiter.

Da jeder Aufbau Streuinduktivitäten aufweist, sollte man für TEMP-FET-Schaltungen einen Überspannungsschutz vorsehen. Bild 7.2.6 zeigt mögliche Varianten der Schutzbeschaltung für p-Kanal-, und n-Kanal-Transistoren. Für die Dimensionierung von ZD_1 verwendet man Zenerdioden, deren Durchbruchspannungen ca. $5-10$ V unterhalb $U_{(BR)DSS}$ liegen. Für die Diode D_1 kann eine Universaldiode z. B. 1N148 verwendet werden.

Will man für den Einsatz einen voll geschützten High-Side-Schalter, so empfiehlt sich der Einsatz eines PRO-FET, wie er im nächsten Kapitel besprochen wird.

7.3 Der intelligente Leistungs-MOS-FET (Der PRO-FET)

In Kapitel 7.1 sind schon einige Eigenschaften eines PRO-FET aufgezählt worden, doch dies waren nur die wichtigsten. Wir wollen in *Tabelle 1* (S. 118) nochmals die Funktionen verschiedener PRO-FETs auflisten, um dem Leser einen Eindruck der Vielfältigkeit der möglichen Typen zu geben. Man stelle sich vor, welchen Aufwand man mit diskreten Bauelementen betreiben muß, um all diese Funktionen zu realisieren.

Die einzelnen Funktionsblöcke eines solchen Bauelementes zeigt das Blockschaltbild (*Bild 7.3.1*) der BTS410 PRO-FET Familie. Die nun folgenden Schaltungen sind teilweise dem Datenbuch der Firma Siemens entnommen. Eingang (IN) und Status (ST) sind über den elektrostatischen Entladungsschutz ESD (*Bild 7.3.2*) mit der internen Logik verbunden. Sie verknüpft In-

Funktionstabelle PROFET

Typ BTS ...	412	412	413A	410 432 542	410 432 542	410 432 542	410
Logik-Version	A	B	C	D	E	F	G
Schalter für masseseitige Lasten	X	X	X	X	X	X	X
Eingangsschutz	X	X	X	X	X	X	X
Übertemperaturschutz ($T_j > 150\ ^\circ$C) Latch-Funktion	X	X	X	X		X	
($T_j > 150\ ^\circ$C) mit Wiedereinschalten bei Unterschreitung der Temperaturschwelle					X		X
Kurzschlußschutz Durch Abschalten nach ca. 40 µs, wenn $V_{out} \leq 3$ V	X		X				
Durch Abschalten nach ca. 150 µs, wenn Spannungsabfall > 8 V über Leistungstransistor		X		X	X	X	
Durch Übertemperaturschutz.							X
Lastunterbrechungserkennung In ausgeschaltetem Zustand bei Prüfstrom von 30 µA.	X	X	X				
In eingeschaltetem Zustand bei 10 mV min. Spannungsabfall über dem Leistungstransistor				X	X	X	X
Statusrückmeldung bei Übertemperatur, Kurzschluß (wo zutreffend) und Lastunterbrechung	X	X	X	X	X	X	X
Begrenzung der negativen Abschaltspannungsspitze bei induktiver Last auf -10 V	X	X	X	X	X	X	X
Elektrostatischer Entladungsschutz (ESD-Schutz)	X	X	X	X	X	X	X
Status-Ausgang CMOS-kompatibel	X	X	X	X			
Offener Drain-Anschluß					X	X	X
Ausgangsstrombegrenzung (High) Lasten mit hohen Einschaltströmen	X	X	X	X	X		
(Low) besserer Schutz für induktive Lasten						X	X
$R_{DS(on)}$-unabhängig von der Speisespannung		X		X	X	X	X
Unterspannungsabschaltung bei $V_{bb} < 7$ V	X						
mit Wiedereinschalten und Hysterese (bei V_{bb} ca. 4 V, 0,5 V Hysterese).		X		X	X	X	X
Status-Rückmeldung bei Unterspannungsabschaltung	X	X		X			
Überspannungsabschaltung mit Wiedereinschalten (V_{bb} ca. 46 V, 0,5 V Hysterese).		X		X	X	X	X
Status-Rückmeldung bei Überspannungsabschaltung		X		X			
Verpolungsschutz BTS 410, 412, 413 mit 150 Ω in der Masse-Leitung	X	X	X	X	X	X	X
Load-dump geschützt bis 80 V (BTS 410 und BTS 412 B bei 150 Ω in der Masse-Leitung)		X		X	X	X	X

formationen über Betriebsspannung (Spannungssensorik), Temperatur (Temperatursensor), Kurzschluß (Kurzschlußerfassung *Bild 7.3.3*) und Leer-

118

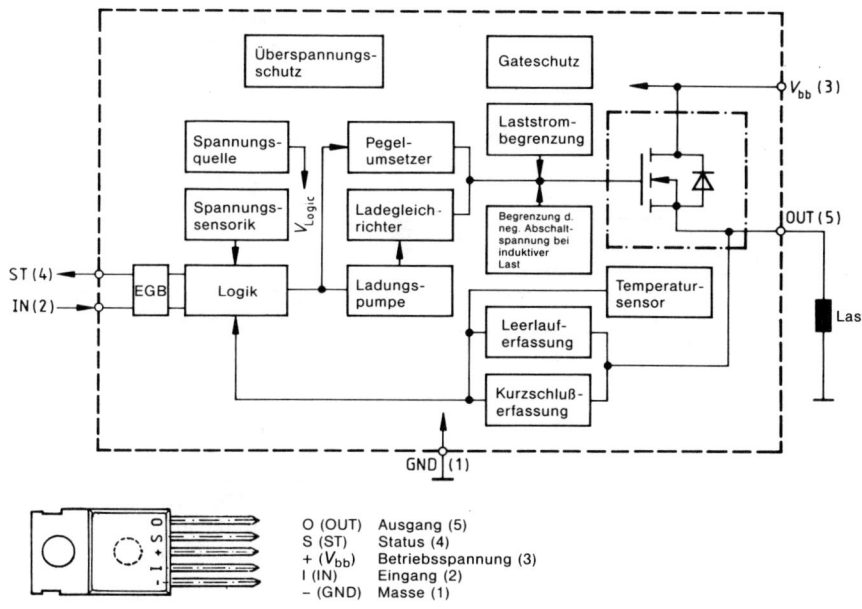

Bild 7.3.1: Blockschaltbild der PRO-FET Familie BTS 410.

Eingang IN (2):
BTS 410, BTS 412 B, BTS 432, BTS 542

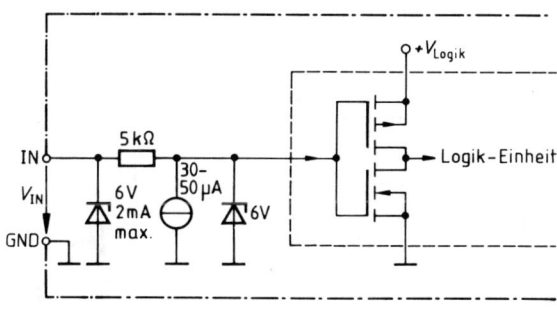

Bild 7.3.2: Beschaltung des Einganges eines PRO-FET.

$V_{in(on)}$: 1,9 V typ. mit Hysterese von ca. 0,5 V.

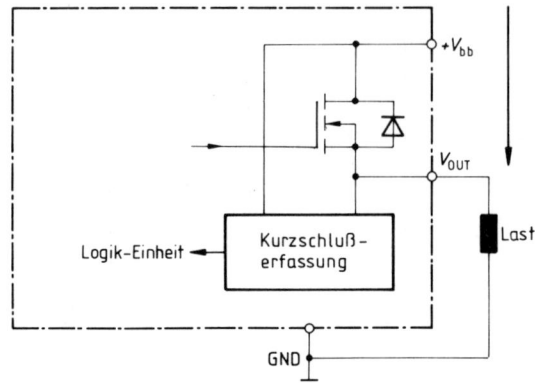

Kurschlußerkennung
BTS 410, BTS 432, BTS 542,
BTS 412 B

Bild 7.3.3: Prinzipschaltung der Kurzschlußerkennung.

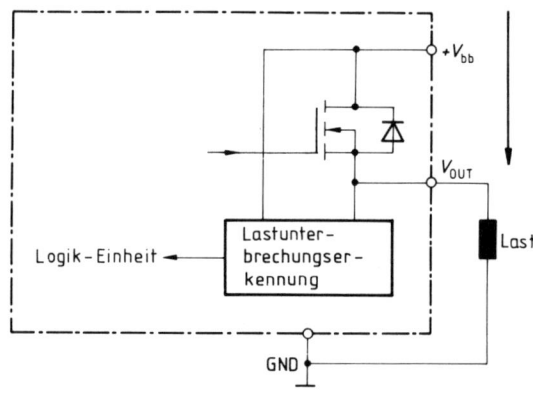

Lastunterbrechungserkennung
BTS 410, BTS 432, BTS 542
Bedingungen: $V_{out} > 3\,V$;
IN: low Bedingungen:
$V_{bb} - V_{OUT} < 10$ mV; IN: high

Bild 7.3.4: Prinzipschaltung für die Erkennung von Lastunter-brechung.
a) Im EIN-Zustand

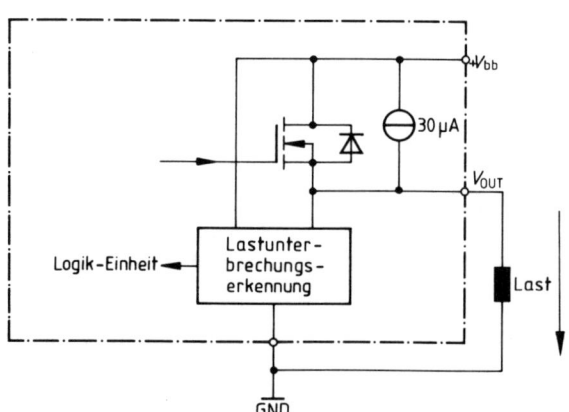

BTS 412A, BTS 412B,
BTS 413A

Bild 7.3.4 b) Im AUS-Zustand

120

Status-Ausgang ST (4):

CMOS-Ausgang: BTS 412A, BTS 413A,
BTS 410D, BTS 412B, BTS 432D, BTS 542D

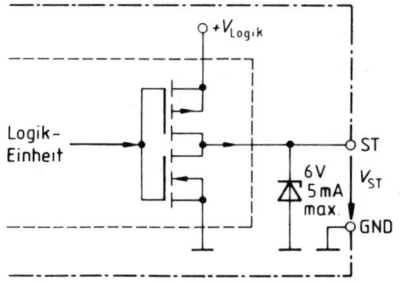

V_{st} high: 5,2 V typ.; low: 0,4 V (1,6 mA)

Open-Drain: BTS 410/E/F/G, BTS 432 E/F,
BTS 542 E/F

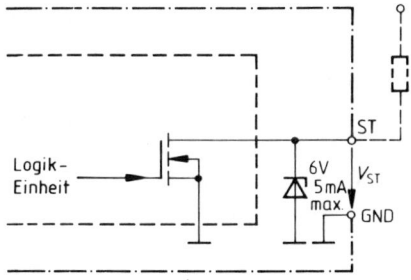

Bild 7.3.5: Schaltung des Status-
ausganges (CMOS oder Open-
Drain).

V_{st} high: 6 V typ.; low: 0,4 V (1,6 mA)

lauferfassung (Lastunterbrechung *Bild 7.3.4*) und schickt sie als Statusmeldung nach außen. *Bild 7.3.5* zeigt den CMOS-, und den Open-Drain-Ausgang des Status Signals. Die andere Aufgabe der Logik ist das IN-Signal an das Gate des Leistungs-MOS-Transistors weiterzuleiten. Dies ist, da es sich um einen Highside-Schalter handelt nur über einen Pegelumsetzer bzw. über eine Ladungspumpe mit Ladegleichrichter, um die volle Gatespannung zu erreichen, möglich. Laststrombegrenzung, Überspannungsschutz und die Begrenzung der negativen Spannungsspitzen beim Schalten von induktiven Lasten wirken direkt auf das Gate des MOS-FET ein.

Nun nochmal etwas genauer zu den wichtigen Komponenten. Die Kurzschlußerfassung mißt den Spannungsabfall $U_T = V_{bb} - V_{out}$ über dem Leistungstransistor. Ist beim Einschalten $U_T > 8$ V, so wird nach $150 \mu S$ abgeschaltet. Tritt im Betrieb ein Kurzschluß ($U_T > 8$ V) auf, so wird sofort abgeschaltet.

Die Strombegrenzung arbeitet nach dem gleichen Prinzip im Bereich 1 V $<$ $U_T < 8$ V. Wie aus der Tabelle 1 zu ersehen ist, gibt es Typen mit Ausgangsstrombegrenzung HIGH (für Lasten mit hohen Einschaltströmen wie Lampen) oder LOW (für induktive Lasten mit kleinen Einschaltströmen). Die Stromsteuerung setzt, beim BTS410D,E, bei typ. 15 A bzw. BTS410F,G, bei typ. 5 A ein. Bei diesen Bauelementen ist die Einschaltphase besonders wichtig. Betrachten wir nun die einzelnen Schritte des Einschaltens:

1. V_{IN} wechselt von LOW-, auf HIGH-Signal
2. Die interne Gatespannung des Leistungstransistors springt auf einen vorgegebeben Wert.
3. Die Ladungspumpe erhöht weiter die Gatespannung (dies dauert ca. $60 \mu S$); der $R_{DS(on)}$ erreicht seinen spezifizierten Wert. Das Bauteil ist nun eingeschaltet.

Bei der Stromsteuerung unterscheidet man 3 Kriterien:

a) $V_{bb} - V_{out} < 1$ V: Der Transistor hat voll eingeschaltet. Strombegrenzung durch interne Gatespannung.

b) 1 V $< (V_{bb} - V_{out}) < 8$ V: Die interne Gatespannung wird zurückgeregelt.

c) $V_{bb} - V_{out} > 8$ V: Kriterium der Kurzschlußerfassung. Siehe oben.

Schaltet man mit BTS410F/G-Typen induktive Lasten mit ausreichend langen Zeitkonstanten des Stromanstieges (τ ca. t_{on}), so hat man keine Probleme, da das Bauteil seinen minimalen $R_{DS(on)}$ erreicht und nur bei Störfällen wie b) oder c) zurückregelt.

Schaltet man Widerstandslasten, z. B. Lampen, so ist zu beachten, daß der Strom beim Einschalten nicht zu groß ist, da sonst die Regelung einsetzt, bevor der minimale $R_{DS(on)}$ erreicht wird. Dann tritt Fall b) ein und der Transistor kann nie voll einschalten. Der Transistor arbeitet auf einem Pentoden-Ast der Ausgangskennlinie (siehe *Bild 7.3.6*).

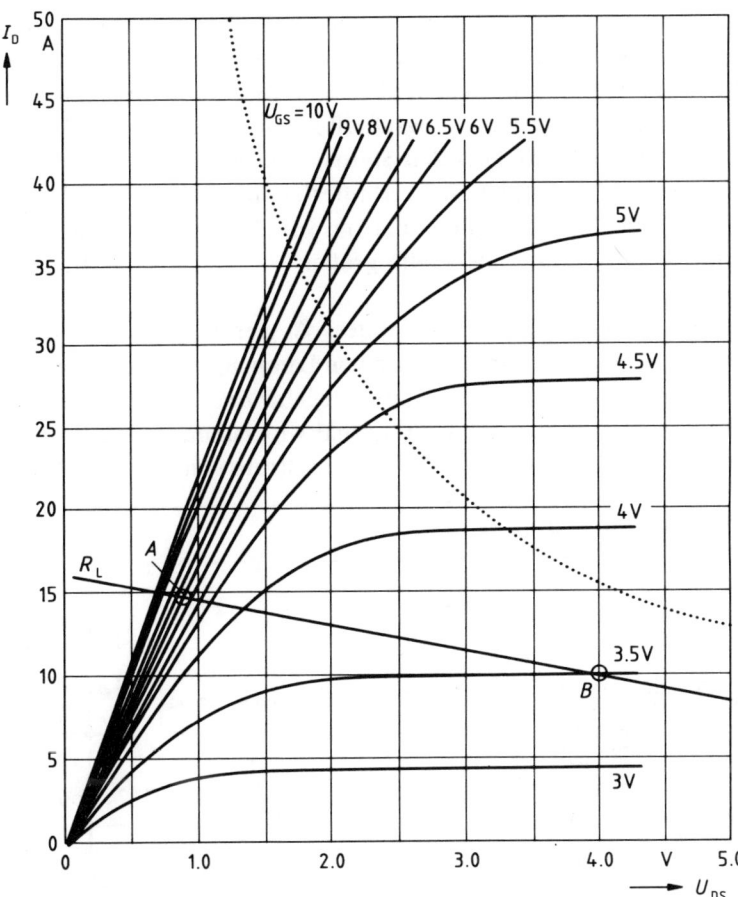

Bild 7.3.6: Prinzip der Strombegrenzung. Punkt A): R_{DSon} ist erreicht, normaler Betrieb.
Punkt B): Strombegrenzung wirksam. Arbeitspunkt auf Pentodenast.

Kurzschluß bzw. Überlast können auch durch Übertemperatur erfaßt werden, wie dies bei den TEMP-FETs schon erklärt wurde. Kurzschlußerfassung durch Übertemperatur finden wir beim Typ BTS410G. Um einen umfassenden Schutz der Bauelemente zu bieten und sie nahezu unzerstörbar zu machen, wird immer bei Übertemperatur abgeschaltet. Das Einschalten nach Abkühlung kann je nach Typ automatisch oder durch aus-, und wiedereinschalten (bei latch) erfolgen.

Die Leerlauferfassung bzw. Lastunterbrechung vergleicht den Spannungsabfall am Leistungstransistor im eigeschalteten Zustand mit einem Referenzzweig. Fließt ein Laststrom, entsteht über dem MOS-FET ein Spannungsabfall $V_{bb} - V_{out}$. Ist dieser Spannungsabfall kleiner 10 mV, wird auf Leerlauf erkannt und eine Meldung über den Status ausgegeben.

Bei einem anderen Typ erfolgt die Leerlauferfassung im ausgeschalteten Zustand. Dies geschieht mit einem Prüfstrom von $30\,\mu A$ gegen Masse. Ist die Spannung zwischen V_{OUT} und GND größer 3 V, erkennt das Bauteil auf Lastunterbrechung.

Eine andere Art eines Highside-Schalters ist der Pulsweiten Modulator BTS 629. Er ist konzipiert zum Dimmen von Lampen im Amaturenbrett. Die Pulsbreite läßt sich von 8 bis 98 % linear regeln. *Bild 7.3.7* zeigt ein Blockschaltbild dieses Bausteines, dessen Einschaltwiderstand max. 0,18 Ohm beträgt. Dies erlaubt bei $U_{BB} = 12$ V einen Laststrom von 2 A ohne Kühlkör-

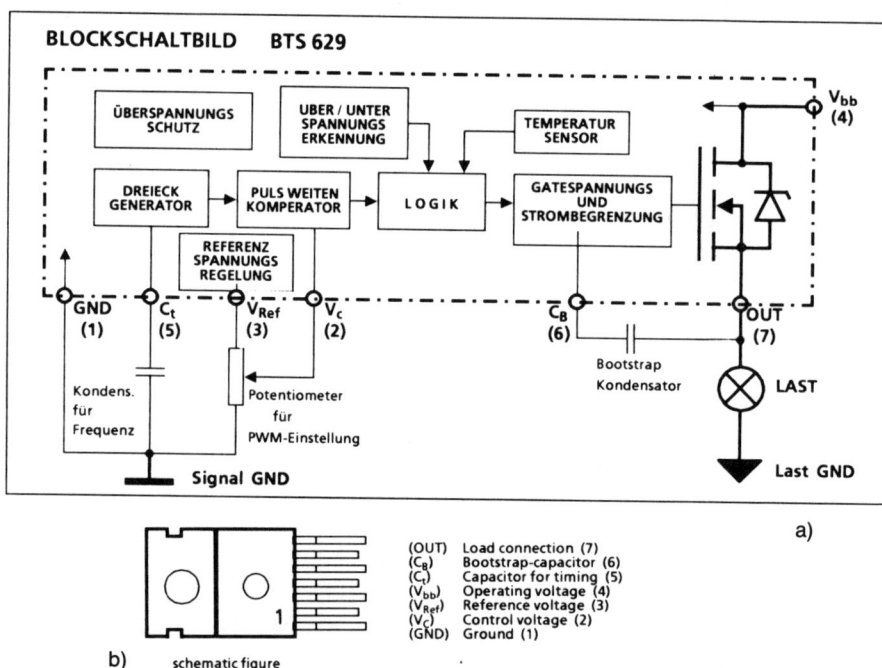

Bild 7.3.7: a) Blockschaltung eines PWM-PRO-FET. b) Anschlußbelegung im TO220/7 Gehäuse.

124

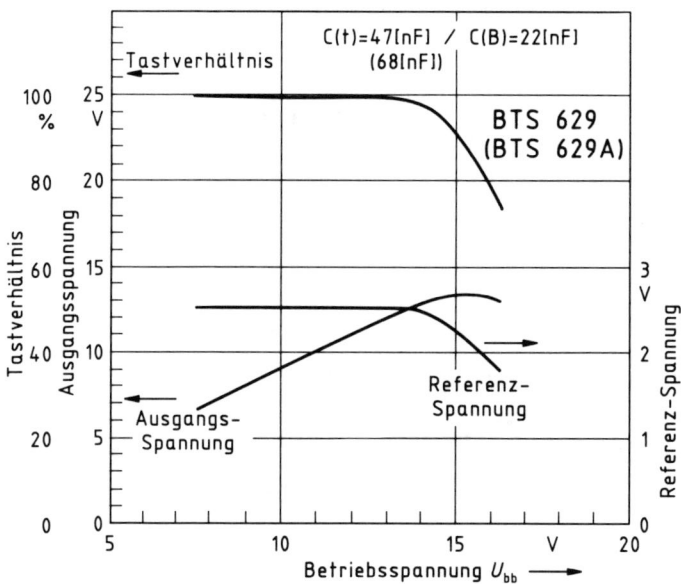

Bild 7.3.8: Abhängigkeit von Ausgangsspannung, Tastverhältnis und Referenzspannung von der Versorgungsspannung.

per. Der Baustein ist geschützt u. a. gegen Kurzschluß, Unterspannung ($U_{BB} < 4{,}9$ V), Übertemperatur (schaltet für $T_J > 150°$ C ab), Überspannung (schaltet für $U_{BB} > 17{,}5$ V den Ausgang ab) und Masseleitungsbruch. Durch kontrollierte Schaltflankensteilheit werden Hochfrequenzstörungen vermieden. Mit 150 Ohm in der Leitung zu Masse (Signal GND) ist ein Schutz gegen Verpolung und bei Load dump (dies ist ein in DIN 40839 genormter Überspannungspuls) bis 80 V gewährleistet. Die Grundfrequenz wird mit dem Kondensator C_t an Pin(5) eingestellt. Die Pulsbreite mit einer Spannung an Pin(2), die entweder extern, oder über ein Poti geteilt aus der internen Referenz V_{Ref} aus Pin(3), zugeführt werden kann. *Bild 7.3.8* zeigt Abhängigkeiten von der Versorgungsspannung und *Bild 7.3.9* das Frequenzverhalten.

Sicher sind heute noch lange nicht alle Möglichkeiten einen Leistungsschalters zu realisieren ausgeschöpft. Gerade auf diesem Gebiet der Elektronik werden in den nächsten Jahren, durch eine intensive Zusammenarbeit zwischen Kunde und Entwickler, etliche neue Bauelemente entstehen.

125

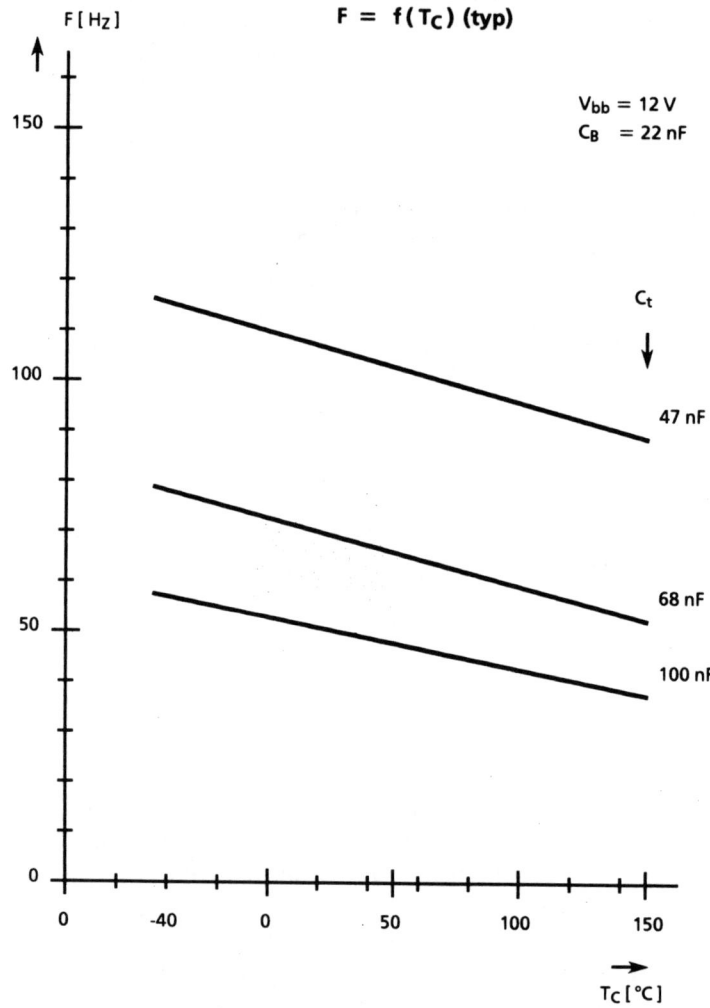

Bild 7.3.9: Typisches Frequenzverhalten des PWM über dem Temperaturbereich.

126

8 Leistungs-MOS-FETs in der Praxis

Der ideale Leistungsschalter existiert noch nicht und wird wahrscheinlich nie existieren. Er hätte beliebig große Blockierspannung im abgeschalteten Zustand und einen „Null"-Widerstand im eingeschalteten Zustand. Er bräuchte keine Steuerleistung, und die Schaltzeiten beim Ein- und Ausschalten würden unendlich klein sein. Außerdem sollte er möglichst „nichts" kosten!
Die Leistungs-MOS-FETs sind zwar nicht ideal, aber sie haben die kürzesten Schaltzeiten und die kleinsten Steuerleistungen von allen heute erhältlichen Hablleiterschaltern. Wenn die Preise im Lauf der Zeit noch weiter sinken, wird sich ohne Zweifel ein noch breiteres Anwendungsspektrum ergeben. Bis dahin ist aber noch ein langer Weg. So wie es in der Vergangenheit bei allen neuen Halbleiterbauelementen war, müssen die Anwender zuerst die vorteilhaften Eigenschaften der Produkte schätzen lernen. Die daraus resultierenden Erleichterungen durch die größere Schaltgeschwindigkeit und die kleinere Ansteuerleistung müssen erst ausgenutzt werden.
Die Autoren möchten dazu, durch Übermitteln von Erfahrungen, die sie bei der Entwicklung der SIPMOS-Transistorfamilie gesammelt haben, beitragen.

8.1 Handhabung

Wie alle MOS-Bauelemente, deren Gate-Elektrode über einer dünnen Isolierschicht angeordnet ist, sind auch die Leitungs-MOS-FETs gegen statische Aufladung der Gate-Source-Strecke empfindlich. Sie ist der empfindlichste Punkt dieses Bauelementes. Die Gate-Source-Spannung darf *nie* den im Datenbuch erlaubten Maximalwert U_{GS} übersteigen. Es beteht sonst die Gefahr, daß es zum Durchbruch des Gate-Isolators kommt und die Gate-Source- und/oder auch die Gate-Drain-Strecke mehr oder weniger leitend wird. Dies bedeutet aber eindeutig die Zerstörung des Bauelements.
Beim Experimentieren mit Leistungs-MOS-FETs wird daher dringend geraten, um die statische Aufladung zu vermeiden, den Nullpunkt (Massepunkt)

des Experimentieraufbaus zu erden. Gleichzeitig ist auch der Lötkolben mit diesem Punkt zu verbinden. Um statische Aufladungen auszuschließen, sollen alle Meß- und Prüfgeräte mit dem Experimentierchassis verbunden und gemeinsam geerdet sein. Die arbeitende Person sollte sicherheitshalber, bevor sie zu den MOS-FETs greift, den Erdungspunkt berühren, um eine eventuelle Aufladung des Körpers abzuleiten. Die Ladung, die eine Person durch Bewegung auf Teppich- oder Kunststoffboden erzeugt, reicht unter Umständen aus, um auch den größten Leistungs-MOS-FET zu zerstören. Besonders kritisch ist das Einlöten des Bauelements in die Schaltung oder das Einsetzen in den Sockel. Die Leistungs-MOS-FET-Bauelemente werden zum Schutz in leitenden Schaumstoff verpackt oder in anderen leitenden Kunststoffverpackungen geliefert. Beachtenswert ist, daß die Verpackung vorher auf eine geerdete Metallplatte gelegt werden sollte, bevor ein Bauelement entnommen wird. Ähnlich sollte man mit kleineren Bauelementen umgehen, die in leitenden Plastiksäckchen geliefert werden. Beim Einlöten der MOS-FETs ist es zweckmäßig, die Anschlüsse mit Alufolie oder mit dünnem Kupferdraht zu verbinden und diesen Kurzschluß erst nach dem Lötvorgang zu entfernen.

Wird ein Sockel verwendet, genügt es, wenn man die Gate-Source-Transistoranschlüsse mit den Fingern berührt und vor und während des Einsteckens in die Fassung mit der anderen Hand einen Potentialausgleich zum gemeinsamen Erdpunkt schafft. Wenn diese einfachen Vorsorgemaßnahmen getroffen werden, ist das Arbeiten mit Leistungs-MOS-FETs absolut problemlos.

Es kommt oft vor, daß beim Experimentieren schnell festzustellen ist, ob ein Bauelement noch intakt oder „defekt geworden" ist!

Dies zu kontrollieren, ist bei MOS-FETs mit der Prüfschaltung nach *Bild 8.1.1* sehr einfach. Wenn S_1 geschlossen ist, darf die Leuchtdiode LED L1 nicht brennen, da der Drain-Source-Sperrstrom bei guten Bauelementen im μA-Bereich liegt. Ist troztdem eine Anzeige vorhanden, so ist der Prüfling defekt oder verpolt eingesteckt.

Als nächstes wird der Gatekreis getestet. Drückt man kurz S_2, wird die Gate-Source-Kapazität aufgeladen. Da selbst bei großflächigen Leistungs-MOS-FETs die Ladezeiten der Gatekapazität im Bereich von $10-20\,\mu$S liegen, verursacht der kurze Ladestromstoß keine Anzeige an LED L2. Wenn das Bauteil in Ordnung ist, schaltet der Prüfling durch und LED L1 zeigt die Einschaltphase an. Die Gatekapazität entlädt sich langsam mit dem Gate-Leckstrom. Solange die Gatespannung über der Einsatzspannung des Prüf-

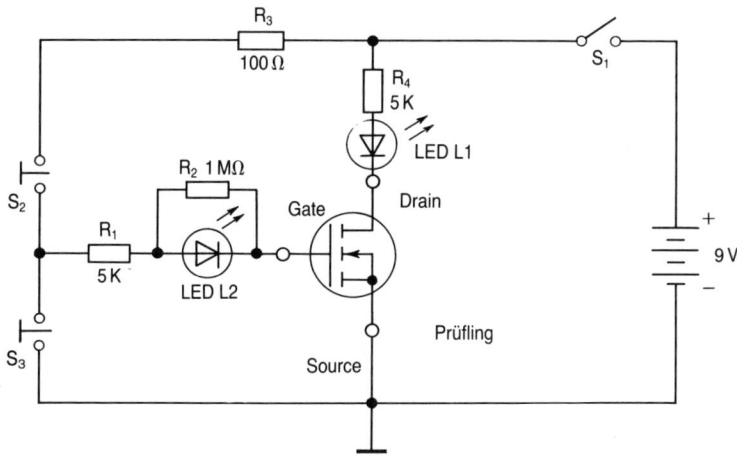

Bild 8.1.1: Einfache Testschaltung für MOS-Transistoren.

lings liegt, leuchet LED L1. Dies kann über längere Zeit der Fall sein. Soll der Test vorzeitig abgebrochen werden, ist S_3 zu drücken. Die Eingangskapazität entlädt sich über R_2, LED L1 erlischt.

Ist der Transistor defekt, leuchtet LED L1 nur kurz oder überhaupt nicht. Weist der Prüfling einen Gate-Source-Kurzschluß auf, leuchtet LED L2 solange S_2 gedrückt wird. Mit dieser Prüfung ist zwar die Sperrfähigkeit nicht getestet, aber erfahrungsgemäß würde ein Defekt im Draingebiet auch den Gate-Source-Kreis zerstören. Mit großer Wahrscheinlichkeit ist das Bauelement intakt, wenn es die Prüfung nach Bild 8.1.1 bestanden hat. Da mit dieser Testschaltung mit einfachen Mitteln die Haupteigenschaften des Prüflings, wie z. B. intakte Gate-Source- bzw. Drain-Source-Strecke und das Schalten bestimmt werden können, ist es ganz unerheblich, welcher Spannungs- bzw. Stromklasse er angehört.

Will man genauere Aussagen über ein Bauelement treffen, eignet sich am besten ein Kennlinienschreiber für diese Testzwecke. Hier können alle Parameter mühelos bestimmt werden. Bei diesen Messungen sollte jedoch auf die maximal auftretende Verlustleistung geachtet werden. Wird sie überschritten, führt sie schnell zu einer unzulässigen Erwärmung des Prüflings und unter Umständen zu einer Zerstörung. Es ist dann rechtzeitig auf eine Impulsmessung umzuschalten.

Allgemein werden bei diesen Geräten jedoch nur die Steuerimpulse, also die Gate-Source-Spannung, gepulst. Die Drain-Source-Spannung ist eine Halbwelle mit 10 ms. Dies ist besonders bei Druchlaßspannungsmessungen der Inversdiode zu berücksichtigen. Erst spezielle Hochstromeinschübe für Kennlinienschreiber ermöglichen ein erwärmungsfreies Messen.

8.2 Schutzmaßnahmen

Zum Zeitpunkt, als die erste Auflage dieses Buches entstand, war der zweitempflindlichste Parameter die *Drain-Source-Spannung*. Die ist heute nicht mehr zutreffend. Durch die Einführung der Avalanchefestigkeit wird auch im Drain-Source-Durchbruch ein Drainstrom definiert (s. a. Kapitel 3.12). Die unten gezeigten Schutzschaltungen sind für die Fälle interessant, wo im Kurzschlußfall auch höhere als die erlaubten Avalancheströme fließen können und diese auch abgeschaltet werden (z. B. TEMP-FET). Die einfachste und wirksamste Beschaltung ist in *Bild 8.2.1* dargestellt. Die Zenerdiode Z_1 schützt die Gate-Elektrode gegen Überspannung. Ihr Wert wird am besten mit 15 V gewählt, da mit dieser Spannung alle erhältlichen Leistungs-MOS-FET-Typen voll eingeschaltet sind. Dieser Wert liegt noch weit unter

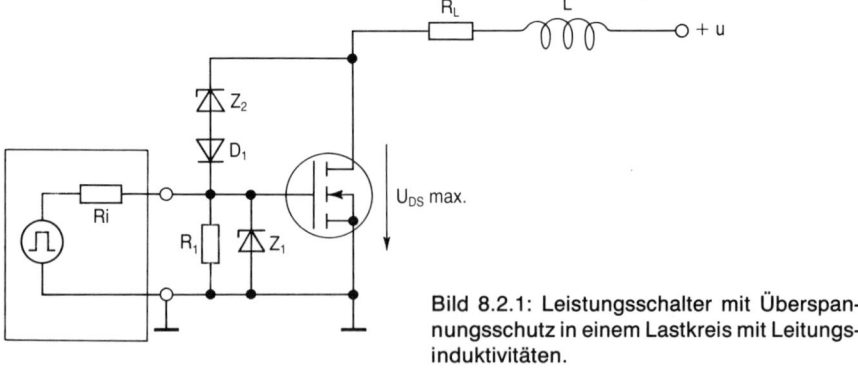

Bild 8.2.1: Leistungsschalter mit Überspannungsschutz in einem Lastkreis mit Leitungsinduktivitäten.

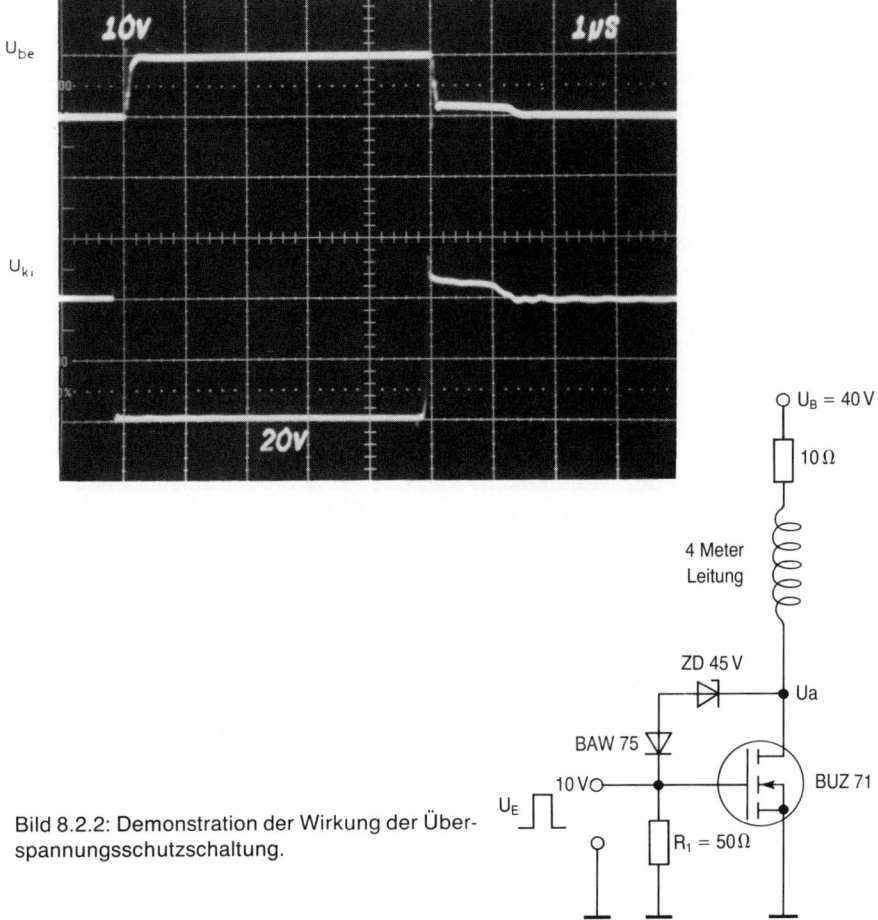

Bild 8.2.2: Demonstration der Wirkung der Über-
spannungsschutzschaltung.

dem maximal erlaubten U_{GS} von 20 V. D_1 ist eine einfache Siliziumdiode, die
bis 1 A Stoßstrom ertragen kann (z. B. BAW 75, BAW 76, 1N4346, 1N400 ...)
und mehr als 20 V Durchbruchspannung aufweist. Z_2 ist eine Zenerdiode mit
der notwendigen Spannung, um den Transistor vor dem Durchbruch zu
schützen. Die Zenerspannung soll in der Mitte zwischen der maximal erlaubten Drain-Source-Spannung U_{DS} und $+ U_B$ liegen. Die Wirkung der Schutzschaltung demonstriert *Bild 8.2.2*. Der MOS-FET ist ein Transistor vom Typ
BUZ 71, der bei 40 V Betriebsspannung 4 A schaltet. Die Streuinduktivität

bilden 4 m auf einen Zylinder von 100 mm ⌀ gewickelter Draht mit 2 mm Durchmesser.

Wie zu erkennen ist, wurde die entstehende Spannungsspitze beim Abschalten auch mit dem langen Draht, d. h. große Leistungsinduktivität, und 4 A Drainstrom von dem geschützten SIPMOS-Transistor problemlos verarbeitet. Ohne Beschaltung wäre der Transistor bereits bei 3 A geschaltetem Strom wegen der hier entstehenden Überspannungsspitze zerstört worden.

Diese einfache Schutzbeschaltung, lt. Bild 8.2.1 kann selbstverständlich für alle Spannungsklassen mit entsprechender Zenerdiode Z_2 verwendet werden. Zweckmäßigerweise sollen die Schutzelemente so nahe wie möglich an den Transistoranschlüssen angebracht werden, damit zwischen dem Leistungstransistor und der Schutzbeschaltung keine Streuinduktivitäten entstehen.

Für Schutzbeschaltungen in Hochspannungsanwendungen gibt es aber leider keine billigen Zenerdioden. Hier ist diese Schutzschaltung nur schwer zu realisieren. Neben der Möglichkeit, mehrere Zenerdioden mit kleinerer Zenerspannung in Serie einzusetzen, sind noch die im folgenden beschriebenen Alternativlösungen verwendbar.

Bild 8.2.3 zeigt eine Variante dieser Schutzschaltung mit einem spannungsabhängigen Widerstand (VDR) oder Varistor als Schutzelement. Bei der Auswahl dieses Widerstandes sind jedoch der verschliffene Übergang in den Durchbruchbereich und die hohen Toleranzen der lieferbaren Durchbruchspannungen zu beachten. Es hat sich als zweckmäßig erwiesen, den im Datenblatt angegebenen Spannungswert bei 1 mA Varistorstrom als Durch-

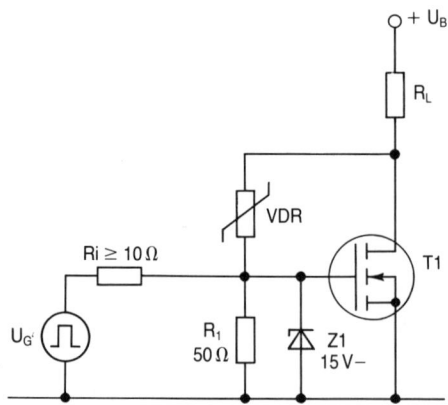

Bild 8.2.3: Schutzschaltung mit Varistor.

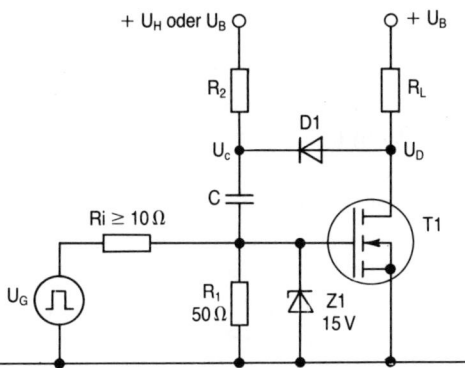

Bild 8.2.4: Schutzcshaltung mit Refrenzspannung und Diode.

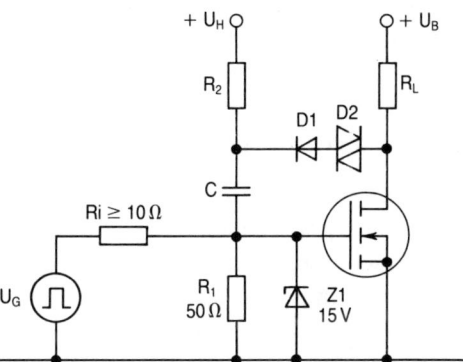

Bild 8.2.5: Schutzschaltung mit Diode und Vierschichtdiode.

bruchspannungswert zu wählen. Aus den oben genannten Gründen sollte man diese Schutzschaltung nur für größere Abstände von Batteriespannung U_B zu Durchbruchspannung $U_{(BR)DS}$ verwenden, z. B. $U_B = 300$ V, $U_{(BR)DS} = 500$ V). R_1 mit R_i dient einerseits als Entladewiderstand für die Transitoreingangskapazität, andererseits mit Z_1 als Überspannungsschutz für die Gate-Source-Strecke. Der Generator sollte einen minimalen Innenwiderstand von 10 Ohm besitzen. Andere Variationen dieser Schutzschaltung sind in *Bild 8.2.4* und *Bild 8.2.5* zu sehen.

8.3 Vorteilhafte Ansteuervariationen und Ansteuer-ICs

Eine der wichtigsten Ergänzungen zum MOS-Transistor als Leistungsschalter ist seine Ansteuerschaltung. Nur eine korrekte Ansteuerung, wobei diese Schaltung nicht kompliziert aufgebaut sein muß, kann die Vorteile des Leistungs-MOS-FETs voll zum Tragen bringen. Wie auch aus den angeführten Schaltbeispielen ersichtlich, genügen oft der Ausgang eines Operationsverstärkers oder der eines CMOS-Gatters, um den Leistungstransistor anzusteuern. Werden kurze Schaltzeiten gefordert, so muß auch der Steuerimpuls entprechend schnell gehalten werden.

Es sollen nun zunächst einige Eigenschaften einer „idealen" Ansteuerung angeführt werden. Es ist natürlich verständlich, daß nicht alle aufgezählten Eigenschaften in eine Universalsteuerung gepackt werden können. Jedoch besteht die Möglichkeit zu prüfen, ob in einer realisierten Schaltung der eine oder andere hier erwähnte Punkt berücksichtigt worden ist oder nicht.

8.4 Gedanken zu einer idealen Ansteuerschaltung

a) Kleiner dynamischer Innenwiderstand: Um die Eingangskapazität eines MOS-Tansistors schnell laden und entladen zu können, ist es vorteilhaft, die Treiberschaltung niederohmig anzulegen. Während des Gate-Steuerimpulses und in den Impulspausen sollte die Gatespannung auf dem vorgeschriebenen Wert gehalten werden. Rückwirkungen von der Drainseite her oder Einflüsse über Koppelkapazitäten auf das Gate oder die Ansteuerschaltung müssen

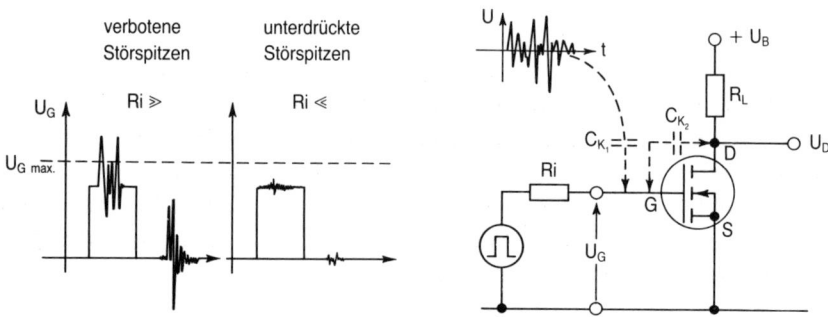

Bild 8.4.1: Einkopplung von Störspannungen über C_{K1} oder über C_{K2} bei zu hochohmigem Generator (R_i).

134

durch einen kleinen dynamischen Innenwiderstand (R_i) der Ansteuerschaltung ausgeregelt werden (siehe *Bild 8.4.1*).

b) Vermeidung hochohmiger Bereiche in der Innenwiderstandscharakteristik: Bei Ansteuerung mit Komplementär-Gegentakttreibern (Bipolar oder MOS) wird die Schaltung bei Übergang von Gatesignal „High" auf Gatesignal „Low" oder umgekehrt, kurz hochohmig (Schwellenspannungen der Steuertransistoren). Um, sofern es notwendig ist, definierte Werte zu schaffen, hilft die Parallelschaltung eines Widerstandes (*Bild 8.4.2*) mit z. B. $4{,}7-10\,\text{k}\Omega$.

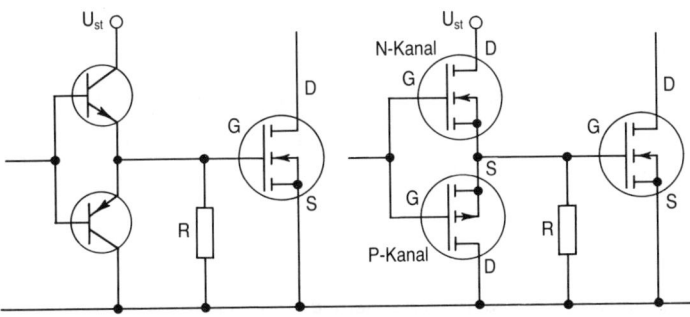

Bild 8.4.2: Überbrücken der hochohmigen Schaltbereiche eines Generators durch einen Parallelwiderstand R zu G – S des Leistungstransistors.

c) Wählbarkeit der Anstiegszeiten bei Einhaltung der Niederohmigkeit des Innenwiderstandes: Oft ist es notwendig, den Leistungstransistor mit vorgegebener Flankensteilheit ein- oder auszuschalten. Es bietet sich hier natürlich die Zeitkonstante an, die aus der Eingangskapazität und einem Serienwiderstand gebildet wird. Jedoch ist von Fall zu Fall zu prüfen, ob nicht Nachteile, wie unter a) bzw. b) beschrieben, in Kauf genommen werden müssen. *Bild 8.4.3* zeigt mehrere Möglichkeiten zur Variation der Schaltflanken.

d) Ruhestromfreiheit der Schaltung: Da MOS-Transistoren selbst nur sehr geringe Steuerleistungen benötigen (es wird die Eingangskapazität des Tran-

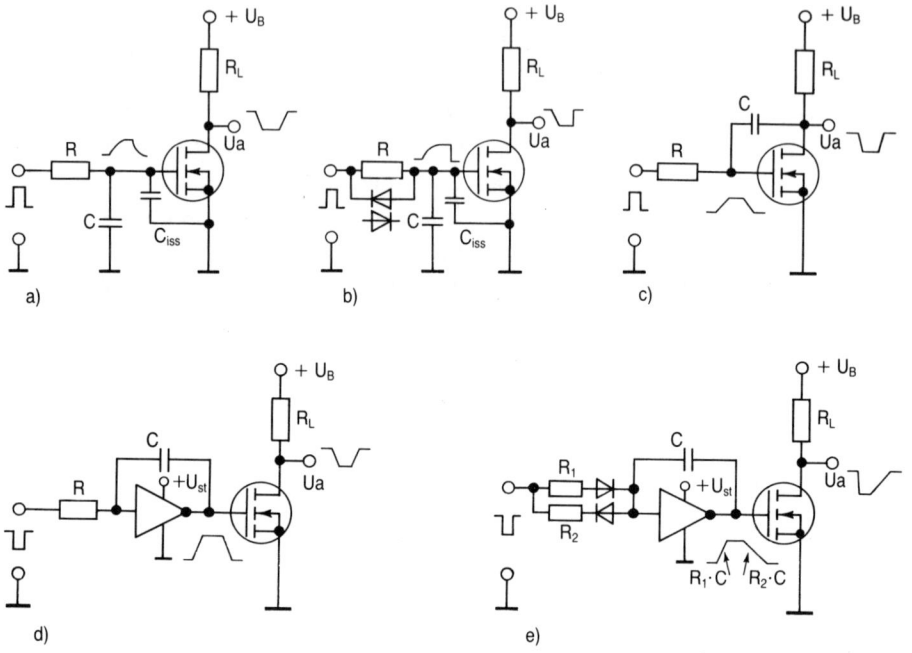

Bild 8.4.3 Schaltungsvarianten für die Veränderung der Flanken der Steuerimpulse.
a) RC-Glied.
b) Veränderung der Anstiegs- oder Abfallflanke mit Diode.
c) Verwendung einer Gegenkopplungskapazität (lastabhängig).
d) Integrator.
e) Verschiedene Flanken mit Integrator.

sistors auf- und entladen), sollte in den Treiberschaltungen nicht unnötig viel Ruhestrom, z. B. zur Arbeitspunkteinstellung, fließen.

e) Floatender Betrieb des Schalttransistors: In den oft verwendeten Brücken-schaltungen (eingesetzt für Motorsteuerungen und Wechselrichter), *Bild 8.4.4,* werden die oberen beiden Transistoren T_1, T_2 erdfrei betrieben. Hierzu ist eine Ansteuerschaltung mit Potentialtrennung notwendig. Dabei sollte darauf geachtet werden, die Koppelkapazitäten C_K gering zu halten. Man vermeidet so unangenehme Rückwirkungen auf die Steuerelektronik. Das gleiche Problem tritt natürlich auch bei einer Source-Folgerstufe auf *(Bild*

136

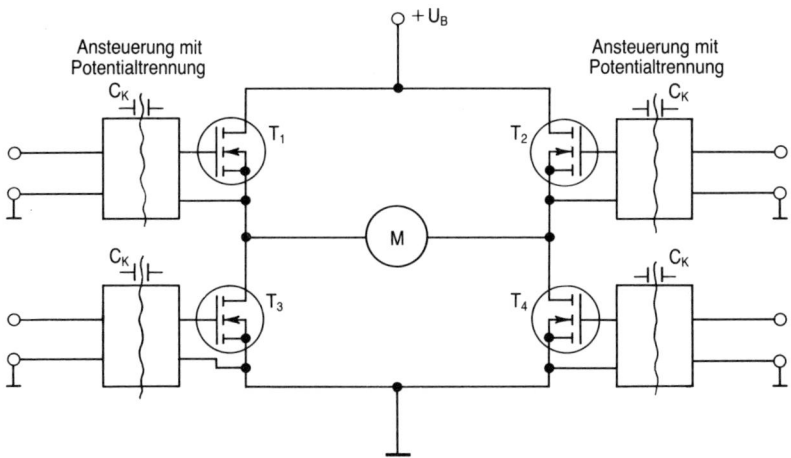

Bild 8.4.4: Floatende Ansteuerung
eienr Vollbrücke.

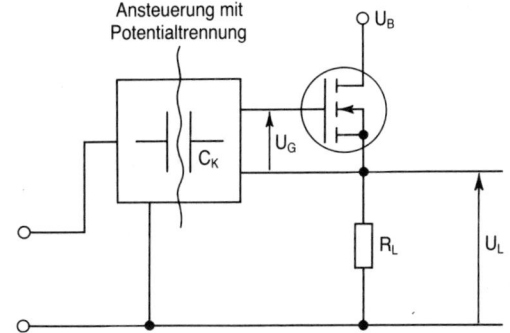

Bild 8.4.5: Schaltung eines
Sourcefolgers.

8.4.5). Beachtenswert ist noch, daß U_L bei Niederspannungs-MOS-Transistoren nahezu U_G erreichen kann (kleiner Spannungsabfall U_{DS}). $U_L + U_G$ kann daher bis zu 20 V über U_B liegen. Man kann also die Gatespannung nur in den Schaltpausen der Stufe von U_B gewinnen, eine Bootstrap-Schaltung verwenden, oder man überträgt die notwendige Energie mit dem Steuerimpuls, wie dies bei Übertragerkopplung der Fall ist.′

f) Geringe Restspannung der Steuerstufe bei U_B = „LOW" und negative Gatepannung: Um einen MOS-Transistor abzuschalten, ist eine Gatespannung notwendig, die kleiner ist als die Einsatzspannung. Je größer die Diffe-

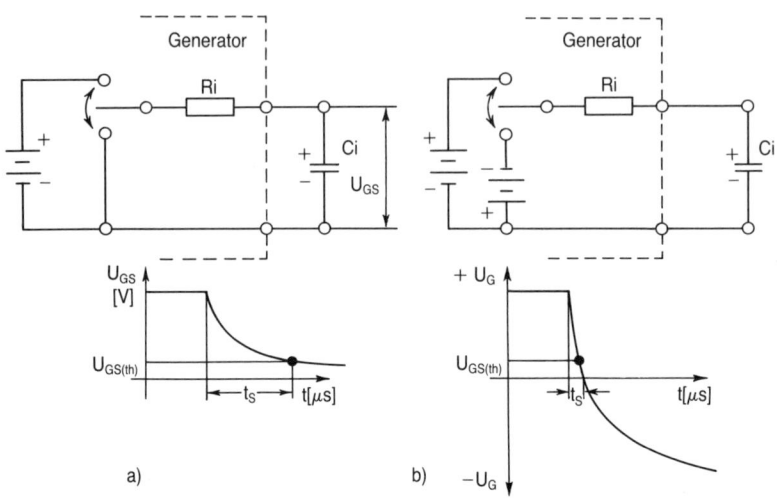

Bild 8.4.6: Vorteile der Abschaltung eines MOS-FETs mit negativer Steuerspannung.

renz zwischen Gatespannung im eingeschalteten Zustand und Einsatzspannung ist, um so länger wird der Abschaltvorgang dauern. Die aufgeladene Gatekapazität muß sich ja, wie in *Bild 8.4.6* gezeigt, über den Generatorinnenwiderstand entladen. Wesentlich beschleunigen kann man den Vorgang durch niederohmiges Kurzschließen dieser Kapazität oder durch Anlegen einer Gegenspannung *(Bild 8.4.6b)*.

g) Geringe Koppelkapazität zwischen Steuer- und Lastseite: Um Störungen von der Steuerelektronik fernzuhalten, ist es selbstverständlich, die Koppelkapazitäten zwischen Steuer- und Leistungsteil einer Ansteuerschaltung so gering wie möglich zu halten.
Verschärfend zu dieser Forderung wirkt der Umstand, daß oft im Lastteil sehr hohe Spannungssteilheiten auftreten können, die selbst über kleine Kapazitäten große Störimpulse erzeugen.

h) Kompakter induktivitätsarmer Aufbau: Diese Eigenschaften sollten natürlich bei keiner Ansteuerschaltung fehlen. Am günstigsten hat sich der Aufbau des Treiberbauteins auf einer kleinen Platine, die direkt an den Bein-

Bild 8.4.7: Ansteuerschaltung direkt auf die Anschlußstifte eines TO 3 Leistungs-MOS-Tranistors montiert.

chen des MOS-Transistors befestigt wird, erwiesen. *Bild 8.4.7* zeigt die Aufnahme einer Ansteuerschaltung, die nach diesem Vorschlag aufgebaut wurde.

Es folgen nun einige prinzipiell mögliche Grundschaltungen für Ansteuerstufen mit der Erläuterung ihrer wichtigsten Eigenschaften.

8.5 CMOS-Gatter *(Bild 8.5.1)*, Eigenschaften

— Einfacher Aufbau und geringe Kosten (meist mehrere Gatter in einem Baustein).
— Phasenumkehr des Eingangsimpulses.
— Durch Parallelschaltung ist eine einfache Anpassung der Steuerstufen an den Leistungstransistor und eine Variation der Schaltzeiten möglich.

139

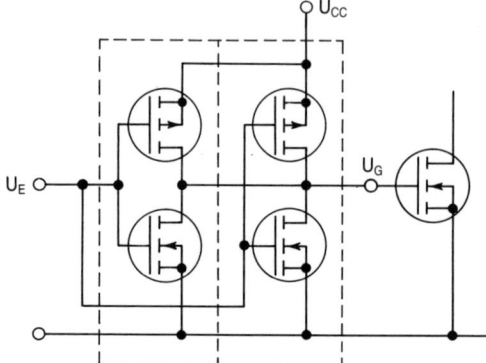

Bild 8.5.1: CMOS-Treiber.

— Es fließt kein Ruhestrom in der Steuerstufe.
— Bei $U_{cc} > 8$ V große Störsicherheit.
— Kein definierter Schaltzustand bei $U_{cc} < 3$ V.
— Der Innenwiderstand des Bausteines ist bei abgeschalteter Logikversorgungsspannung U_{cc} groß.

8.6 Komplementär Emitterfolger *(Bild 8.6.1)*, Eigenschaften

— Einfacher Aufbau mit diskreten Bauelementen möglich.
— Kein Invertieren des Eingangsimpulses.
— Der Innenwiderstand der Schaltung ist auch bei abgeschalteter Versorgung klein, da bei positiver Gatespannung U_g (durch kapazitive Einkopplung) über C und R_2, T_2 Basisstrom führen und damit einschalten kann.

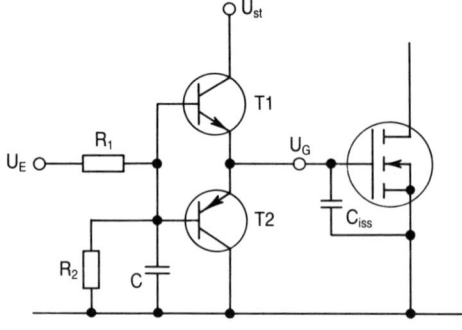

Bild 8.6.1: Komplementär-Emitterfolger.

140

— Anstiegszeiten sind mit R_1 und C einstellbar.
— Die Verwendung einer negativen Steuerspannung U_E ist möglich (jedoch Vorsicht: U_{BE}-Durchbruch von T_1).
— Die Restspannung bei U_E = LOW ist schaltungsabhängig (sie sollte möglichst klein sein).
— Die Schaltflanken verlaufen nach einer e-Funktion.
— Beim langsamen Durchlaufen der Impulsflanken ist zu beachten, daß bedingt durch die U_{BE}-Schwellen von T_1 und T_2 die Schaltung kurz hochohmig wird.

8.7 Komplementär Kollektortreiber *(Bild 8.7.1)*, Eigenschaften

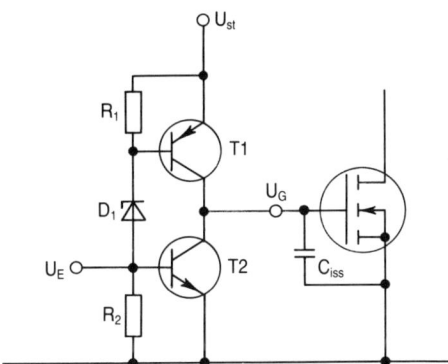

Bild 8.7.1: Komplementär-
Kollektortreiber.

— Phasenumkehr des Eingangsimpulses.
— Schnelle Lade- und Entladezeiten von C_{iss} des Leistungstransistors möglich.
— Die Schaltung ist bei abgeschalteter Steuerung hochohmig.
— Schaltungsbedingter Ruhestrom.
— U_G min $\geqq U_{CESat}$ von T_2
— Je nach Schaltungsauslegung kann die Steuerstufe beim Durchschalten hochohmig werden.
— Beim überlappenden Schalten von T_1 und T_2 können hohe Stromspitzen entstehen.
— Die Schaltschwelle für U_E liegt niedrig.
— Ausführung mit kapazitiver Kopplung (floatender Betrieb von T_1) möglich.

8.8 „Totem-Pole"-Treiber *(Bild 8.8.1)*, Eigenschaften

— Phasenumkehr des Steuersignales U_e
— Je nach Dimensionierung von R_1 mehr oder weniger Ruhestrom für U_G = „Low"
— T_1 sollte nicht übersteuert werden, da sonst lange Abschaltzeiten entstehen.
— Für D_1 empfiehlt sich der Einsatz einer Schottky-Diode, um die Speicherladung möglichst gering zu halten.
— Die Restspannung für U_G = „Low" beträgt $U_{GL} = U_1 + U_2$.
— Fehlt die Versorgungsspannung für die Steuerung U_{St}, ist der Leistungstransistor mit R_2 kurzgeschlossen.

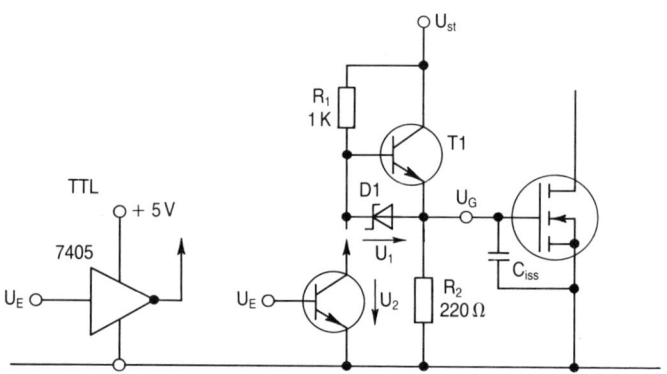

Bild 8.8.1: „Totem-Pole"-Treiber.

8.9 Einfache Transformatorkopplung *(Bild 8.9.1, 8.9.2)*, Eigenschaften

— Ansteuerung durch Wechselspannung, die in einem Sperrschwinger erzeugt wird *(Bild 8.9.2)*.
— Langsame Ein- und Ausschaltflanken.
— Einfacher Relais-Ersatz.

Nach diesen einfachen Grundschaltungen sollen nun weitere Beispiele von Ansteuerschaltungen gezeigt werden. Dazu ist die Auswahl einiger typischer Beispiele aus dem großen Angebot, der bis heute entwickelten Ansteuer-

142

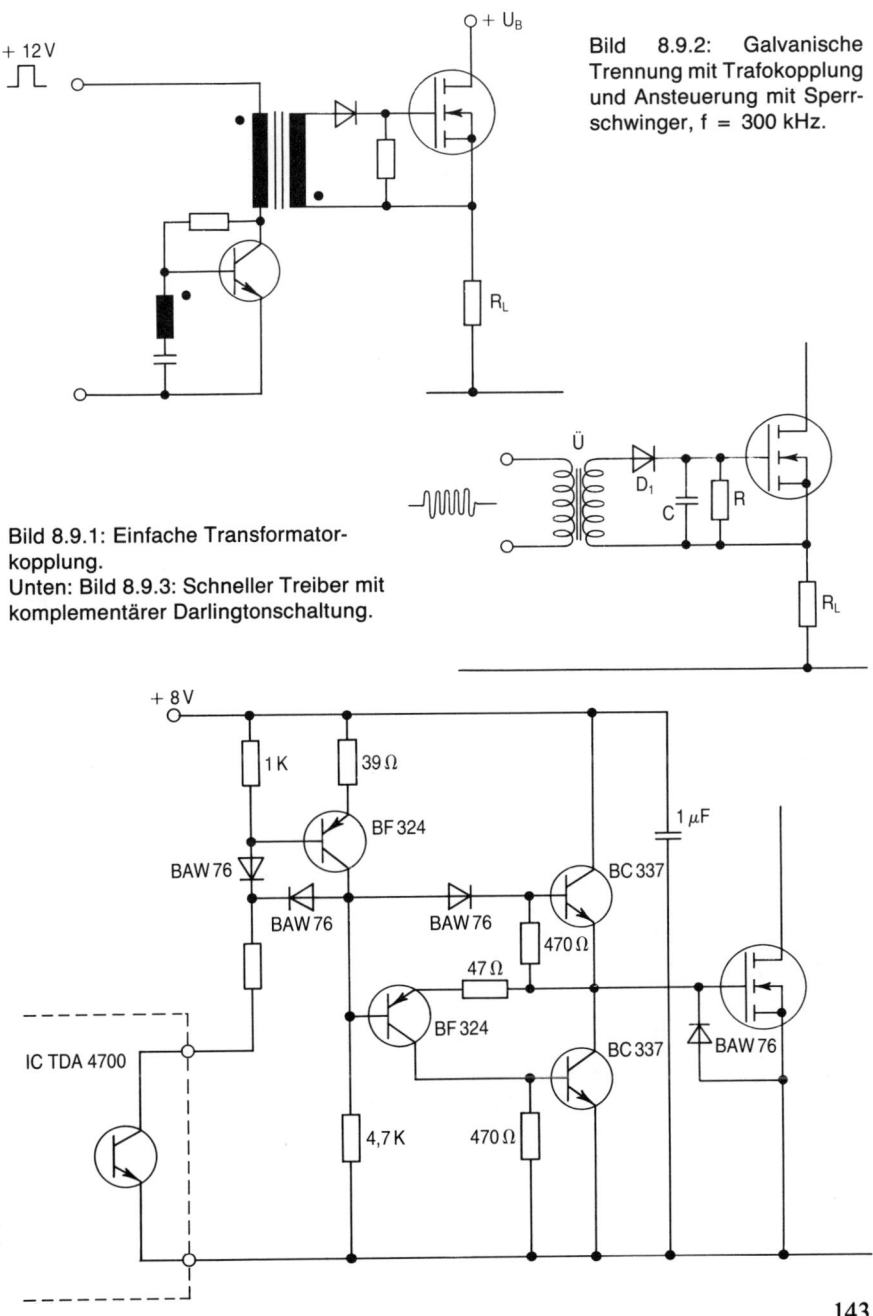

Bild 8.9.2: Galvanische Trennung mit Trafokopplung und Ansteuerung mit Sperrschwinger, f = 300 kHz.

Bild 8.9.1: Einfache Transformatorkopplung.
Unten: Bild 8.9.3: Schneller Treiber mit komplementärer Darlingtonschaltung.

143

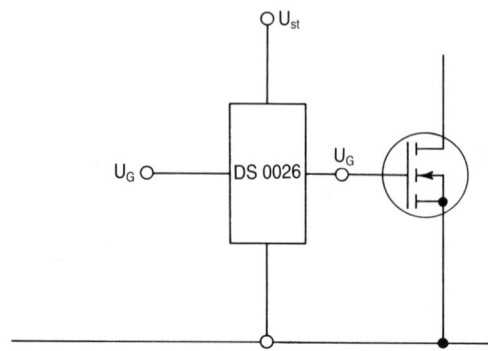

Bild 8.9.4: Verwendung eines Bustreiberbausteines als Ansteuerbaustein.

schaltungen für Leistungs-MOS-FETs, erforderlich. Als allgemeine Richtlinie gilt jedoch, daß mit einer korrekt aufgebauten und gut an die Leistungsstufe angepaßten Ansteuerschaltung viele Probleme vermieden werden können. Nach [3] bildet die in *Bild 8.9.3* gezeigte Schaltung einen schnellen Treiber mit Komplementär-Darlington-Schaltung. Eine weitere Möglichkeit ist die Verwendung eines Bausteines DS 0026 nach *Bild 8.9.4*, der Spitzenströme bis ±1,5 A liefert. *Bild 8.9.5* zeigt einige Variationen mit dem 6fach-CMOS-Treiber 4049.

Im Beispiel a) werden drei parallelgeschaltete Gatter verwendet. In einer Vollbrücke z. B. werden die verbleibenden drei Gatter für den gegenüberliegenden Brückenteil benötigt. Um die Schaltflanken steiler zu gestalten, wurden in b) fünf Gatter parallelgeschaltet und eines zum Invertieren des Steuersignals herangezogen. Zur störungsfreien Ansteuerung von drei parallelgeschalteten MOS-Leistungstransistoren werden in *Bild 8.9.5c* zur Entkopplung der drei Transistoren je zwei Gatter pro Transistor verwendet.

Bei Parallelschaltungen ist allgemein auf folgende Punkte zu achten:

— Symmetrischer Aufbau auf der Lastseite.
— Kurze Leitungsführung (kleine Induktivitäten).
— Geringste Koppelkapazitäten.
— Gegenseitige Entkopplung der Gate-Anschlüsse durch Verwendung von Entkopplungswiderständen (ca. $10-100\ \Omega$ pro Transistor) oder getrennte Ansteuerstufen.

Beachtet man diese Punkte nicht, so kann dies zu unangenehmen Schwingungen in der Stufe selbst führen, die unter Umständen zu einer Zerstörung

144

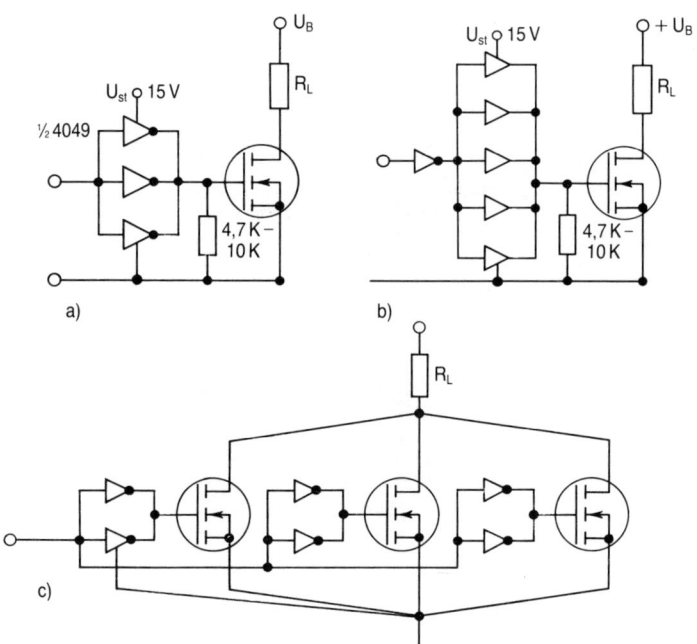

Bild 8.9.5 a-c: Unterschiedlicher Einsatz des CMOS Inverters 4049.

der Transistoren führen können. Neben diesen elektrischen Verhaltensmaß-
regeln muß auch noch die Forderung einer guten thermischen Kopplung aller
Leistungstransistoren erfüllt werden. Erst dies ermöglicht eine gleichmäßige
Aufteilung des Laststromes auf alle beteiligten Leistungstransistoren.
Eine bewährte Impuls-Ansteuerschaltung nach [4] zeigt *Bild 8.9.6*. Die
Schaltzeiten eines Leistungstransistors können mit dieser Schaltung zwischen 2 μs und einigen 100 ms eingestellt werden. Neben einem kleinen dyna-
mischen Innenwiderstand, auch bei fehlender Steuerspannung, werden hohe
Flankensteilheiten und weitgehende Störunempfindlichkeit der Gatespan-
nung erreicht. Es ist mit dieser Schaltung ein kleiner kompakter Aufbau einer „schwebenden" Ansteuerung möglich. Auf einem Übertragerkern können auch mehrere Sekundärwicklungen und damit mehrere potentialfreie
Ausgänge angebracht werden. Zunächst jedoch kurz die Funktion der in
Bild 8.9.6 gezeigten Stufe.

145

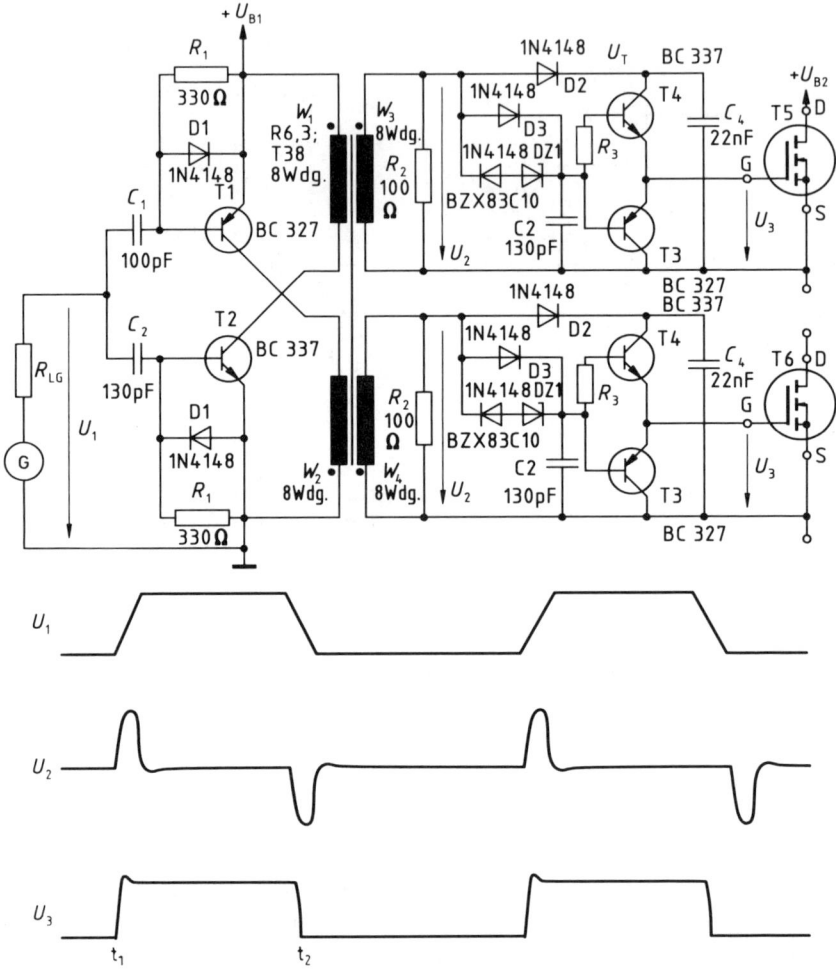

Bild 8.9.6: Impulsansteuerschaltung.

Das am Eingang liegende Signal U_1 steuert abwechselnd je nach Impulsflanke T_2 (positive Flanke zur Zeit t_1) und T_1 (negative Flanke zur Zeit t_2). Der übertragende Steuerimpuls erscheint an W3 als positiver Einschaltpuls. Es wird über D_2, C_4 geladen und gleichzeitig über D_3, T_4 eingeschaltet. Die Eingangskapazität C_G wird schnell auf U_3 aufgeladen, der Leistungstransistor

146

schaltet ein. R_2 bedämpft die negative Spannungsspitze des Einschaltimpulses. U_3 bleibt, sofern C_4 genügend Ladung hat und die fließenden Leckströme klein sind, über längere Zeit konstant. Die Schaltung „merkt" sich also mit der Ladung von C_2 den eingeschalteten Zustand. Selbst dynamische Störungen, die über den Leistungsteil eingekoppelt werden, können über T_3 abgeleitet werden. Wird ein Abschaltimpuls (U_2 negativ) zum Zeitpunkt t_3 übertragen, so lädt sich C_2 auf negative Spannung um, und T_3 wird leitend. C_G entlädt sich. Der Leistungstransistor schaltet ab.

In vielen Anwendungen müssen beide Transistoren einer Halbbrücke angesteuert werden. Die dazu notwendigen gegenphasigen Ansteuersignale entstehen durch die Wahl unterschiedlicher Polaritäten der Sekundärwindungen (siehe auch *Bild 8.9.7*). Diese Schaltung zeigt zusätzlich noch eine Variation der primärseitigen Ansteuerung. Sie bietet den Vorteil, längere

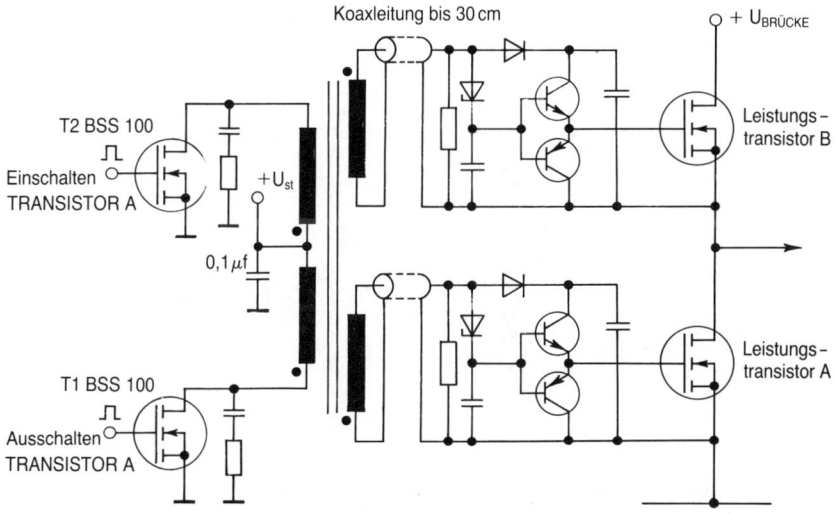

Bild 8.9.7: Ansteuerschalter mit Potentialtrennung über Impulsübertrager.

Zeit positive Gatespannung aufrechterhalten zu können. Dies geschieht einfach dadurch, daß der Einschaltimpuls an T_2 für Leistungstransistor A in Zeitabständen von z. B. 10 ms wiederholt wird. Einschalt- und Abschaltimpuls sind hier voneinander unabhängig. Abgeschaltet wird durch einen

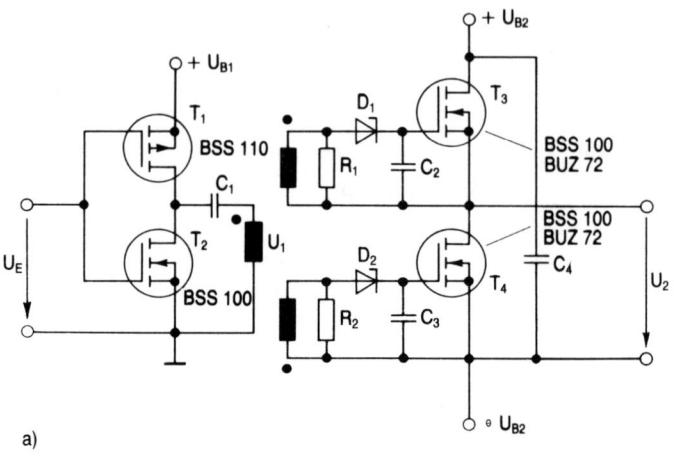

a)

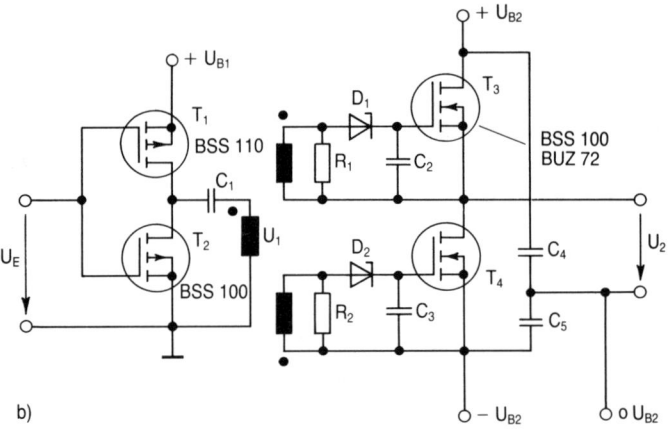

b)

Bild 8.9.8: Ansteuerschaltungen mit Hilfsspannungsversorgung;
a) mit positiver Hilfsspannung, b) mit positiver und negativer Hilfsspannung.

Impuls an T_1. Dies ist aber gleichzeitig auch der Einschaltimpuls von Leistungstransistor B. Nun wird T_1 in regelmäßigen Abständen wiederholt eingeschaltet usw.

Zwei weitere Varianten mit Hilfsspannungsversorgung zeigt *Bild 8.9.8a-b.* Die Hilfsspannung kann durch ein kleines Schaltnetzteil erzeugt werden. Im

148

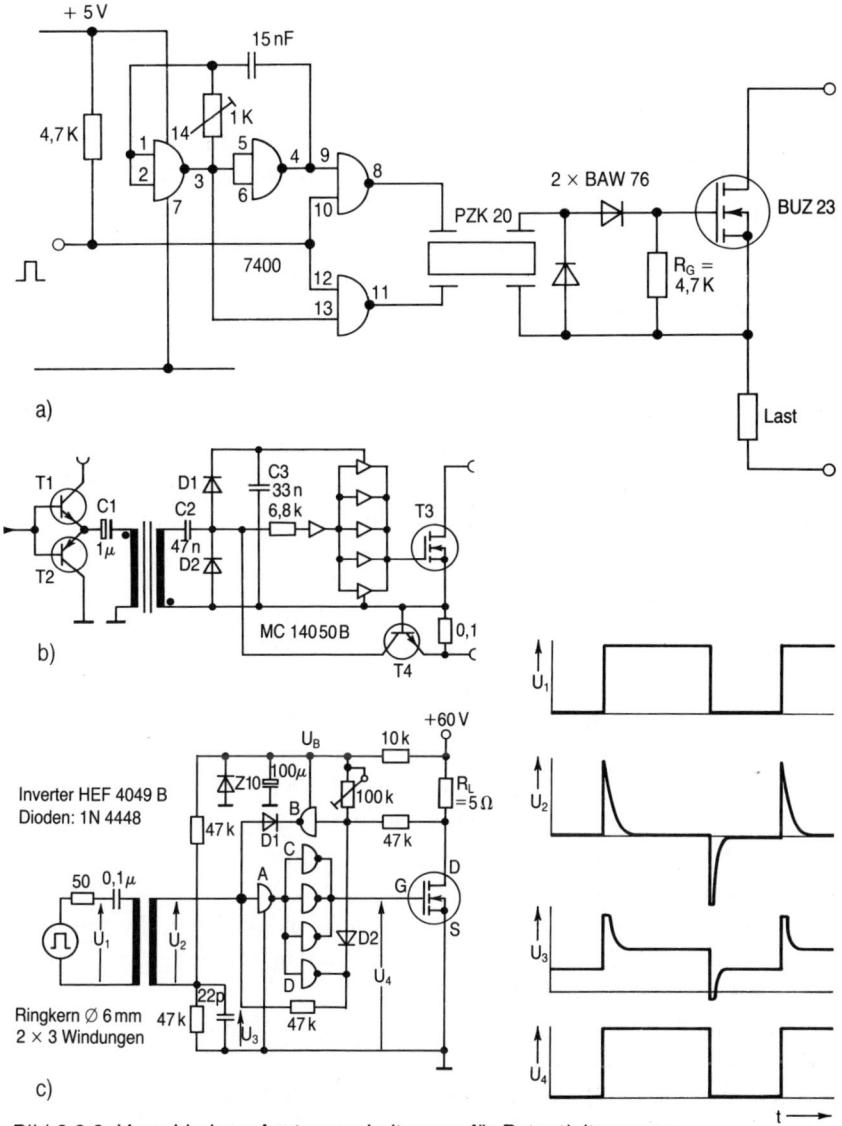

Bild 8.9.9: Verschiedene Ansteuerschaltungen für Potentialtrennung.
a) Ansteuerung und Potentialtrennung mit Piezo-Zündkoppler ($t_{ein} > 65\,\mu s$, $t_{ab} > 50\,\mu s$).
b) Ansteuerung mit Potentialtrennung und Überstromschutz über Meßshunt und T_4.
c) Ansteuerung mit Potentialtrennung und Überstromschutz durch Indikation von U_{DS} im eingeschalteten Zustand.

149

Beispiel a) wird mit MOS-FET T3 eingeschaltet und mit MOS-FET T4 abgeschaltet. *Bild 8.9.8b* zeigt eine Steuerstufe mit positiver und negativer Gate-Steuerspannung. Weitere Schaltungen mit Potentialtrennung sind in *Bild 8.9.9a-c* zu sehen.

In Schaltung 8.9.9a nach [5] fungiert ein Piezo-Zündkoppler als potential trennendes Glied zwischen Steuer- und Leistungsteil. Die Isolationsspannung beträgt 4 kV. Die Schwingfrequenz der primärseitigen Rechtecksignale beträgt ca. 90 kHz. Die Ein- und Ausschaltzeiten betragen $t_{EIN} \approx 65\,\mu s$; $t_{AUS} \approx 50\,\mu s$. Die Schaltung ist also nicht besonders schnell. Wichtig ist hier nur die Pontentialtrennung zwischen Steuer- und Lastseite.

Die nach [6] in *bild 8.9.9b* gezeigte Schaltung erlaubt die Nutzung des vollen Hubes der Sekundärspannung durch eine Spannungsverdopplerschaltung C_2, D_1, D_2, unabhängig vom Tastverhältnis. Die übertragene Energie wird in C_3 zwischengespeichert. Als Steuerstufe dient ein CMOS-Treiber. Diese Schaltung regelt jedoch Störeinflüsse nicht so gut aus, wie die in Bild 8.9.6 beschriebene. Ein Überstrom wird einfach durch Entladung von C_2 durch T_4 abgeschaltet.

Eine ähnlich arbeitende Schaltung nach [7] zeigt *Bild 8.9.9c*. Der differenzierte, positive Eingangsimpuls schaltet ein aus CMOS-Invertern gebildetes Flip-Flop (A, D) ein. Der nachgeschaltete Treiber, bestehend aus drei Invertern, steuert den Leistungs-MOS-FET.

Die Versorgung der Anordnung wird von der Lastseite her über 10 kΩ; 100 μF und Z10 erzeugt. Die Überstromabschaltung (B, D_1) verwendet den Leistungs-MOS-FET als Meßwiderstand. Tritt Überstrom auf, so wird Flip-Flop A, D über D_1 zurückgesetzt. D_2 klemmt den Eingang von B auf 0 Potential. Auf dem nebenstehenden Impulsdiagramm sind die wichtigsten Spannungsverläufe dargestellt.

Aus diesen gezeigten Beispielen wird ersichtlich, in welcher Fülle verschiedenste Varianten von Ansteuerschaltungen zur Verfügung stehen. Alle zeichnen sich durch folgende Merkmale aus:

— Sie sind klein und meist direkt an die Gate- bzw. Source-Anschlüsse des Leistungstransistors montierbar.

— Sie benötigen in den meisten Fällen keine eigene Versorgungsspannung.

— Sie sind billig und ohne viel Aufwand realisierbar.

8.10 Parallelschalten von MOS-FETs

Die Leistungs-MOS-FETs sind Zellenstrukturen, d. h. sie bestehen in sich aus oft mehr als 10 000 parallelgeschalteten kleinen Einzeltransistoren. Es ist daher naheliegend, wenn man die Parallelschaltung von MOS-FETs als problemlos ansieht. Dies unter der Voraussetzung, daß alle elektrischen Daten der parallel zu schaltenden Einzeltransistoren identisch sind und, was sehr wichtig ist, daß das Parallelschalten der Transistoren ohne Streuinduktivitäten erfolgt.

Wenn wir nur das Gleichstromverhalten im voll eingeschalteten Zustand betrachten, sind MOS-FETs gleichen Typs und mit gleicher Kühlung versehen, thermisch gut gekoppelt, ohne Bedenken parallel schaltbar. Der Einschaltwiderstand steigt mit der Temperatur an und verteilt dadurch die Belastung automatisch zwischen den Parallel-FETs. Keiner der Transitoren wird übermäßig erwärmt, und es ergibt sich ein stabiler Zustand. Der Spannungsabfall auf allen Paralleltransistoren ist gleich. Erwärmt sich ein Transistor, dann steigt sein Widerstand, und der durch ihn fließende Strom reduziert sich. Der stabile Zustand des Systems wird wieder eingestellt. Die Stromaufteilung bei den parallel geschalteten MOS-FETs ist ganz einfach: Der besser gekühlte Transistor leitet mehr Strom als der schlechter gekühlte.

Dementsprechend ist es zweckmäßig, wenn beim Aufbau für alle parallel geschalteten Teile sorgfältig auf die gleiche Wärmeabführung geachtet wird. Besonders wichtig ist dies, wenn nicht nur zwei oder drei, sondern viele (10 bis 100) Transistoren parallel arbeiten. Dann muß im ungünstigsten Fall der bestgekühlte Transistor den mehrfachen Strom des erlaubten, zulässigen Stromes führen, was zu einer Zerstörung des Transistors führen kann.

Um unnötige Probleme beim Parallelschalten zu vermeiden, sollte man nur gleiche Typen, gegebenenfalls nach der Gate-Einsatz-Spannung selektiert, parallel schalten, und alle Transistoren auf einen gemeinsamen Kühlkörper montieren. Es ist nicht ratsam, Leistungs-MOS-FETs im Kunststoffgehäuse ohne gemeinsamen Kühlköper parallel zu schalten, da der Gesamt-Wärmewiderstand von freistehenden Transistoren im Kunststoffgehäuse selten gleich ist. Selbstverständlich können beliebige Transistorarten und -typen parallel geschaltet werden, wenn nur Wert auf den Durchlaßwiderstand und gleichen R_{th} gelegt wird. Die Strombelastung sollte so klein gewählt werden, daß die Wärmeentwicklung vernachlässigbar bleibt.

Dies alles betrifft die Parallelschaltung für den eingeschalteten Zustand. Für den Schaltvorgang müssen zusätzliche Vorkehrungen getroffen werden, um eine einwandfreie Funktion zu gewährleisten.

Das erfahrungsgemäß größte Problem ist das „Schwingen" der parallel geschalteten Transistoren. Dies ist ein oszillatorartiges Schwingen des Systems, hervorgerufen durch Rückkopplung der einzelnen Transistoren über die Streuinduktivitäten. Die Schwingfrequenz liegt im allgemeinen sehr hoch, da die Streuinduktivitäten und -kapazitäten sehr klein sind und die Leistungs-MOS-FETs in den Pentodenbereichen des Kennlinienfeldes bis zu 800 MHz Grenzfrequenz haben können.

Um die Schwingungen zu vermeiden, wird empfohlen, die Parallelschaltung möglichst symmetrisch und induktivitätsarm aufzubauen. Außerdem ist es ratsam, besonders auf die Ansteuerung zu achten. Eine bewährte Möglichkeit ist, die Gate-Anschlüsse nicht direkt, sondern, wie es im *Bild 8.10.1* dargestellt ist, mit kleinen Gate-Serienwiderständen zusammenzuschalten. Die

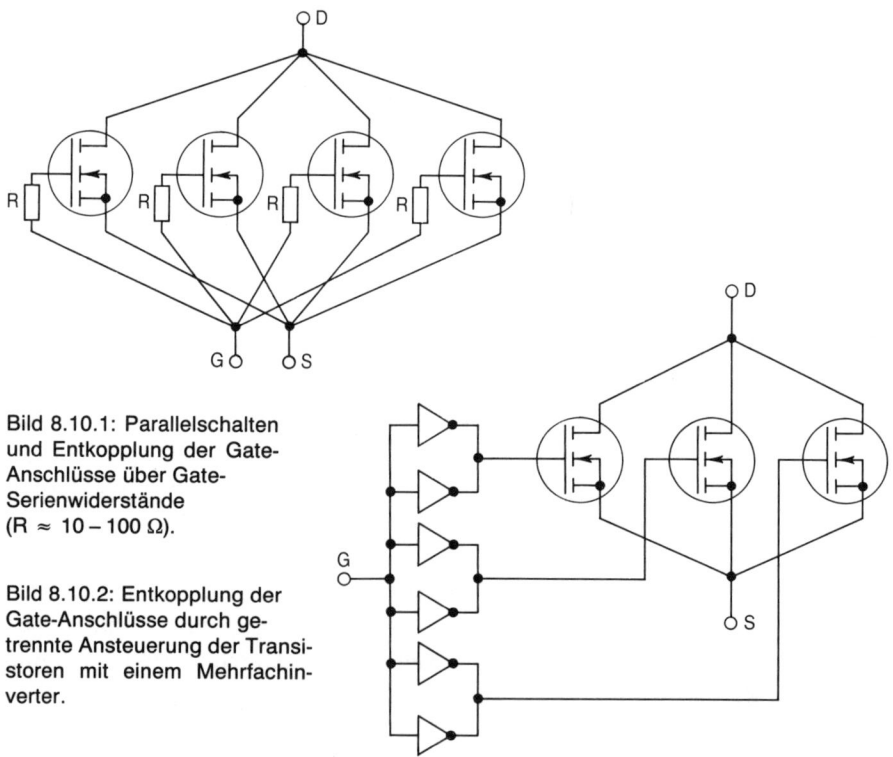

Bild 8.10.1: Parallelschalten und Entkopplung der Gate-Anschlüsse über Gate-Serienwiderstände
(R ≈ 10 – 100 Ω).

Bild 8.10.2: Entkopplung der Gate-Anschlüsse durch getrennte Ansteuerung der Transistoren mit einem Mehrfachinverter.

152

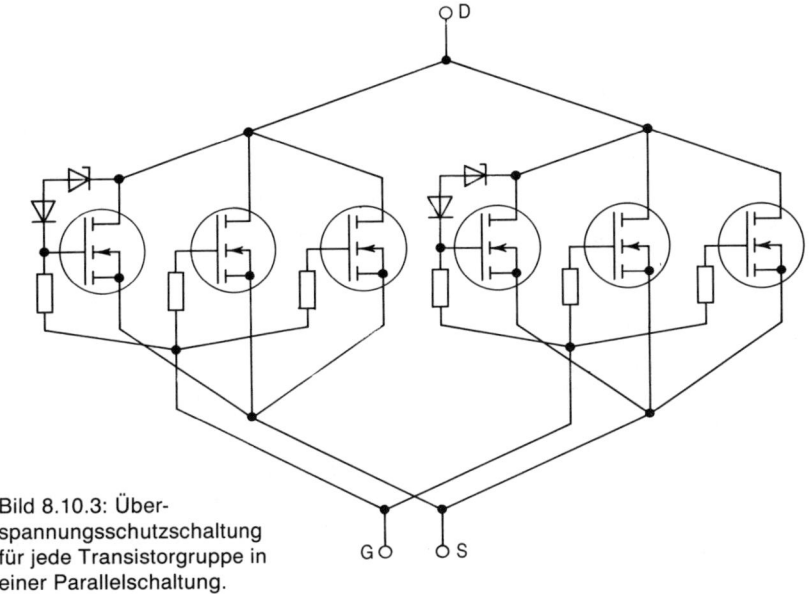

Bild 8.10.3: Über-
spannungsschutzschaltung
für jede Transistorgruppe in
einer Parallelschaltung.

Ansteuerung mit einem CMOS-Treiber mit Mehrfachausgängen kann auch
verwendet werden, um Schwingungen zu vermeiden *(Bild 8.10.2)*. Die Parallelschaltung wird meistens dann eingesetzt, wenn der zu schaltende Strom
den Bereich eines einzelnen Transistors übersteigt, also sehr groß ist, unter
Umständen mehrere hundert Ampere. Beim Schalten von hohen Strömen ist
es äußerst wichtig, auf die Überspannungsspitzen beim Abschalten zu achten. Die Schutzschaltung gegen Überspannungen ist, wie in *Bild 8.10.3* dargestellt, auf jeden Fall zu verwenden. Diese Art von Überspannungsschutz
benutzt den eigentlichen Leistungsschalter für die Vernichtung der aus den
Streuinduktivitäten beim Abschalten freigesetzten Energie. Keine andere
Schutzmaßnahme ist so wirkungsvoll und einfach. Die Schaltung wurde bereits im vorhergehenden Kapitel näher erklärt. In den gezeigten Schaltungen
wird für die Gatespannungszuführung auch ein Teil der Sourceleitung mit-
verwendet. Bei den hohen Strömen der Parallelschaltung tritt, durch die gemeinsamen Source-Serienwiderstände, eine kräftige Gegenkopplung der
Gatespannung auf. In der Praxis wird ein Parallelkreis zum Sourcekreis verwendet, der direkt an den Anschlüssen der Bauelmente beginnt und nur der
Gatespannungszuführung dient.

153

8.11 Kühlung

Wie schon im Kapitel Parallelschaltung deutlich hervorgehoben, ist es notwendig, die Leistungs-MOS-Transistoren auf möglichst gleichem „Thermischen Potential" zu halten und gut zu kühlen. Die Maximal zulässige Verlustleistung eines Transistors bestimmt sich nach (8.1) aus der Temperaturdifferenz Kristall-Gehäuse (T_j–T_c) in (°C) und dem thermischen Widerstand R_{thJC} (K/W)

$$P_{max} = \frac{T_j - T_c}{R_{thJC}} \qquad (8.1)$$

Hier wird angenommen, daß das Gehäuse des Transistors auf konstanter Temperatur liegt. In der Praxis ist das Bauelement jedoch auf einem Kühlkörper montiert.

Die Montage ergibt einen thermischen Widerstand R_{th2}. Der Kühlkörper selbst hat einen thermischen Widerstand R_{th3}. Seine Temperatur bezeichnen wir mit T_a. Die endgültige maximal zu verarbeitende Verlustleistung errechnet man:

$$P_{max} = \frac{T_j - T_a}{R_{thJC} + R_{th2} + R_{th3}} \qquad (8.2)$$

T_a steht hier für Umgebungstemperatur des Kühlkörpers. Bei gegebenen thermischen Widertänden und der Kristalltemperatur T_j bzw. der maximalen Umgebungstemperatur T_a läßt sich die maximale Verlustleistung leicht berechnen.

Dies gilt alles für den statischen Fall der Verlustleistung. Schaltet man den Transistor, so treten nur kurzzeitig thermische Belastungsspitzen auf. Diese können sich, da Silizium ein guter Wärmeleiter ist, gut in Halbleiterkristallen verteilen und abbauen. Das bedeutet aber, daß man den Halbleiter impulsmäßig teilweise höher belasten kann als statisch. Genauere Auskunft über dieses Verhalten gibt uns das Diagramm des transienten Wärmewiderstandes Z_{thJC}. Abhängig vom Tastverhältnis der Belastung, der Chipgröße, der Montage und der Gehäuseeigenschaften ergibt sich ein mehr oder weniger günstiger Wert für den R_{thJC}, eben der Z_{thJC}. Mit diesem Wert ist auch bei dynamischer Belastung zu rechnen.

$$P_{max} + \frac{T_c - T_a}{Z_{thJC} + R_{th2} + R_{th3}} \qquad (8.3)$$

154

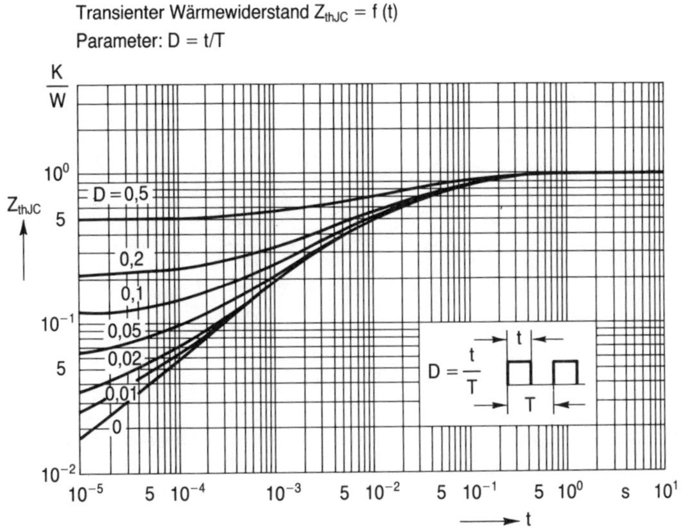

Transienter Wärmewiderstand $Z_{thJC} = f(t)$
Parameter: $D = t/T$

Bild 8.11.1 Diagramm des transienten Wärmewiderstandes Z_{thJC}.

Die entsprechenden Werte sind aus einem Diagramm, wie *Bild 8.11.1*, zu entnehmen, das von den Transistorherstellern im Datenbuch veröffentlicht wird.

8.12 Grundprinzipien für die Anwendung von Leistungs-MOS-FETs als Schalter für induktive Lasten

Bekanntlich ist die Selbstinduktionsspannung an einer Induktivität proportional zur Änderungsgeschwindigkeit des Stromes (8.4).

$$U_s = -L \cdot \frac{di}{dt} \tag{8.4}$$

Da jedes Stück Draht eine, wenn auch kleine, Induktivität darstellt, haben wir immer — auch beim Schalten von ohmschen Lasten — Induktivitäten im Spiel. Diese Feststellung wird um so wichtiger, je schneller ein Leistungsschalter einen Strompfad unterbrechen kann. Die auftretende Selbstinduktionsspannung addiert sich dann zur Batteriespannung. Man sieht, daß man mit MOS-Bauelementen sehr schnell die Grenzen erreichen kann, wo nicht

155

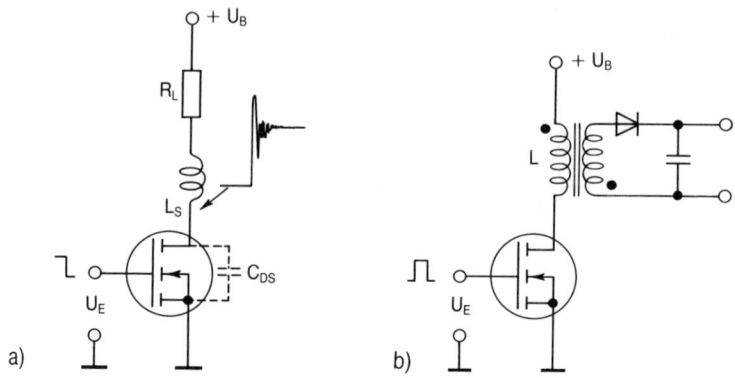

Bild 8.12.1: Schalten von Lastwiderständen: a) Auftreten von Überspannungen durch Schalten einer Ohmschen Last mit parasitären Leitungsinduktivitäten. b) Beim Sperrwandler tritt während der Schaltpausen an der Primärinduktivität eine Überspannung auf.

vernachlässigbare, induktive Anteile im Lastkreis auftreten. Aus diesem Grunde wurden die avalanchefesten Bauelemente entwickelt, die eine Belastung im Durchbruch zulassen (siehe auch Kapitel 3.12). Für das nun folgende Kapitel wollen wir zwei wichtige Kriterien unterscheiden: Einmal das Schalten von Lasten, wobei Induktivitäten nur in Form von Leitungen bzw. Leiterschleifen vorkommen (siehe *Bild 8.12.1a*); zum anderen das Schalten von Induktivitäten zum Zwecke der Energieübertragung. Bei diesen Anwendungen ist das auftreten einer Überspannung sogar erwünscht, wie dies z. B. bei einem Sperrwandler in *Bild 8.12.1b* der Fall ist.

8.13 Die Induktivität als parasitäres Bauelement

Da das Schalten von Lasten mit parasitären induktiven Anteilen fast in jeder Anwendung vorkommt, sollen nun einige wichtige Gesichtspunkte behandelt werden. Um die Größe von induktiven Spannungsspitzen zu reduzieren, kann man verschiedene Schutzschaltungen vorsehen, wie in *Bild 8.13.1a-d* gezeigt wird. In *Bild 8.13.1a* wird ein RC-Glied, auch als Snubber-Netzwerk bezeichnet, für die Dämpfung des Spannungsanstieges am Transistor verwendet. Negativ wirkt sich jedoch diese Beschaltung auf die Transistorverluste

156

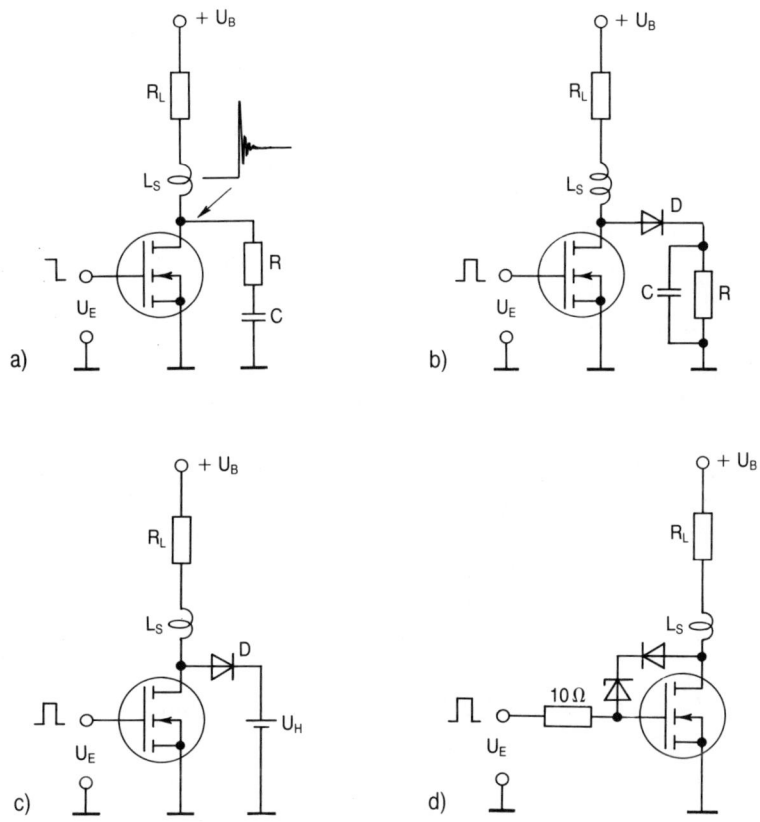

Bild 8.13.1: Verschiedene Schaltungsmaßnahmen gegen Überspannungen:
a) Bedämpfung durch Snubber-Netzwerk.
b) RC-Beschaltung ohne Erhöhung der Verluste am Leistungstransistor.
c) Drainspannungs-Klemmschaltung gegen Überspannung.
d) Überspannungsschutz mit Leistungstransistor als aktivem Schutzelement.

aus, da sich das RC-Glied in der Einschaltphase des Transistors über diesem entlädt. *Bild 8.13.1b* zeigt, wie die Transistorverluste vermindert werden können. Nachteilig sind hier zum einen die höheren Kosten, die durch die Diode verursacht werden und zum anderen die größeren Verluste in dem zum Transistor parallel liegenden Widerstand. Je nach Größe dieses Widerstandes fließt ein mehr oder weniger hoher Ruhestrom durch die Last. Eine weitere

Möglichkeit zeigt das „Klemmen" der Drainspannung mit Diode und Hilfs-spannungsquelle, wie in *Bild 8.13.1c* gezeigt wird. Die Hilfsspannungsquelle in dieser Schaltung ist jedoch meist nur mit erhöhten Kosten zu realisieren und daher unwirtschaftlich. *Bild 8.13.1d* zeigt einen Überspannungsschutz mit dem Leistungstransistor als aktivem Schutzelement. Diese Anordnung reduziert zwar die Störspannungsspitze nicht, vernichtet aber die überflüssige Energie, so daß der Schalttransistor keinen Schaden erleidet.

Betrachtet man einen Störfall: Der Lastwiderstand ist teilweise oder ganz kurzgeschlossen. Es fließen kurzzeitig — bis die Störabschaltung in Aktion tritt — hohe Drainströme, die beim Störabschalten über den Streuinduktivitäten eine beträchtliche Überspannung erzeugen. In solchen Fällen werden nur avalanchefeste Bauelemente oder die Schaltungen (Bild 8.13.1c bzw. 8.13.1d) das Bauelement schützen können.

Es soll hier nochmals auf die Schaltungsvariante in *Bild 8.13.1d* hingewiesen werden, die in Kapitel 8.2 besprochen wurde. Sie allein ermöglicht einen umfassenden Überspannungsschutz für ein Leistungsbauelement; zum einen bei periodisch auftretenden Überspannungen, wobei hier mit einer leichten Erhöhung der Transistorverlustleistung zu rechnen ist und zum anderen für den Katastrophenfall (Kurzschluß der Last) mit hohen Überspannungen. Allgemein gilt:

— Je schneller geschaltet wird und je höher die geschalteten Ströme sind, desto kritischer werden parasitäre Induktivitäten.

Daher sind die obersten Gebote für eine Schaltung mit Leistungs-MOS-FETs:

1. Überflüssige Induktivitäten möglichst vermeiden durch:
   — kurze Leitungsführung,
   — kompakten Aufbau der Schaltung.
2. Immer einen Überspannungsschutz vorsehen, und zwar für jeden MOS-FET oder jede MOS-FET-Gruppe.

8.14 Die Induktivität als Lastelement

Wird in einer Schaltung eine Induktivität als Lastelement eingesetzt (z. B. als Schütz, Magnetventil oder Motor), so wird die beim Abschalten des Stromes auftretende Überspannung durch den Durchlaß-Spannungsabfall einer Frei-

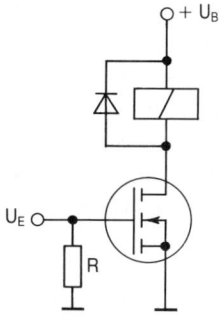

Bild 8.14.1: Beschaltung eines Relais mit einer Freilaufdiode.

Bild 8.14.2: Kurzschlußfall einer Relaisspule.

laufdiode begrenzt (siehe *Bild 8.14.1*). Es ist darauf zu achten, daß MOS-FET und Diode möglichst nahe beieinander angeordnet und mit kurzen Leitungen verbunden sind, da sich sonst über die vorhandenen Streuinduktivitäten viel zu große Überspannungen aufbauen können. Normalerweise richten diese Überspannungen keinen Schaden an, da Spannungsamplitude und Energie-Inhalt klein sind und nicht die Maximalwerte überschreiten. Doch muß oft auch für den „Katastrophenfall", z. B. bei einem Kurzschluß der Relaisspule, vorgesorgt werden. In einem solchen Fall *(Bild 8.14.2)* können sehr hohe Ströme (I_K) im Drainkreis auftreten, die auch in den Streuinduktivitäten beachtliche magnetische Energie speichern. Wird der Kurzschluß aufgehoben, so würde, wären keine Verluste vorhanden, der Strom I_K in Verbindung mit einer hohen Drain-Source-Überspannung weiterfließen. Je nach den Schaltungsgegebenheiten stellt sich eine Überspannung und ein damit verbundener Strom im Durchbruch ein. Eines ist jedoch sicher: Der Transistor kann diese nun sehr energiereiche Überspannung nicht ohne Schaden zu nehmen verarbeiten.

Will man eine Schaltung auch für diese Katastrophenfälle sicher gestalten, so empfiehlt sich, avalanchefeste Bauelemente einzusetzen oder die Überspannung-Schutzschaltung, wie sie in dem vorangehenden Kapitel beschrieben wurde (siehe auch Bild 8.2.1 bis 8.2.5). Zusätzlich kann hier in diesem speziellen Fall durch eine Reduktion der Gatespannung der Maximalstrom im Kurzschlußfall begrenzt werden.

Es ist bei dieser Maßnahme darauf zu achten, daß nicht die Schalteigenschaften oder die Verluste des Transistors negativ beeinflußt werden. Es sind Anwendungen üblich, bei denen absichtlich die Überspannungsspitzen der Induktivität nicht oder nur begrenzt abgebaut werden. Üblicherweise werden zu diesem Zweck die Sperrspannungen der Schalttransistoren entsprechend hoch gewählt, oder es werden durch Beschaltung mittels RC-Glied (siehe *Bild 8.14.3*) die induktiven Spannungsspitzen auf die gewünschten Werte begrenzt.

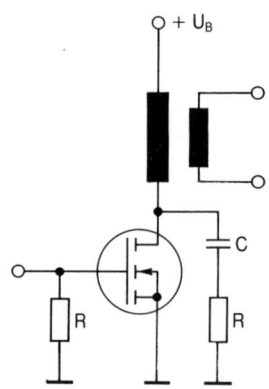 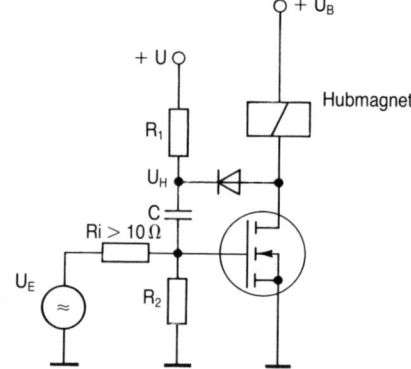

Bild 8.14.3: Begrenzung der Überspannung durch eine RC-Beschaltung.

Bild 8.14.4: Klemmen der Überspannung mit Hilfsspannung U_H und Transistor als aktivem Überspannungsschutz.

Die Möglichkeit, den Leistungs-MOS-Transistor als aktives Bauelement zum schnellen Abbau des Magnetfeldes in einem Hubmagnet zu verwenden, zeigt *Bild 8.14.4*. Hier bestimmt die Hilfsspannung U_H die maximale Drain-Source-Spannung, die auftreten darf. Höhere Spannungen werden durch den Transistor selbst begrenzt. Diese Schaltung eignet sich speziell für Spannungsbereiche (z. B. $500-1000$ V), in denen Zenerdioden zu teuer oder nicht verfügbar sind.

160

8.15 Schalten masseseitiger Lasten

Betreibt man Schaltungen mit MOS-Bauelementen von einer Batterie so ist zu beachten, daß im Störfall (Kurzschluß) bei selbstschützenden Bauelementen, wie TEMP-FET oder PRO-FET, aber auch in Schaltungen mit diskreter Lösung der Schutzfunktion bis die Regelung einsetzt, kurzzeitig hohe Ströme fließen können. Um die Störeinflüsse bei Kurzschlußabschaltung in Grenzen zu halten, sind die Lastkreise (fett gezeichnet) von den Steuerkreisen zu trennen und die Zenerdiode Z_2 an der Logik-Masse anzubringen. Wählt man den falschen Erdungspunkt so entsteht bei Kurzschluß $R_L = 0$ Ohm im Lastkreis an der Masseleitung über L_S ein Spannungsabfall der den „Massepunkt" der Logik um etliche Volt verschieben würde. Die Logik bedankt sich in diesem Fall sicher mit einigen undefinierten Impulsen. Der Erdungspunkt ist daher an *einer* Stelle durchzuführen, wie *Bild 8.15.1* zeigt. In dieser Schaltung erhält der Sourcepunkt beim Abschalten negatives Potential gegenüber Masse. Da die Spannung aus der Logik konstant bleibt, steuert der MOS-FET auf und baut die in L_S gespeicherte Energie ab.
In den bisher besprochenen Schaltungen sind die Lastwiderstände meist im Drainkreis des Leistungsschalters angeordnet. Man bezeichnet diese Anord-

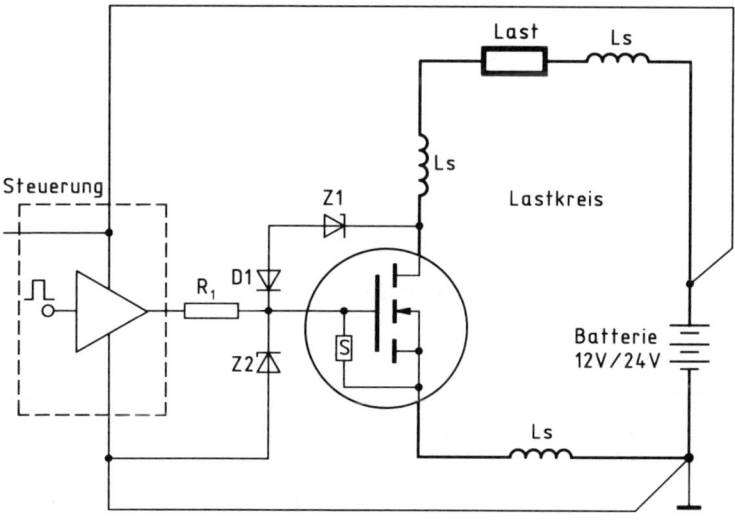

Bild 8.15.1: Richtige Erdung der Steuerlogik.

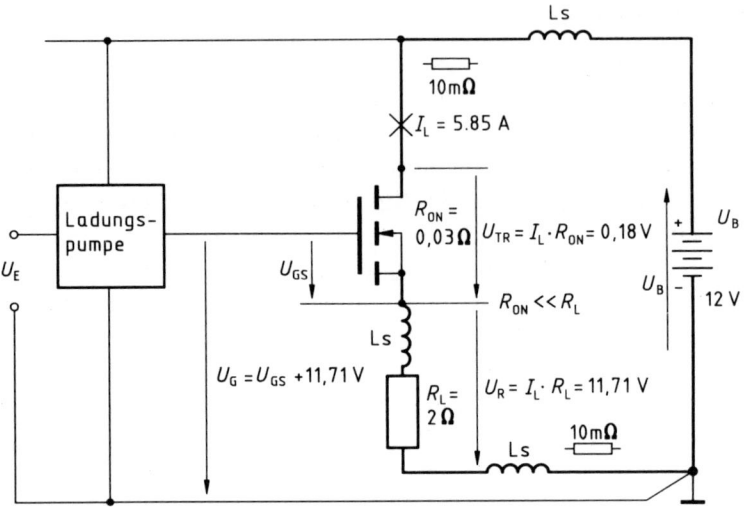

Bild 8.15.2: Spannungsaufteilung in einem Highsideschalter.

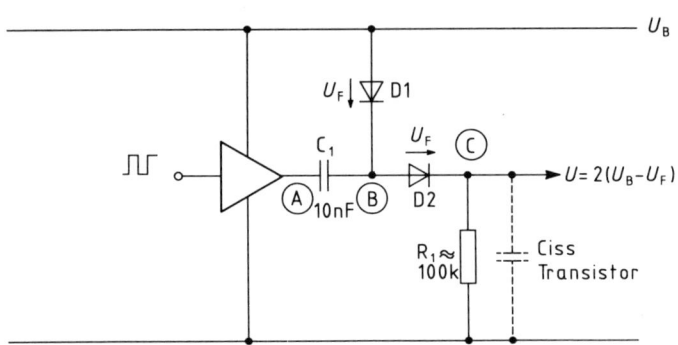

Bild 8.15.3: Grundprinzip einer Ladungspumpe.

nung als Lowside-Schalter (*Bild 8.15.4a*). In KFZ-Anwendungen sitzen die Schalter jedoch an der Batterieleitung und die Last an Masse. Diese Anordnung bezeichnet man als Highside-Schalter (*Bild 8.15.4b*). Hier ist eine Ladungspumpe notwendig, die eine Gatespannung erzeugt, die über den Wert der Batteriespannung U_B hinausgehen kann, da das Sourcepotential nahezu U_B erreicht (siehe *Bild 8.15.2*). In *Bild 8.15.3* ist das Prinzip einer Ladungs-

162

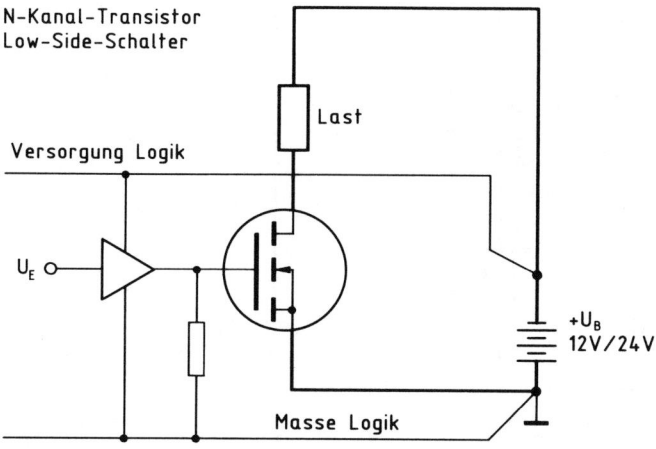

N-Kanal-Transistor
Low-Side-Schalter

Versorgung Logik

Last

U_E

Masse Logik

+U_B
12V/24V

Bild 8.15.4 a: Leistungs-MOS-FET als Lowsideschalter.

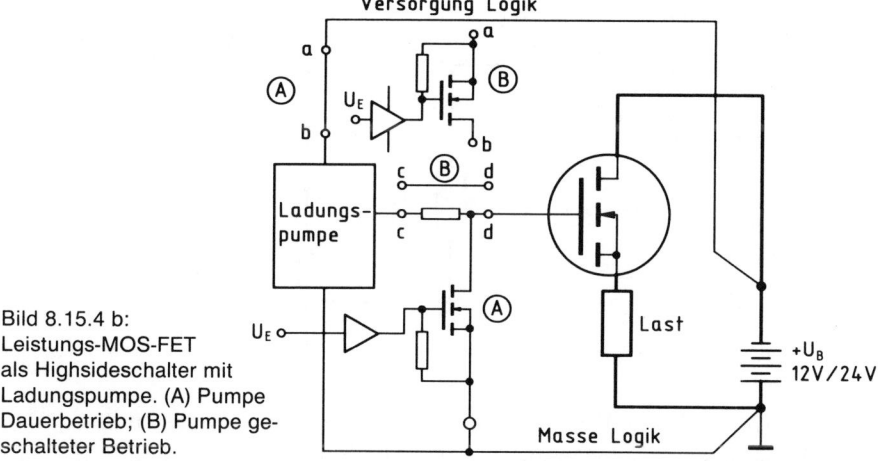

Versorgung Logik

Ⓐ

U_E

Ⓑ

a

b

c

Ⓑ

d

Ladungs-
pumpe

c

d

U_E

Ⓐ

Last

+U_B
12V/24V

Masse Logik

Bild 8.15.4 b:
Leistungs-MOS-FET
als Highsideschalter mit
Ladungspumpe. (A) Pumpe
Dauerbetrieb; (B) Pumpe ge-
schalteter Betrieb.

pumpe gezeigt. Schaltet man Punkt A) von C_1 an Masse, (C_1 lädt sich über D_1 auf $U_B - U_F$ auf) und danach auf U_B so erhält der Punkt B) das Potential $U_B + U_B - U_F$. Durch den Spannungsverlust an D_2 ist dann $U = 2 \cdot (U_B - U_F)$. Verwendet man als Schalter einen p-Kanaltransistor, so ist die Ansteuerung

163

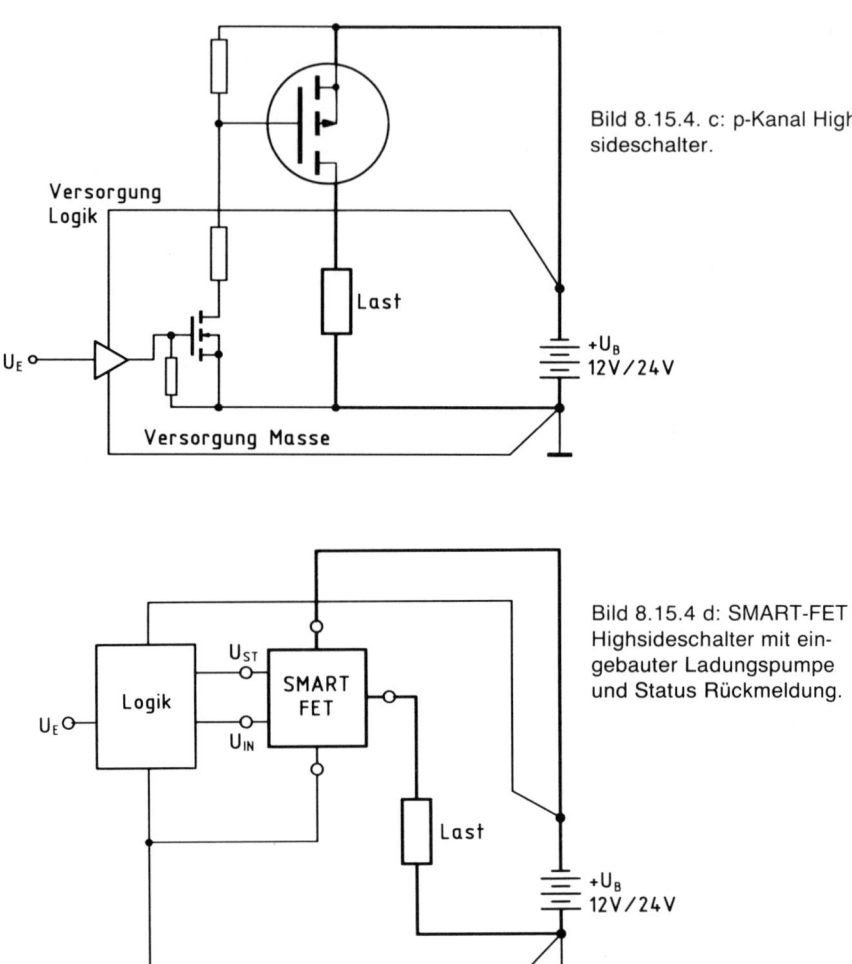

Bild 8.15.4. c: p-Kanal Highsideschalter.

Bild 8.15.4 d: SMART-FET
Highsideschalter mit ein-
gebauter Ladungspumpe
und Status Rückmeldung.

einfach (*Bild 8.15.4c*). Der Nachteil ist, man muß für den gleichen $R_{DS(on)}$ bei
einem p-Kanaltransistor dreimal so viel Siliziumfläche spendieren, und dies
ist teuer!

Die neue Generation der SMART-FETs bietet dem Anwender den Komfort
des Highside-Schalters (*Bild 8.15.4d*) mit eingebauter Ladungspumpe und
Statusrückmeldung in einem Gehäuse. Über die Eigenschaften dieses Bauelementes ist in Kapitel 7.3 berichtet worden.

Zusammenfassend nun einige Punkte, die speziell bei Anwendungen mit Batterieversorgung zu beachten sind:

a) Lastkreis und Logik trennen.

b) Lastkreis und Logik nur an einem Punkt erden.

c) Begrenzerdioden mit kleinem dynamischen Innenwiderstand auswählen.

d) Schaltungen für Batteriebetrieb auch mit Batterie und entsprechenden Leitungen erproben. (Man erlebt sonst im Feldversuch böse Überraschungen. Konstanter alleine genügt nicht!)

e) Kabellängen und Querschnitte beachten (L_S, R_D).

8.16 Drehzahlregelung für Gleichstrommotoren

Eine der Möglichkeiten, die Drehzahl eines Gleichstrommotors zu regeln, ist die Änderung des Tastverhältnisses des Motorstromes mit Hilfe eines MOS-Leistungsschalters und einer Freilaufdiode. *Bild 8.16.1* zeigt eine vereinfachte Prinzipschaltung des Schaltungsvorschlages nach [8]. Der Transistor wird periodisch leitend gesteuert und der Strom I_T lädt die Motorinduktivität. Sie dient als Energiespeicher. In den Sperrphasen des Transistors kann der Motorstrom über die Freilaufdiode als Strom I_F weiterfließen. So ergibt sich, bei ausreichend hoher Schaltfrequenz, ein kontinuierlicher Motorstrom mit

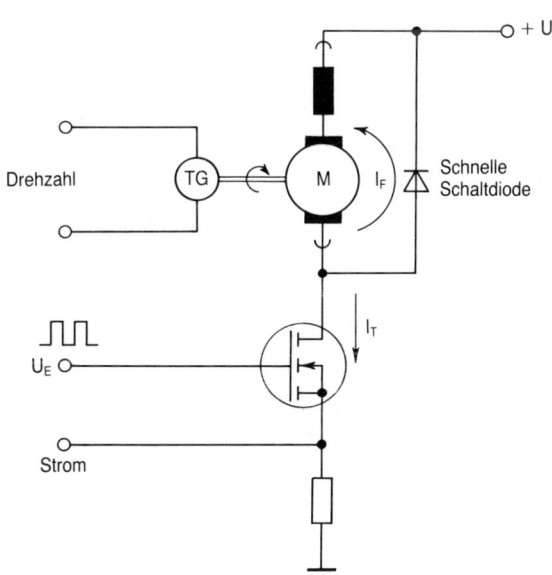

Bild 8.16.1: Steuerschaltung für einen Gleichstrommotor.

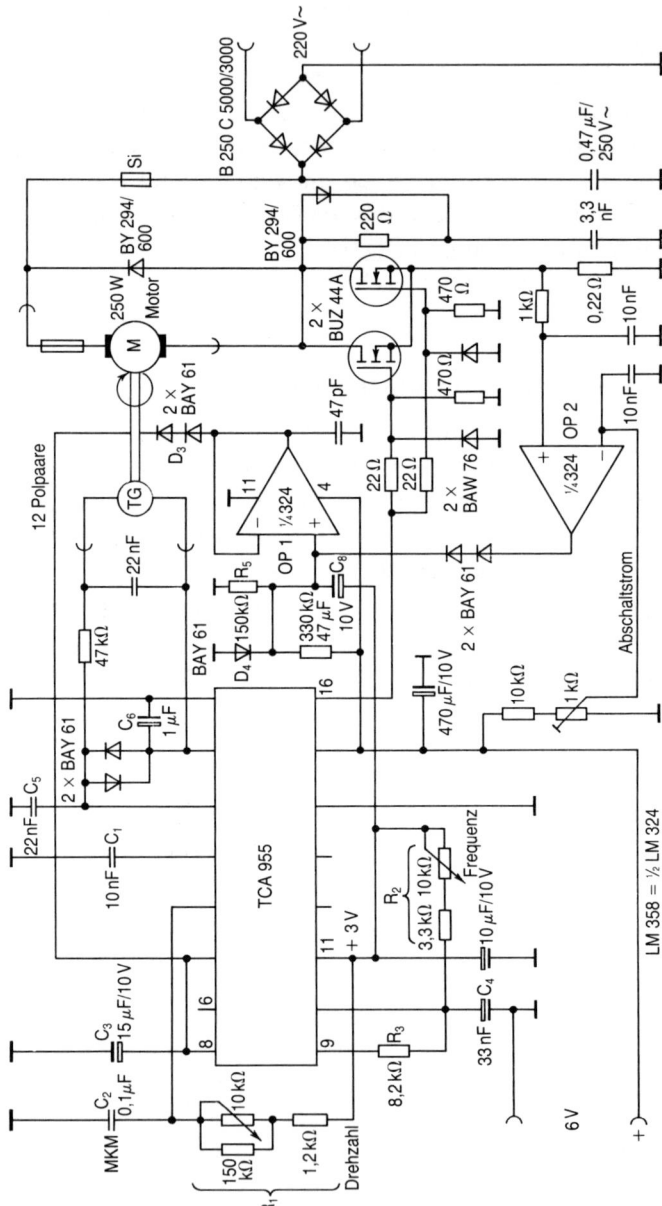

Bild 8.16.2: Schaltung einer Drehzahlsteuerung für Gleichstrommotore.

166

kleiner Welligkeit ohne hohe Stromspitzen, wie dies z. B. bei Phasenanschnittsteuerung mit einem Triac oder Thyristor der Fall wäre. Dies wirkt sich natürlich positiv auf die Lebensdauer von Kollektor und Kohlebürsten aus. Als Freilaufdiode verwendet man, um die Schaltverluste gering zu halten, eine schnelle Schaltdiode mit geringer Speicherzeit. Eine Regelelektronik (siehe *Bild 8.16.2*), aufgebaut mit dem Integrierten Schaltkreis TCA 955, verarbeitet die entsprechenden Ist-Signale für Drehzahl und Motorstrom zu einem Steuersignal für die MOS-Leistungstransistoren, die direkt von dem Integrierten Schaltkreis angesteuert werden.

8.17 Umrichterschaltung für Drehstrommotoren am Einphasennetz

Die Vorteile eines Drehstrom-Kurzschlußläufer-Motors sind sein Preis, seine geringe Störanfälligkeit und seine lange Lebensdauer. Von Nachteil ist die Notwendigkeit eines Drehstromnetzes und seine nicht steuerbare Drehzahl. Dies läßt sich aber heute unter Verwendung moderner Elektronik umgehen. *Bild 8.17.2* zeigt das Prinzip einer Umrichterschaltung für Drehstrommotoren.

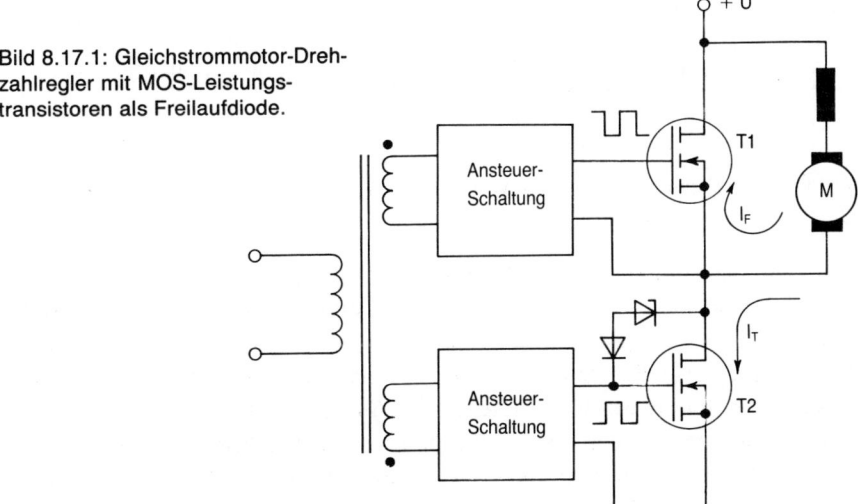

Bild 8.17.1: Gleichstrommotor-Drehzahlregler mit MOS-Leistungstransistoren als Freilaufdiode.

167

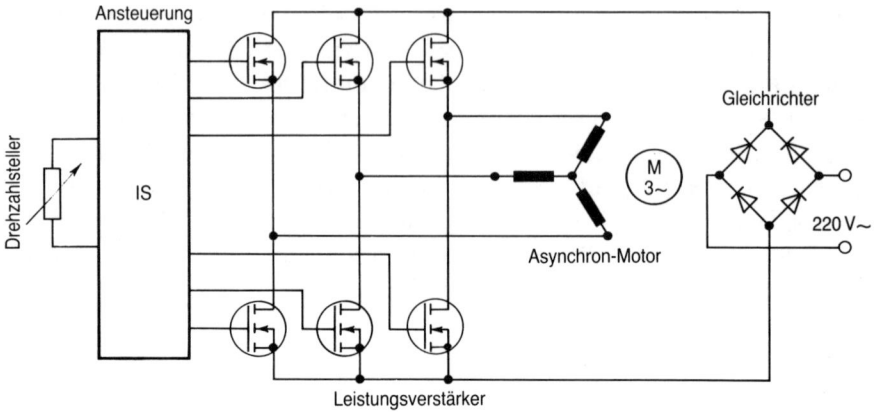

Bild 8.17.2: Umrichterschaltung für Drehstrommotore.

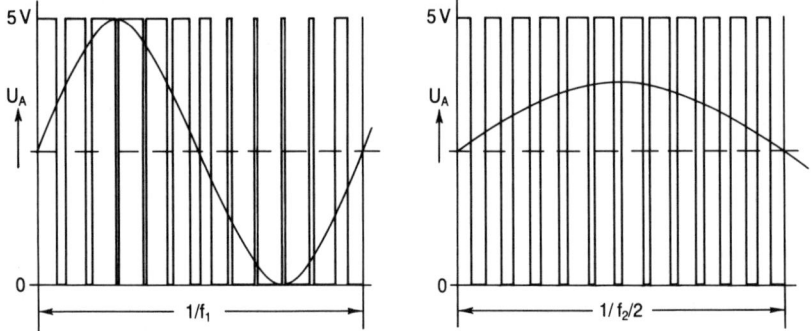

Bild 8.17.3: Beispiel für eine Sinussynthese.

Ein Microcomputer, hier mit IS bezeichnet, generiert die notwendigen Steuersignale für einen Umrichter, der die phasenverschobenen Sinusspannungen, die in Frequenz und Amplitude variiert werden können, erzeugt. Ein Beispiel, wie die Steuerimpulse des Leistungsvertärkers für eine Sinussynthese verändert werden müssen, zeigt *Bild 8.17.3*. Die maximal mögliche Amplitude und Frequenz der Sinusspannung hängt davon ab, welche angenäherte Treppenform noch akzeptiert und wie hoch die Schaltfrequenz der Steuerung und die des Leistungsumsetzers gewählt werden kann. Für diesen

168

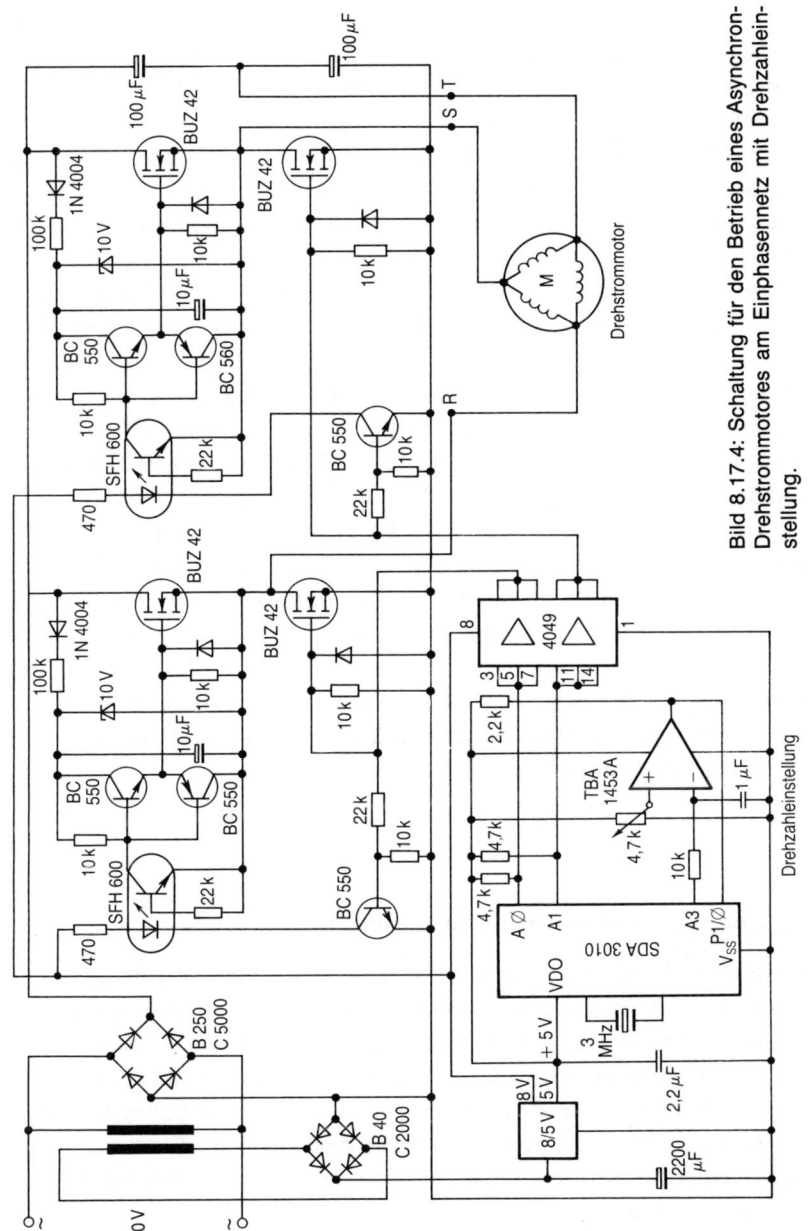

Bild 8.17.4: Schaltung für den Betrieb eines Asynchron-Drehstrommotores am Einphasennetz mit Drehzahleinstellung.

169

Einsatz werden MOS-Leistungstransistoren mit schneller Reverse-Diode als Leistungsschalter empfohlen. Die geringen Speicherladungen der Reverse-Diode machen Entlastungsnetzwerke überflüssig. Das unverzügliche Abschalten des MOS-Transistors ohne temperaturabhängige Speicherzeit macht auch das Schalten der kurzen Impulslängen, wie sie im 270°-Bereich *(Bild 8.17.3)* notwendig sind, ohne größere Probleme möglich. Die in *Bild 8.17.4* gezeigte Gesamtschaltung ist einem Sonderdruck der Firma Siemens AG entnommen [9]. Die erlangten Vorteile sind: die Möglichkeit, einen Drehstrommotor am Einphasennetz zu betreiben, seine Drehzahl zu steuern, Reverse-Betrieb, Bremsbetrieb und gezieltes Anlaufverhalten zu ermöglichen und mit geringem Aufwand den Motor überwachen zu können.

Ruckfreier Anlauf des Motors und Blockierschutz mit darauffolgendem Sanftanlauf sind Eigenschaften, die in dieser Schaltung realisiert wurden. Eine andere Variante, in der statt der Freilaufdiode ein geschalteter MOS-Leistungstransistor verwendet wird, zeigt Bild 8.17.1. Hier wird die Verwendung von Leistungstransitoren mit schneller Reverse-Diode empfohlen. Der Vorteil dieser Anordnung liegt in den geringen Verlusten, die in dem als „geschaltete Diode" arbeitenden Transistor T_1 auftreten. Die Steuersignale werden mit einer potentialfreien Ansteuerschaltung (wie in diesem Buch beschrieben) mit gegenphasig geschalteten Sekundärwicklungen auf dem gleichen Übertragerkern erzeugt. Dadurch ergeben sich automatisch die richtigen Polaritäten der Steuersignale.

8.18 Elektronisches Vorschaltgerät für Leuchtstofflampen

Bisher scheiterte der verstärkte Einsatz von elektronischen Vorschaltgeräten an den konträren Forderungen für Wirtschaftlichkeit und Zuverlässigkeit der Schaltung. Die Geräte werden mit dreifach-diffundierten Transistoren bestückt. Bipolartransistoren sind billig. Da aber die Schaltzeiten vom Kollektorstrom abhängig sind und auch großen Exemplarstreuungen unterliegen, macht dies eine Selektion der Transistoren und einen eventuellen Abgleich der Schaltung notwendig. Diese Nachteile weisen MOS-Leistungstransistoren nicht auf.

Bild 8.18.1 zeigt nach [10] das Schaltungskonzept eines Lampenvorschaltgerätes für den Lamptentyp L 50 W/21 (Osram) mit 26 mm ⌀ und einer Länge

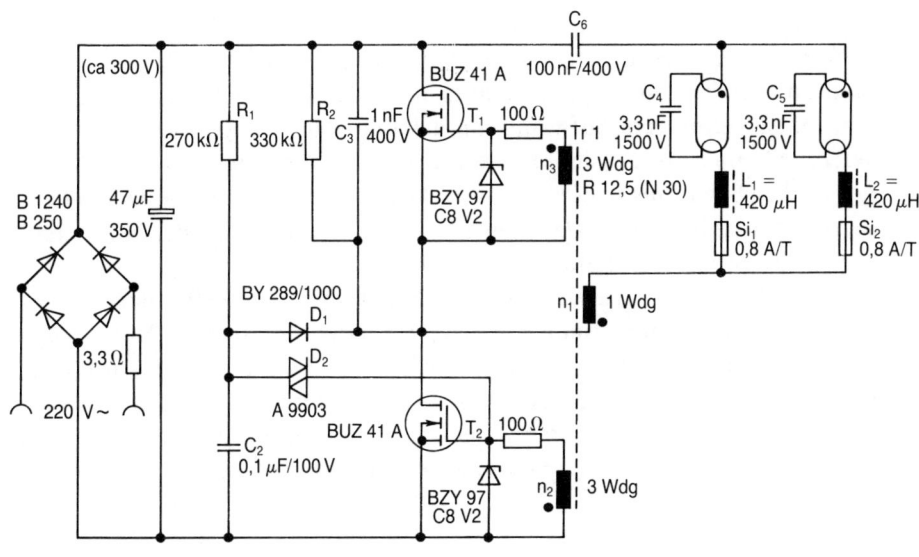

Bild 8.18.1: Schaltung eines Vorschaltgerätes für Leuchtstofflampen.

Bauteile zur Schaltung

Bauteil	Bestellnummer	
2 SIPMOS-Transistoren	BUZ 41 A	C67078-A1306-A3
1 DIAC	A 9903	C66047-Z1304-A1
1 Schneller Silizium-Gleichrichter	BY 289/1000	C66047-A1028-A13
1 Kleingleichrichtersatz	B 1240-B 250 C 1000/700	C66067-A1706-A4
1 MKT-Schichtkondensator	1 nF/400 V_	B32510-D6102-K
2 MKP-Kondensatoren	3,3 nF/1500 V_	B32650-A1332-J
1 MKT-Schichtkondensator	0,1 μF/100 V_	B32510-D1104-K
1 MKT-Schichtkondensator	0,1 μF/400 V_	B32512-D6104-K
1 SIFERRIT-Ringkern	R 12,5 (N 30)	B64290-K44-X830
1 CC-26-Kern	(N 27)	B66442-A3000-X027
1 Abdeckscheibe		B66442-J0000-X027
1 Spulenkörper		B66442-B1001-T001

Wickelvorschrift für Drosseln L_1 und L_2 zur Schaltung

Kern: CC 26 mit A_L = 90 nH

n: 68 Wdg. 30 × 0,1 CuLS

L: 420 μH

von 1,5 m. Es werden MOS-Leitungstransistoren als Schalter eingesetzt. Aufgrund ihrer hohen Schaltgeschwindigkeit liegen die Schaltverluste niedrig, und die Betriebsfrequenz konnte auf 120 kHz erhöht werden. Dies ergibt einen geringeren Aufwand für die Funkentstörung. Außerdem sind Wickelteile und Kondensatoren kleiner und leichter. Der Wirkungsgrad einer solchen Schaltung liegt mit nahezu 94 % schon sehr günstig. Durch Umdimensionierung einiger Bauelemente läßt sich mit dem gleichen Schaltungskonzept nur eine Lampe betreiben.

Bild 8.18.2 zeigt das Grundkonzept der Schaltung, eine Halbbrücke. Tr_1 ist ein Stromwandler im Sättigungsbetrieb, der verhindert, daß die Transistoren T_1 und T_2 gleichzeitig angesteuert werden. Es kann daher nie ein großer Querstrom durch beide Transistoren zustande kommen. Im Fall des Anschwingens wirken als Last der Serien-Resonanzkreis C_4, L_1 und im Betrieb die Serienschaltung der gezündeten Leuchtstoffröhre mit ca. 113 V(U_{eff}) Brennspannung und L_1.

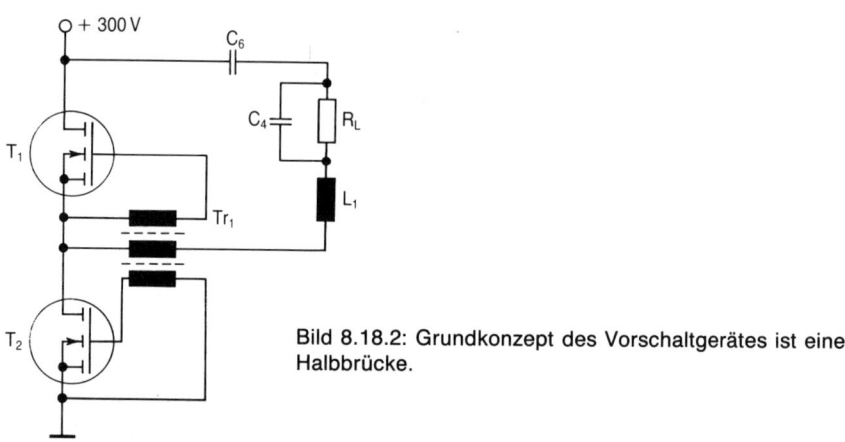

Bild 8.18.2: Grundkonzept des Vorschaltgerätes ist eine Halbbrücke.

Im Fall des Anlaufens der Schaltung (Bild 8.18.1) ergeben R_1, C_2 und Diac D_2 einen Sägezahngenerator, der periodisch T_2 aufsteuert. Es kommt zu kurzzeitigen Stromimpulsen für folgenden Weg: C_6 und z. B. Lampenzweig 1 (Heizwendel, C_4, Heizwendel, L_1, Si_1) n_1 von Tr_2, T_2. Bei genügend hoher Gatespannung ($U_g > U_{th}$) an n_2 bzw. n_3 setzt schlagartig durch Rückkopplung die Eigenschwingung mit ca. 150 kHz ein. Der Startgenerator wird über D_1 stillgelegt. Die Serienschwingkreise bestehen aus C_4, L_1 bzw. C_5, L_2. Über den Kondensatoren C_4, C_5 kann sich eine Spannung von nahezu 2000 V aufbauen. Dies genügt, die Leuchtstoffröhre zu zünden. (Es werden Zündspannungen benötigt, die mit Vorheizung der Wendel ca. 1500−1600 V (U_{ss}) und ohne Vorheizung ca. 2000 V (U_{ss}) betragen.) Die Spannung über der Röhre bricht auf die Brennspannung von ca. 113 V (U_{eff}) zusammen, die Schwingfrequenz beträgt 120 kHz. L_1 bzw. L_2 begrenzen den Lampenstrom auf ca. 0,45 A (I_{eff}) pro Lampe. Bei Ausfall einer Lampe — die Sicherung hat angesprochen — wird der Betrieb der anderen Lampe nicht beeinträchtigt. Sind beide Lampen ausgefallen, so steuert der Sägezahngenerator den Transistor T_2 an, der als Last jedoch nur C_3, R_2 bzw. D_1, R_1 vorfindet. Der Vorgang wiederholt sich mit 625 Hz. Sobald ein Lampenkreis wieder funktionstüchtig ist, kehrt die Schaltung in den Normalbetrieb zurück.

8.19 Netzgeräte mit MOS-Leistungstransistoren

Lagen früher die Schaltfrequenzen der getakteten Netzgeräte bei einigen 10 kHz, so verschob sich in den letzten Jahren, dank der Entwicklung schneller MOS-Leistungsschalter, diese Grenze in den Bereich zwischen 100 und 300 kHz.

Damit verbunden ist auch die Entwicklung von neuen, leistungsfähigeren Ferrit-Materialien für Induktivitäten und Übertrager. Außerdem von schaltfesten und induktionsarmen, für diese Frequenzbereiche geeigneten Kondensatoren, sowie von schnellen Leistungsdioden. Alle die soeben geschilderten Fakten und die Maximalspannungen der Transistoren bis zu 1000 V lassen einen verstärkten Trend zur Entwicklung von neuartigen Schaltnetzgeräten erkennen. Ihre Voteile sind Volumen und Gewichtsersparnis gegenüber der herkömmlichen Technik und ein sehr guter Wirkungsgrad.

Es werden hier nur die wesentlichsten Unterschiede der Hauptwandlertypen besprochen. Genauere Informationen über Grundlagen, Arbeitsweise und Aufbau von Schaltnetzgeräten sind der Spezialliteratur, wie z. B. [11] bzw. [12], zu entnehmen.

Prinzipiell kann man zwei Arten von getakteten Wandlern unterscheiden: Den Sperrwandler und den Durchflußwandler.

Beim Sperrwandler (siehe *Bild 8.19.1*) wird die zu übertagende Energie während der Schaltphase von T_1 im Magnetfeld des Übertragers zwischengespei-

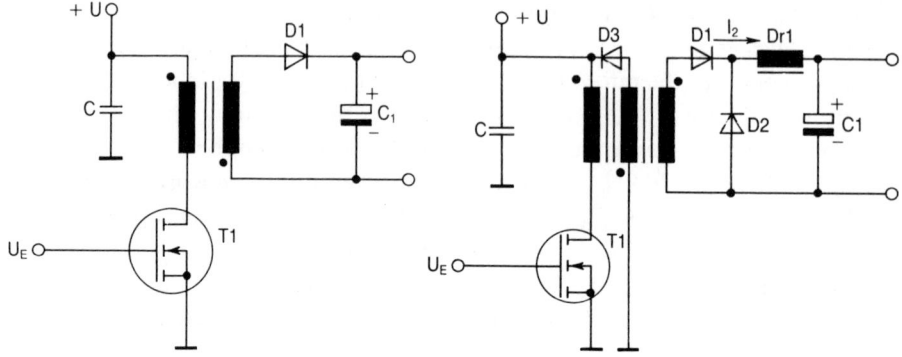

Bild 8.19.1: Prinzipschaltung eines Sperrwandlers.

Bild 8.19.2: Prinzipschaltung eines Durchflußwandlers.

chert. In der Sperrphase des Leistungsschalters T_1 wird, durch Umpolen der Sekundärspannung, der Kondensator C_1 über D_1 aufgeladen. C_1 wirkt für die Sekundärspannung amplitudenbegrenzend. Dies ist unbedingt notwendig, da sonst die Spannung am Übertrager auf unzulässig hohe Werte anwachsen würde. Für diesen Wandlertyp ist ein Kern mit großem Querschnitt und Luftspalt erforderlich. Der Schalttransistor muß die doppelte Batteriespannung, d. h. 2 U sperren können.

Im anderen Wandlertyp, dem Durchflußwandler *(Bild 8.19.2)*, sind Primär- und Sekundärwicklung direkt durch das Magentfeld miteinander verkoppelt. In der Primärwicklung fließt neben dem Magnetisierungsstrom auch der Laststrom. Es lassen sich daher mit diesem Wandler sehr hohe Leistungen übertagen. Die sekundärseitig angeordnete Drossel Dr_1 ist unbedingt zur Begrenzung des Sekundärstromes I_2 notwendig, da dieser sonst beliebig anwachsen würde. Die Zusatzwicklung, die gut an die Primärwicklung ange-

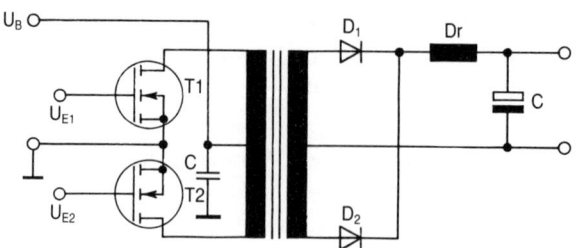

Bild 8.19.3: Prinzipschaltung eines Gegentakt-Durchfluß-wandlers.

174

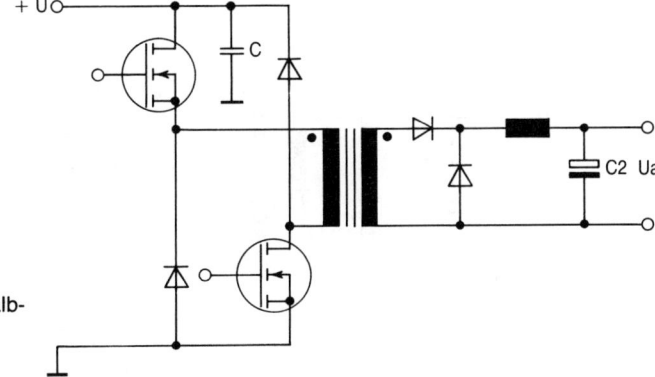

Bild 8.19.4:
Asymmetrischer Halb-
brücken-Durchfluß-
wandler.

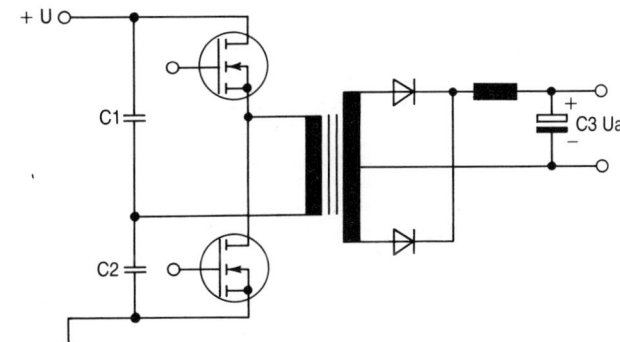

Bild 8.19.5:
Symmetrischer Voll-
brücken-Durchfluß
wandler.

koppelt sein muß, ermöglicht, zusammen mit Diode D_3, die Entmagnetisierung des Kernes während der Sperrpahse von T_1. Das maximal in der Praxis
mögliche Tastverhältnis beträgt daher 0,5. In einer Variante, dem Gegentakt-
durchflußwandler *(Bild 8.19.3)*, erfolgt die Entmagnetisierung automatisch
durch die wechselseitigen Schaltphasen. Neben diesen eben genannten
Durchflußwandlern sind noch der asymmetrische Halbbrücken- *(Bild
8.19.4)*, der symmetrische Halbrücken- *(Bild 8.19.5)* und der Vollbrücken-
durchflußwandler *(Bild 8.19.6)* zu nennen.
Die nun folgenden Wandlertypen weisen zwar keine galvanische Trennung
zwischen Eingangs- und Ausgangsspannung auf, sind aber häufig anzutref-
fen. Es zählen dazu der Tiefsetzsteller oder Buck-Converter *(Bild 8.19.7)*, der

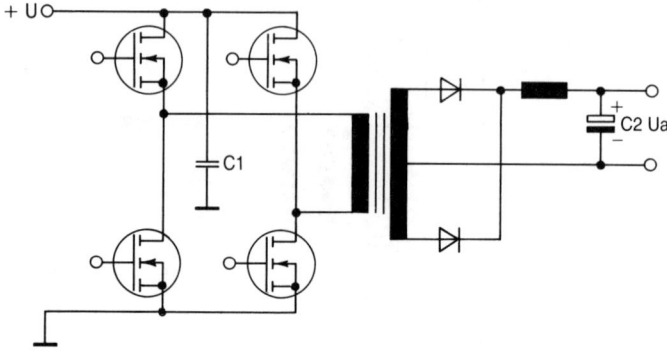

Bild 8.19.6: Vollbrücken-Durchflußwandler.

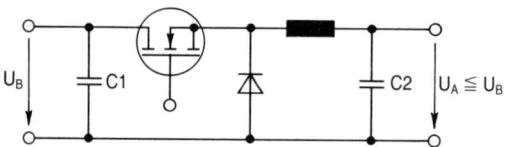

Bild 8.19.7: Tiefsetzsteller oder Buck-Converter.

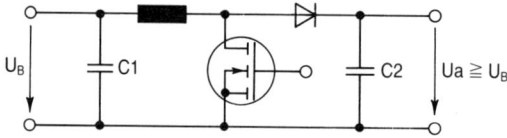

Bild 8.19.8: Hochsetzsteller oder Boost-Converter

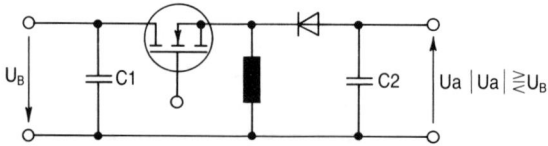

Bild 8.19.9: Hoch-Tiefsetzsteller oder Buck-Boost-Converter.

176

Leistung (W)	1–10	10–100	100–300	300–1000	1000–3000	> 3000
Eintakt-Sperrwandler	X	X	X			
Eintakt-Durchflußwandler		X	X			
Halbbrücken-Wandler			X	X		
Vollbrücken-Wandler			X	X	X	
Gegentakt-Wandler			X	X	X	X

Bild 8.19.10: Zuordnung Wandlertyp und übertragbare Leistung.

Hochsetzsteller oder Boost-Converter *(Bild 8.19.8)* und der Hoch-Tiefsetzsteller oder Buck-Boost-Converter *(Bild 8.19.9)*.
Bild 8.19.10 zeigt eine Übersicht, welche Wandlerart für die Übertragung einer bestimmten Leistung benötigt wird.

8.20 Schaltnetzteil 200 V ∼– 5 V/20 A mit Leistungs-MOS-Transistoren

Die in *Bild 8.20.1* dargestellte Schaltung zeigt ein Schaltnetzteil nach dem Eintaktflußwandlerprinzip. Die Schaltung ist bestückt mit dem Schaltnetzteil Steuer IC TDA 4718, dem SIPMOS-FET BUZ 80 als Leistungsschalter und der Schottky-Doppeldiode BYS 28 als Ausgangsgleichrichter. Neue passive Bauelemente, wie Schaltnetzteil-Elko und Ferrit-Ausgangstrafo, sowie ein integrierter Funkentstörfilter, ermöglichen einen kompakten Aufbau. Die nun folgende Schaltungsbeschreibung wurde den Siemens Schaltbeispielen entnommen.

Leistungsteil

Primärkreis: Nach dem Funkentstörfilter lädt die Eingangswechselspannung $U_i = 220$ V, gleichgerichtet durch den Brückengleichrichter, die Siebelkos $2 \times 200\,\mu$F, deren Spannung vom SIPMOS-FET BUZ 80 an die Primär-

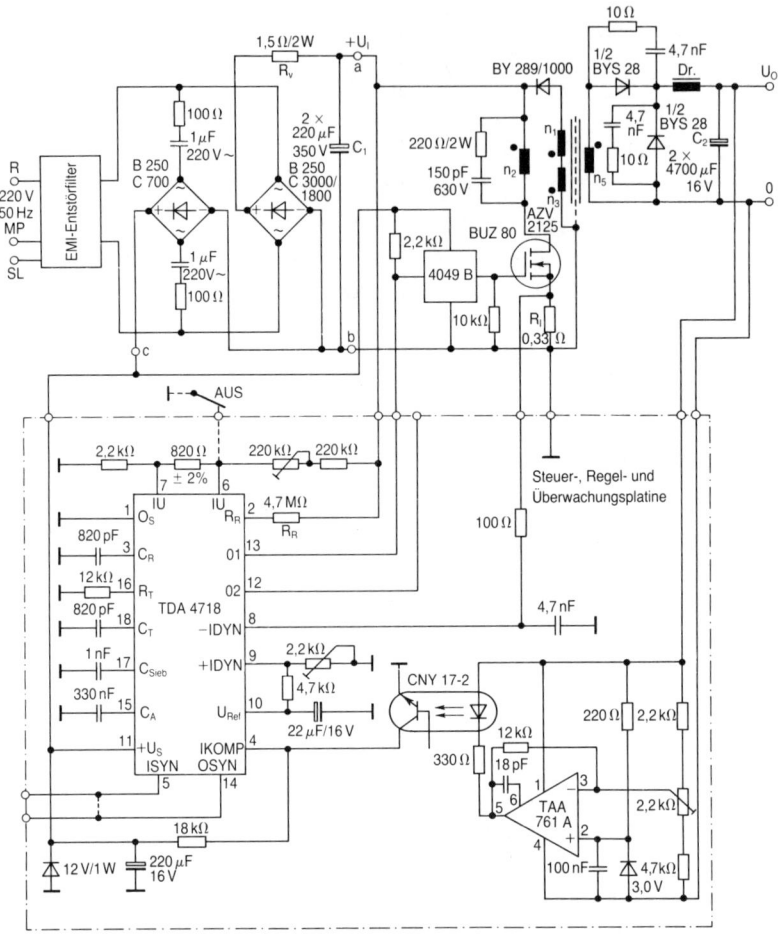

Bild 8.20.1: Schaltung eines Eintakt-Schaltnetzteiles 220 V – 5 /20 A/50 kHz.

wicklung n_2 des Transformators gelegt wird. Der, bzw. die Ladekondensator(en) ($2 \times 220\,\mu\text{F}$) sind überdimensioniert, um Netzspannungsausfälle über $2-3$ Halbperioden zu überbrücken. Wird nicht die volle Stromentnahme benötigt, kann der Elko entsprechend kleiner gewählt werden.

Das Ansteuerverhältnis des BUZ 80 wird von der SNT-Steuer-IS TDA 4718 A eingestellt. Da zur Ansteuerung des BUZ 80 nur ein Ausgang benützt wird,

178

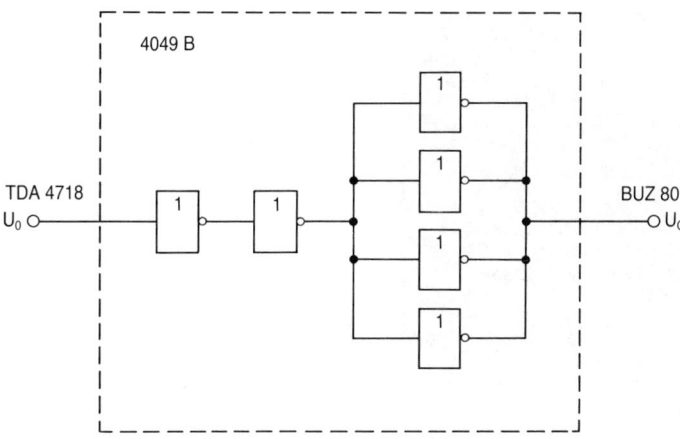

Bild 8.20.2: Treiberschaltung für SIPMOS-Transistor BUZ 80.

ist das Tastverhältnis auf $< 50\,\%$ begrenzt. Damit ist sichergestellt, daß sich der Trafokern in der Impulspause über die Wicklung n_1 und n_3 völlig entmagnetisiert, wobei die magnetische Energie zur Verbesserung des Wirkungsgrades mit einer schnellen Schaltdiode BY 289 auf die Siebelkos zurückgespeist wird. Die Wicklungen n_1 und n_3 haben zusammen die gleiche Windungszahl wie n_2.

Das Impulsdiagramm, Bild 8.20.3, zeigt die Spannungs- und Stromverläufe am Treiber und am SIPMOS-Transistor. Während der Leitdauer des Transistors ist $U_{DS} \approx 8,5\,V$ ($R_{on\ 100^\circ C} \leqq 6,5\,\Omega$). Beim Abschalten des Drain-Stromes steigt U_{DS} rapide an und erreicht, bedingt durch die Streuinduktivität von Tr und die Schaltzeit der Rückschlagdiode, innerhalb von 600 ns ihren Höchstwert von ca. 700 V ($U_i = 220\,V$, $I_Q = 20\,A$). Nachdem sich die Streuinduktivität entladen hat, fällt U_{DS} auf den doppelten Wert der Eingangsgleichspannung $2 \cdot U_T \sim 600\,V$ ab, da die Spannung der Entmagnetisierungswicklung sich nun zur Eingangsspannung addiert. Die Entmagnetisierungsphase dauert so lange wie die Leitphase. Danach fällt U_{DS} auf den Wert der Eingangsgleichspannung $U_i \approx 300\,V$ ab.

Sekundärkreis: Die Spannungsimpulse der Sekundärwicklung n_5 werden von einer Schottky-Doppeldiode BYS 28 verlustarm gleichgerichtet und vom Ausgangsfilter, bestehend aus der Speicherdrossel Dr und den beiden 4700 μF-Elkos geglättet. Die Schottky-Dioden sind mit einem RC-Glied be-

179

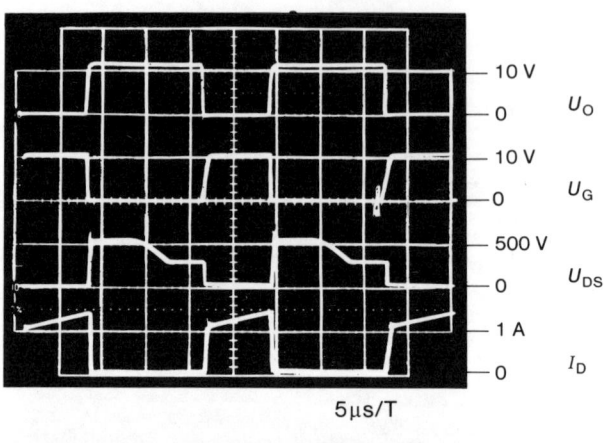

10 V
0   U_O
10 V
0   U_G
500 V
0   U_{DS}
1 A
0   I_D

5 µs/T

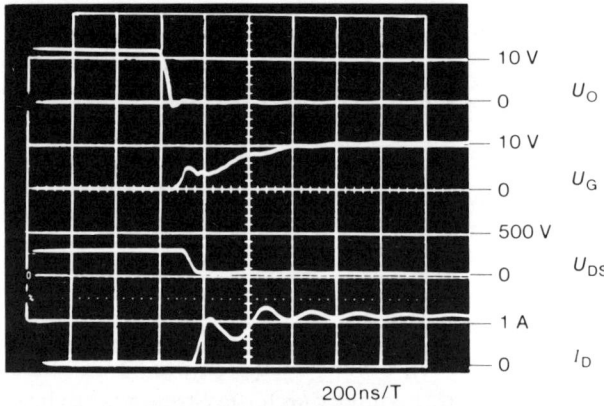

10 V
0   U_O
10 V
0   U_G
500 V
0   U_{DS}
1 A
0   I_D

200 ns/T

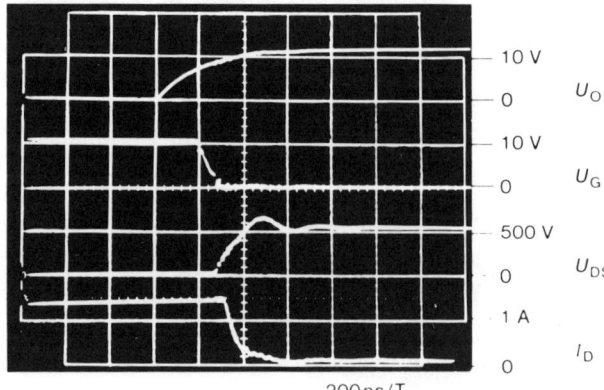

10 V
0   U_O
10 V
0   U_G
500 V
0   U_{DS}
1 A
0   I_D

200 ns/T

Bild 8.20.3:
Impulsdiagramm

180

schaltet, um hochfrequente Schwingungen im Strom-Übernahmebereich zu dämpfen, da die Streuinduktivität des Trafos und die Sperrschichtkapazität der Schottky-Dioden einen Schwingkreis bilden.

Zwischen Primär- und Sekundärseite des Transformators dämpft die Schirmwicklung n_4 aus Cu-Folie das störende kapazitive Übersprechen auf die Sekundärseite.

SIPMOS-Schaltverhalten: Der BUZ 80 wird mit 50 kHz getaktet. Seine Ansteuerung erfolgt mit dem CMOS-Treiberbaustein 4049B. *Bild 8.20.2* zeigt die dynamisch günstige Zusammenschaltung der 6 invertierenden Treiber. Die Fotos *(Bild 8.20.3)* illustrieren das Schaltverhalten des SIPMOS-FET. Die Dauer der Schaltflanken beträgt zum Einschalten 50 ns und beim Ausschalten ca. 150 ns.

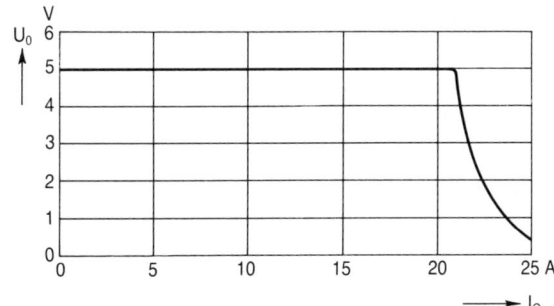

Bild 8.20.4: Ausgangsspannung in Abhängigkeit vom Ausgangsstrom.

Eine Schutzbeschaltung des SIPMOS-Transistors gegen hohe Impulsleistungsbelastung während der Umschaltflanken entfällt, da SIPMOS-Transistoren keinen zweiten Durchbruch aufweisen. Zur Dämpfung der von der Streuinduktivität verursachten Rückschlagspannung ist eine RC-Beschaltung der Primärwicklung des Trafos erforderlich. Dabei ist ein impulsfester 630-V-Polypropylen-Kondensator vorgesehen. Die Stromspitze beim Einschalten des SIPMOS-Transistors wird durch die Wickelkapazität der Trafo-Primärwicklung und das RC-Glied verursacht.

Steuer-, Regel- und Überwachungsschaltung

Die Erzeugung und Synchronisation der Schaltfrequenz, die Pulsdauermodulation und diverse Überwachungs- und Schutzfunktionen werden von der IS TDA 4718 A übernommen. Ihre Spannungsversorgung wird verlustarm durch Gleichrichtung der Netzspannung und Z-Dioden-Stabilisierung mit kapazitivem Vorwiderstand gewonnen. Die IS verfügt über folgende Schutzfunktionen:

— Kurzschlußsichere Referenzspannung
— Weicher Anlauf
— Doppelimpuls-Unterdrückung.

An Grenzüberwachungsfunktionen sind vorhanden:

— Dynamische Strombegrenzung
— Über/Unterspannungsüberwachung
— Versorgungsunterspannungsüberwachung.

Der Baustein sperrt die beiden Schaltausgänge 01/02 beim Überschreiten eines jeden überwachten Grenzwertes. Nach Abbau der Grenzüberschreitung nimmt der Baustein mit weichem Anlauf den Betrieb wieder auf. Ausnahme ist die dynamische Strombegrenzung, die keinen weichen Anlauf verursacht.

Synchronisation der Schaltfrequenz: Die Kombination R_T/C_T legt die Schaltfrequenz fest (50 kHz). Am Eingang 5 kann eine Rechteckspannung zur Synchronisation des internen Oszillators eingespeist werden. Der Frequenzfangbereich beträgt $\pm 30 \%$. Sind Anschlüsse 14 und 5 verbunden, so schwingt der Oszillator mit seiner durch R_T und C_T bestimmten Nennfrequenz.

Vorsteuerung: Zur Netzbrummunterdrückung wird die Eingangsspannung U_1 über den Widerstand R_R auf den Eingang 2 gelegt. Durch diese Maßnahme (Vorsteuerung) wird das Ausgangstastverhältnis in Gegenphase zum Eingangsspannungsbrumm gesteuert, wodurch dieser weitgehend kompensiert wird.

Überwachung der Eingangsspannung: Mit der Über- bzw. Unterspannungsabschaltung (Eingänge 7 und 6) wird die Eingangsspannung U_1 auf oberen und unteren Grenzwert überwacht. Die Schaltschwellen sind mit dem 220-kΩ-Trimmer so eingestellt, daß im 220-V-Betrieb die Überspannungsabschaltung bei ca. 232 V $\sim$ und die Unterspannungsabschaltung bei 197 V $\sim$ einsetzt.

Dynamische Strombegrenzung (Eingänge 8 und 9): Der Sourcestrom des BUZ 80 wird durch Messung des Spannungsabfalles am Meßwiderstand R_1 erfaßt. Die Einsatzschwelle der dynamischen Strombegrenzung ist durch einen Trimmer einstellbar, um Streuungen der Referenzspannung U_{Ref} und die Toleranz von R_1 aufzufangen.

Damit kann der Einsatzpunkt der Strombegrenzung exakt auf z. B. 21 A eingestellt werden. Weil SIPMOS-Transistoren nicht mit Speicherzeiten behaftet sind, arbeitet die dynamische Strombegrenzung nahezu verzögerungsfrei, d. h. der Sourcestrom wird exakt beim Überschreiten des eingestellten Grenzwertes abgeschaltet. Das *Bild 8.20.4* zeigt den Verlauf der Ausgangsspannung U_O beim Einsatz der Strombegrenzung. Der Stromgrenzwert ist dabei auf 21 A eingestellt; der Kurzschlußstrom beträgt ca. 25 A.

Regelung der Ausgangsspannung: Wenn, wie in dieser Schaltung, die Steuer-IS bei potentialfreier Ausgangsspannung an der Primärseite sitzt, muß die Regelabweichung der Ausgangsspannung potentialgetrennt auf die Primärseite übertragen werden.

Dabei ist es zweckmäßig, die Referenz (Sollwert) und den Regelverstärker auf die Sekundärseite zu setzen und nur die verstärkte Regelabweichung zu übertragen, weil dann TK und Langzeitdrift des Koppelelements weitgehend ausgeregelt werden.

Der hier verwendete Optokoppler CNX 17-2 hat einen sehr kleinen TK und eine hohe Langzeitstabilität. Durch die genannte Schaltungsart werden die resultierenden Werte noch verbessert. Als Referenzelement wurde hier eine 3-V-Z-Diode verwendet. Bei gleichmäßiger Erwärmung der Regelschaltung (Z-Diode, Regelverstärker und Optokoppler) ergibt sich ein TK der Ausgangsspannung von ca. $-3,3$ mV/K.

Bei strengeren Anforderungen an die Temperaturstabilität der Ausgangsspannung muß an dieser Stelle ein höherer Aufwand betrieben werden (z. B. integrierte bandgap Referenz).

Als Regelverstärker kommt der preisgünstige Standard-OP TAA 761 A zum Einsatz. Der OP wird direkt durch die Ausgangsspannung versorgt. Dies ist problemlos, weil der Regelverstärker erst bei einer Ausgangsspannung in der Nähe des Sollwertes (5 V) einsetzen muß. Damit ist auch während des Anlaufs die Spannungsversorgung des OPs sichergestellt. Im Kurzschlußfall wird dagegen die Regelfunktion ohnehin bedeutungslos, weil das Tastverhältnis dann durch die Strombegrenzung bestimmt wird.

Mit der eingestellten Regelverstärkung beträgt die stationäre Regelabweichung im Ausgangsstrombereich von 0 A bis 20 A ca. 20 mA. Auch hier ist die fehlende Speicherzeit der SIPMOS-FET von großem Vorteil, da bei kleinem Laststrom praktisch mit sehr kurzen Impulsen kleinste Energiemengen in das Ausgangsfilter geliefert werden können.

Betriebsverhalten des SNT

Dynamisches Verhalten: Das dynamische Verhalten der Ausgangsspannung ist von der Dimensionierung des Ausgangsfilters abhängig.

a)

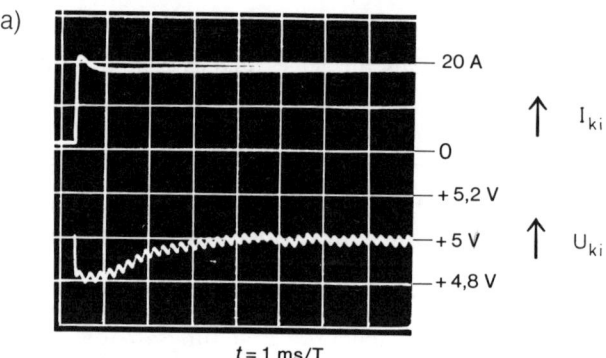

$t = 1$ ms/T

b)

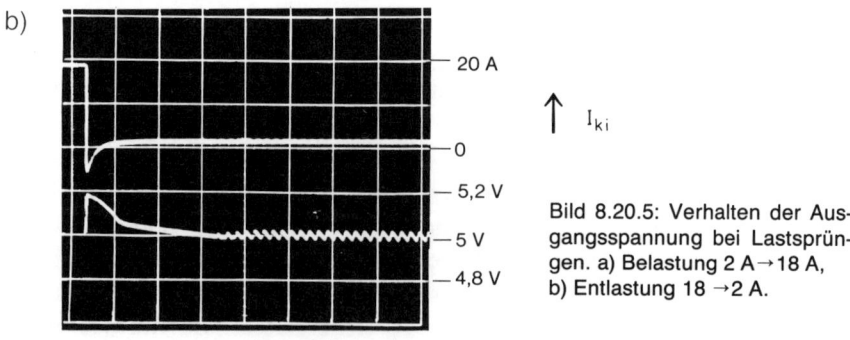

$t = 1$ ms/T

Bild 8.20.5: Verhalten der Ausgangsspannung bei Lastsprüngen. a) Belastung 2 A→18 A, b) Entlastung 18 →2 A.

184

Ausgangswelligkeit: Mit den vorgeschlagenen Bauelementen ergibt sich eine maximale 50-kHz-Welligkeit der Ausgangsspannung von (Spitze − Spitze) 40 mV. Sie wird vorwiegend von der Impedanz (ESR) der Ausgangs-Siebelkos bestimmt. Mit Hilfe der Vorsteuerung ist die überlagerte 100-Hz-Welligkeit vernachlässigbar klein.

Verhalten bei Lastsprüngen (Bild 8.20.5): Bei einem positiven Lastsprung von $I_O = 2$ A nach $I_O = 18$ A beträgt der Spannungseinbruch etwa 200 mV (bei $U_1 = 220$ V) und bei einem negativen Lastsprung von $I_O = 18$ A nach $I_O = 2$ A ergibt sich ein Überschließen der Ausgangsspannung von ebenfalls ca. 200 mV. Die Ausregelzeit beträgt in beiden Fällen ca. 2...3 ms.

Verlustleistungsbetrachtung und Wirkungsgrad: Die folgende Tabelle zeigt die Verlustleistung an den verschiedenen Bauelementen bei $I_O = 2$ A und $U_I \sim\ = 220$ V.

Transistor BUZ 80	5 W
Schottky-Diode BYS 28	12 W
Trafo	2 W
Drossel	2,2 W
Funkentstörung und 50-Hz-Gleichrichtung	2,5 W
Trafobeschaltung	1,5 W
	$P_V = 25{,}2$ W

Die größte Einzel-Verlustleistung tritt an der Schottky-Diode auf, die jedoch sehr gute Daten von 0,6 V bei $I_O = 20$ A aufweist.
Trotz der relativ hohen Verluste bei der Sekundärgleichrichtung, die wegen der niedrigen Ausgangsspannung von 5 V stark in die Leistungsbilanz eingehen, beträgt der Wirkungsgrad des SNT ca. 80 % bei $I_O = 20$ A.

Aufbau des SNT: Das SNT ist in den Steuer-Regel- und Überwachungsteil (gestrichelte Umrahmung in *Bild 8.20.1*) und den Treiber- und Leistungsteil gegliedert. Dadurch wurde die gewünschte Standardisierung erzielt. Die Steuer-Regel- und Überwachungsplatine nach *Bild 8.20.6* kann für alle SNT-Grundschaltungen wie Sperr-, Durchfluß-, Gegentakt-, Halb- und Vollbrückenschaltungen verwendet werden.

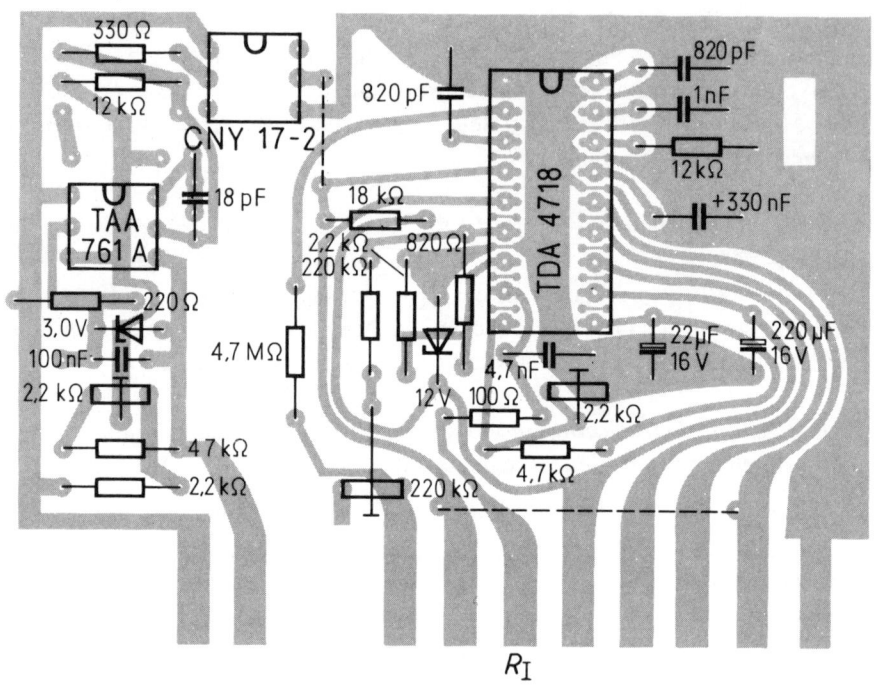

Bild 8.20.6: Steuerplatine für 220 V – SNT 50 kHz/5 V.

Technische Daten des Eintakt-Flußwandlers 220 V ～ – 5 V/20 A

Eingangswechselspannung	$U_{I\sim eff}$	220 +10% −15%	V
Ausgangsspannung	$U_{O\,Nenn}$	5	V
– Welligkeit 50 kHz (Spitze – Spitze)		40	mV
– Lastausregelung $\dfrac{\Delta U_o}{\Delta I_o} \cdot \dfrac{20\,A}{5\,V}$ ($\Delta I_o = 0 \rightarrow 20\,A$)		0,4	%
– Netzausregelung $\dfrac{\Delta U_o}{\Delta U_{I\sim}} \cdot \dfrac{220\,V\sim}{5\,V}$ ($\Delta U_I = 190\,V\sim \rightarrow 240\,V\sim$)		0,1	%

– Überschwingen bei Lastsprüngen 18A → 2A und 2A → 18A		± 200	mV
– Ausregelzeit ($t_{10\%}$) 2A → 18A 18A → 2A		3 2	ms ms
Ausgangsstrom	$I_{O\,Nenn}$	20	A
Ausgangskurzschlußstrom	I_{OK}	26	A
Wirkungsgrad ($I_O = 20\,A$)	η	≈ 80	%
Schaltfrequenz	f_{OSZ}	50	kHz
Kühlkörper für BUZ 80 für BYS 28		6 3	K/W K/W

8.21 Der Leistungs-MOS-FET als gesteuerter Gleichrichter

Wie bereits näher erklärt wurde, besitzt ein Leistungs-MOS-FET immer eine, von seinem Aufbau her bedingte, integrierte Reverse-Diode. Die Struktur ist im Normalbetrieb ein MOS-FET. Im Reverse-Betrieb, wenn die Gate-Source-Spannung kleiner ist als die Einsatzspannung, verhält sie sich jedoch wie eine Gleichrichterdiode mit ziemlich großer Strombelastbarkeit. Wenn im Reverse-Betrieb der Paralleltransistor noch zusätzlich eingeschaltet wird, verringert sich der Spannungsabfall im Vergleich zu der reinen Diodenfunktion *(Bild 8.21.1)*. Benutzt man Leistungs-MOS-FETs als Gleichrichter, wie z. B. in *Bild 8.21.2* zu sehen ist, wird die Effektivität wesentlich erhöht. Für kleine gleichgerichtete Spannungen ist diese Schaltung sogar noch wirkungsvoller als mit der Verwendung von Schottky-Dioden. Die Gatespannung für die Steuerung entnimmt man zweckmäßigerweise auf der Sekundärseite des Transformators, an den dünn gezeichneten Zusatzwindungen, die automatisch die richtige Steuerspannung liefern. Für sehr hohe Ströme müssen natürlich leistungfähige MOS-FETs benutzt werden. So z. B. können der Siemens Typ BUZ 12 bis ca. 30 A, der Typ BUZ 11 bis ca. 10 A und der

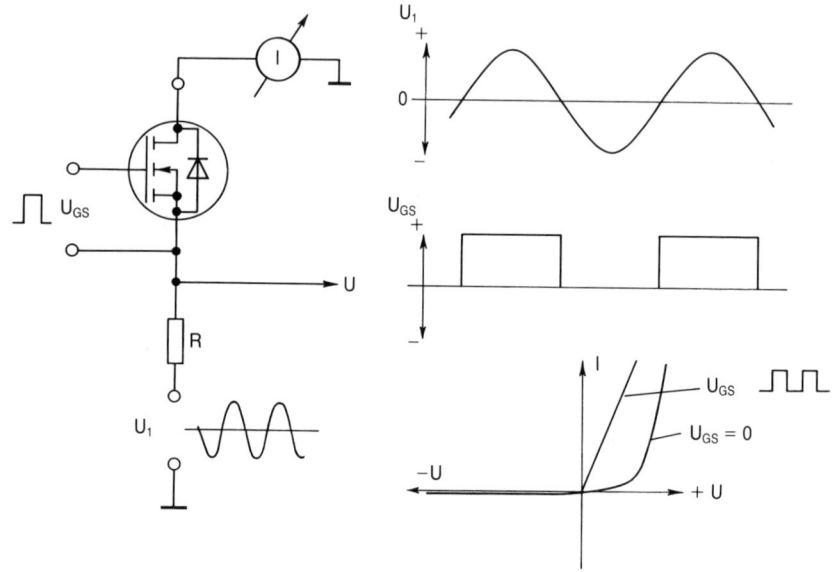

Bild 8.21.1: Bei Ansteuerung des MOS-FETs im Inversbetrieb reduziert sich der Spannungsabfall.

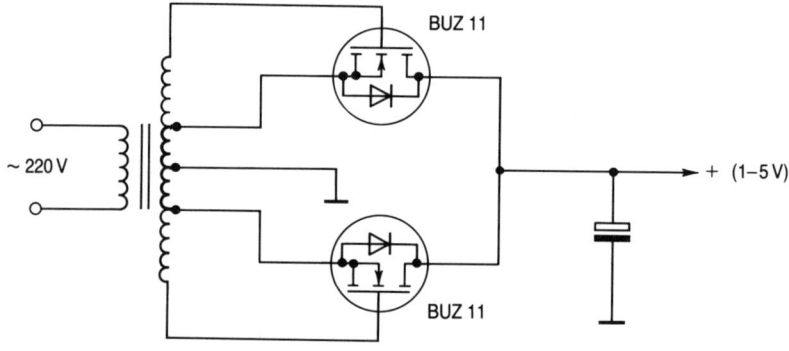

Bild 8.21.2: Leistungs-MOS-FETs als gesteuerte Gleichrichter für ein Niederspannungs-netzgerät mit hohem Wirkungsgrad.

Typ BUZ 71 bis ca. 3 A eingesetzt werden. Das Prinzip — die Aufsteuerung des MOS-FETs im Reverse-Betrieb und Sperren im Normalbetrieb — kann selbstverständlich auch in Schaltnetzgeräten bei höheren Schaltfrequenzen verwendet werden.

8.22 Modellmotor-Steuerung

Die Leistungs-MOS-FETs sind auch aufgrund der kleinen Einschaltwiderstände hervorragend für die Ansteuerung von DC-Motoren im Kleinspannungsbereich geeignet. Ein DC-Motor ist im wesentlichen eine Induktivität mit einem seriellen Widerstand. Er kann bei Nominalspannung höchstens einige Ampere Maximalstrom aufnehmen. Da die Kleinspannungsmotoren meist in einem Spannungsbereich U < 24 V arbeiten, reicht die niedrigste Spannungsklasse der Leistungs-MOS-FETs aus, um sie zu steuern. 50 oder 60 V Leistungs-MOS-Transistoren haben bereits so niedrige Einschaltwiderstände (10 − 20 mΩ), daß selbst bei einigen Ampere Drainstrom die auftretende Erwärmung so gering ist, daß die Kühlung keine Schwierigkeiten bereitet. Die Ansteuerung eines MOS-FETs ist auch unproblematisch, da praktisch kein Eingangsstrom fließt. Die einfachste vorstellbare Motorsteuerung ist die Schaltung nach *Bild 8.22.1*. Sie ermöglicht die Regulierung der Motordrehzahl in einer Drehrichtung. Der Schalttransistor ist ein 50-V-Leistungs-MOS-FET im Kunststoffgehäuse mit möglichst kleinem R_{on}. Der Typ BUZ 12 ist für diese Zwecke am besten geeignet, da sein $R_{on} \leqq 28$ mΩ beträgt. Seine thermische Verlustleistung liegt für 5 A Laststrom bei ca. 1 Watt. Man kann also mit einem sehr kleinen Kühlkörper oder bei geringeren Strombelastungen ohne zusätzliche Kühlfläche arbeiten.

Der Überspannungsschutz ermöglicht lange Drahtverbindungen zwischen Batterie und Schaltung bzw. Schaltung und Motor. Die Überspannungsspitzen werden von der Beschaltung unterdrückt. Die Motordrehzahl wird durch

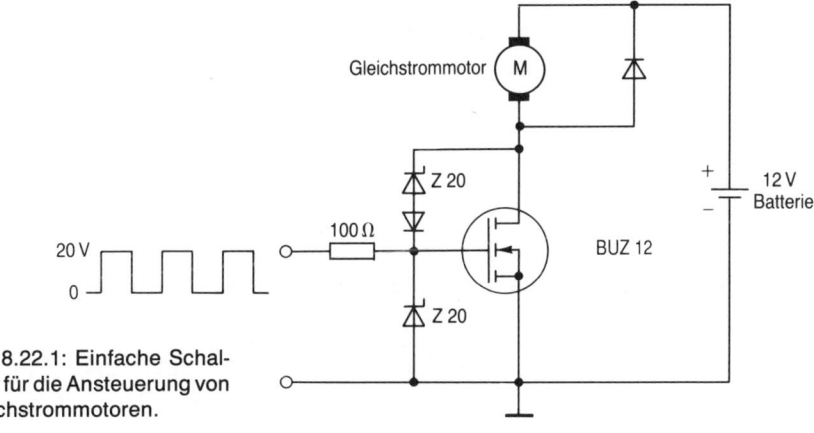

Bild 8.22.1: Einfache Schaltung für die Ansteuerung von Gleichstrommotoren.

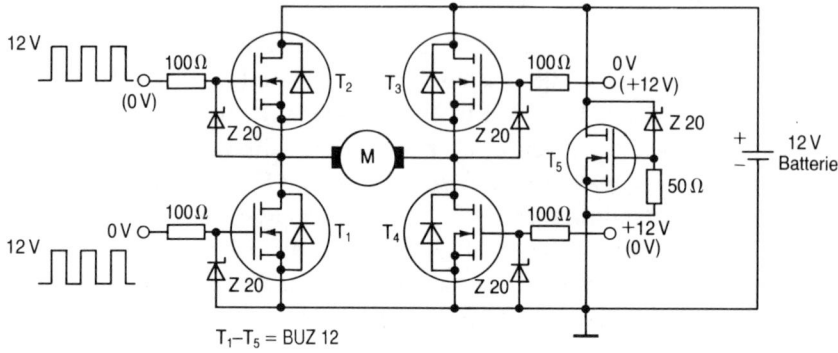

Bild 8.22.2: H-Brückenschaltung für Drehzahl- und Drehrichtungsregulierung eines DC-Motors.

die Breite und/oder die Frequenz der Treiberimpulse geregelt. Da unter normalen Umständen nur ein kleiner Eingangsstrom fließt, können alle Arten von ICs als Treiber (CMOS, TTL mit Open-Kollektor usw.) benutzt werden. Wenn nicht nur die Drehzahl, sondern zusätzlich auch die Drehrichtung gesteuert werden sollen, kann die Schaltung nach *Bild 8.22.2* verwendet werden. Es ist eine „H-Brücken"-Schaltung, in der die integrierten Reverse-Dioden in den MOS-FETs als Freilaufdioden eingesetzt werden. Der MOS-FET T_5 ist das Schutzelement für Überspannungsspitzen. Er kann bei Verwendung avalanchefester Bauelemente weggelassen werden. Für eine Drehrichtung wird T_3 eingeschaltet, T_2 und T_4 abgeschaltet und T_1 getaktet. Die Drehzahl wird durch die Impulsbreite und/oder Frequenz bestimmt. Für die andere Drehrichtung werden T_1 und T_3 gesperrt, T_4 eingeschaltet und T_2 getaktet. Diese Schaltung erlaubt auch praktisch beliebige Leitungslängen für die Motorzuführung und für den Batterieanschluß. So können die einzelnen Baugruppen in einem Flugzeug oder Bootsmodell an beliebiger Stelle eingebaut werden.

8.23 Hochspannungsschalter mit mehreren in Serie geschalteten Leistungs-MOS-FETs

Es gibt heute serienmäßig Leistungs-MOS-FETs für 1000 V. Für höhere Spannungen sind jedoch keine schnellen Schaltbauelemente erhältlich.

190

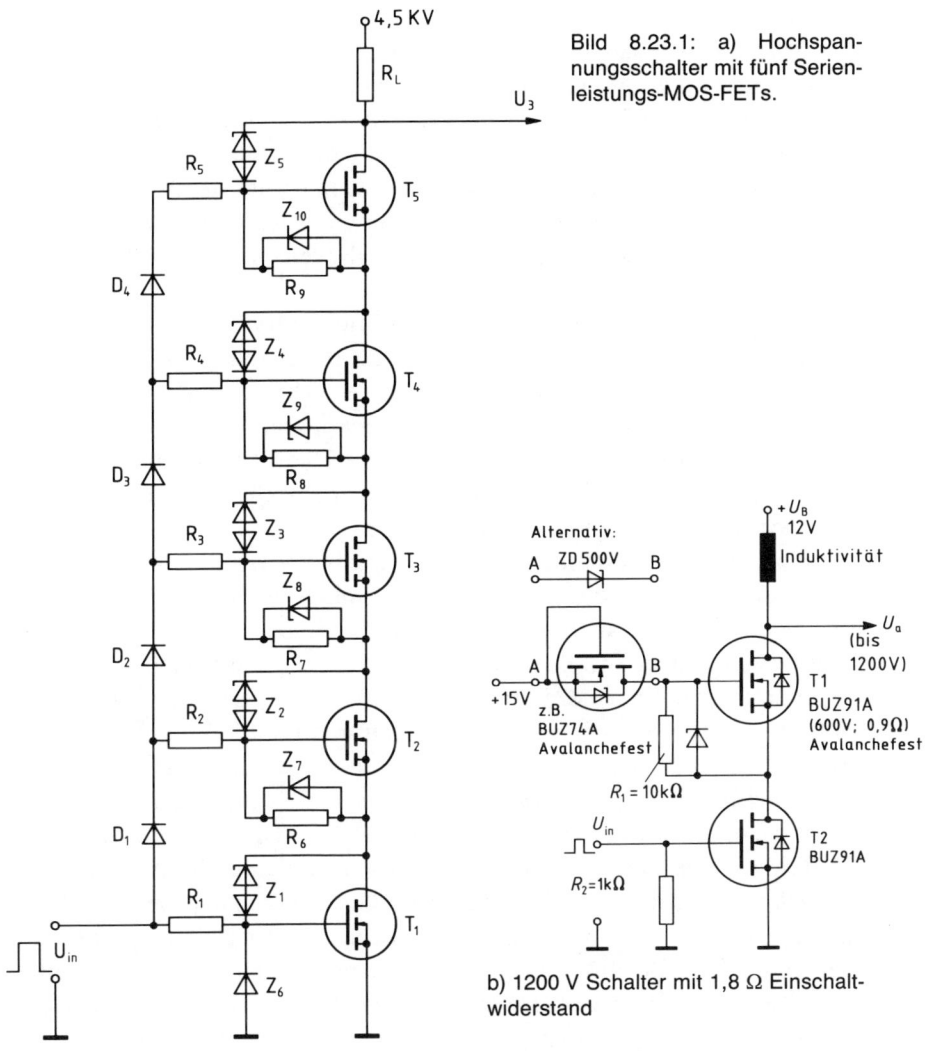

Bild 8.23.1: a) Hochspannungsschalter mit fünf Serienleistungs-MOS-FETs.

b) 1200 V Schalter mit 1,8 Ω Einschaltwiderstand

Auch Bipolartransistoren sind für Spannungen über 1000 V nicht verfügbar. Eine sehr einfache Serienschaltung von MOS-FETs wie in *Bild 8.23.1a* dargestellt, kann Schaltprobleme im Hochspannungsbereich lösen. Die Schaltung kann im Prinzip — abhängig von der Anzahl der in Serie geschalteten Transistoren — bis zu beliebig hohen Spannungen verwendet werden. Die im Bei-

191

spiel gezeigte Schaltung besteht aus fünf 1000 V-Transistoren (z. B. BUZ 357). Sie ist gedacht für eine Maximalspannung von 4,5 kV. Alle Transistoren sind mit einem Überspannungsschutz (festgelegt auf etwa 900 V durch die Durchbruchspannung der Dioden/Zenerdioden Elemente Z1-Z5) versehen. Zusätzlich ist für jeden Transistor in der Gateleitung ein Serienwiderstand R_1 bis R_5 vorgesehen. Er dient zusammen mit der Zenerdiode (Z_6 bis Z_{10}, $U_Z = 10$ V) zwischen Gate und Source zur Begrenzung der Gatespannung. D_1 bis D_4 sind Hochspannungsdioden mit einer Durchbruchspannung größer als 1000 V.

Wenn die Eingangsspannung am Gate des Transistors T_1 0 V ist, fließt kein Strom durch die Transistorreihe, da alle Transistoren durch die Widerstände R_6 bis R_9 0 V Gate-Source-Spannung erhalten. Die Ausgangsspannung ist dann gleich der Betriebsspannung. Die Sperrspannung verteilt sich gleichmäßig zwischen den einzelnen Transistoren, weil die Überspannungsschutzelemente dafür sorgen, daß kein Transistor eine größere Spannung haben kann, wie sein Überspannungsschutz erlaubt.

Legt man positive Spannung an den Eingang, wird zuerst T_1 eingeschaltet. Seine Drainspannung sinkt und erreicht ziemlich rasch einen so niedrigen Wert, daß auch der Transistor T_2 durch die Diode D_1, R_2, R_6 positive Gate-Source-Spannung erhält. Dadurch schaltet auch T_2 und überträgt den Einschaltvorgang zum nächsten Transistor in der Reihe. Auf diese Art werden am Ende alle Transistoren eingeschaltet. Natürlich ist die Voraussetzung für das volle Einschalten der Kaskade, daß der Gesamtspannungsabfall über der Transistorkette im leitenden Zustand niedriger ist, als die Spannung U_{IN} des Eingangsimpulses. Zusätzlich müssen bei dieser Schaltung die Spannungsabfälle über den Dioden sowie die Spannungsaufteilung der Gate-Source-Widerstände zu den Gate-Serienwiderständen berücksichtigt werden. Durch die begrenzende Wirkung der Gate-Source Zenerdioden kann man eine Steuerspannung U_{IN} von 40 V verwenden. Während des Schaltvorganges sind in einem kurzen Zeitraum mehrere Transistoren bei hoher Spannung leitend. In diesem Zustand ist die Verlustleistung in den leitenden Transistoren groß. Dies muß bei der Gesamtfunktion berücksichtigt werden. Mit den am Markt erhältlichen Transistoren (z. B. 10 x BUZ 357) kann man etwa 0,5 A bei 10 kV Betriebsspannung als realistischen Wert für schnelles Schalten ansehen. Für höheren Strom sollten mehrere Transistoren vom gleichen Typ in den einzelnen Stufen parallel geschaltet werden. Dies ist ohne weiteres möglich. Eine andere Variante der Serienschaltung für einen 1,8 Ω/1200 V-Schal-

192

ter zeigt Bild 8.23.1b. Als hochsperrende Zenerdiode wird hier alternativ ein avalanchefester Leistungs-MOS-FET vorgeschlagen. Diese Alternative läßt sich für alle Vorschläge mit hochsperrenden Zenerdioden anwenden. T_1 und T_2 sind avalanchefeste Leistungs-MOS-FETs. Da der Punkt A auf $+15$ V geklemmt ist, schaltet T_1 ein, wenn T_2 durchgeschaltet hat. Sperrt T_2, so ist auch T_1 abgeschaltet, da die Gate-Source-Spannung $-0,7$ V beträgt.

8.24 MOS-Bipolar-Kombinationen

Wie schon in den vorangegangenen Kapiteln näher erklärt wurde, sind die MOS-FETs in dem Spannungsbereich bis 200 V den bipolaren Schaltern in jeder Hinsicht überlegen. Neben den kurzen Schaltzeiten und der einfachen Ansteuerung ist auch der Spannungsabfall und somit auch die Wärmeerzeugung kleiner als bei bipolaren Bauelementen, wie z. B. Leistungstransistoren oder Thyristoren gleicher Chipgröße. Betrachtet man Bauelemente für höhere Betriebsspannungen, so erwärmen sich die MOS-Transistoren stärker als die bipolaren, da der MOS-FET-Widerstand in diesen Bereichen höhere Werte annimmt. In letzter Zeit kann man intensive Entwicklungsaktivitäten beobachten, die das Ziel haben, die jeweils günstigen Eigenschaften der MOS- und Bipolar-Bauelemente miteinander zu kombinieren. Dies kann durch Zusammenschalten von Einzelelementen erfolgen oder aber auch in „funktionell integrierter Form" geschehen. Als sehr gutes Beispiel für eine vorteilhafte Kombination von Bipolar-Bauelementen und MOS-FETs kann die „Kaskadenschaltung" in *Bild 8.24.1* betrachtet werden.

Der Bipolartransistor BUX 48, darlingtonartig von einem HV-MOS-FET betrieben, ist mit einem Niedervolt-Hochstrom-MOS-FET in Serie geschaltet. Betrachtet man das Einschalten, so wird zuerst T_1 leitend und reduziert dadurch die Ausgangsspannung U_a unter das Spannungslimit des Bipolar-Transistors. U_{CEX} wird mit $\geqq 450$ V angegeben. Nachfolgend schaltet T_3 ein. Dadurch wird der Bipolar-Transistor leitend. Der gesamte Spannungsabfall über dem Hybrid-Kaskadenschalter beträgt im eingeschalteten Zustand bei 10 A Strom nur wenige Volt. Beim Ausschaltvorgang wird zuerst T_3 abgeschaltet. Dadurch wird aber der Laststrom aus dem Emitterkreis des Transistors T_2 in den Basiskreis umgeleitet. Die im Bipolar-Transistor gespeicherte Ladung fließt durch die Zenerdiode ab, wenn dann auch T_1 abgeschaltet wird. Da sich bei dem Abschaltvorgang der Bipolar-Transistor T_2 als Diode und nicht als Transistor verhält, wird er sehr schnell, ohne die für Bipolar-

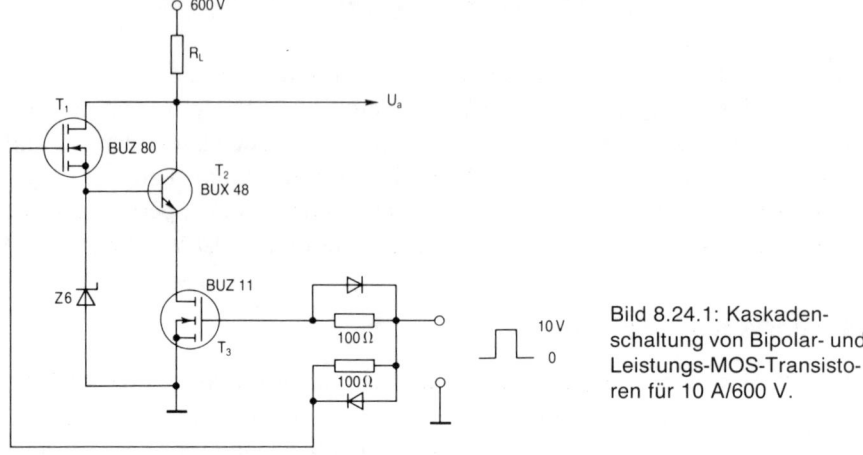

Bild 8.24.1: Kaskaden-
schaltung von Bipolar- und
Leistungs-MOS-Transisto-
ren für 10 A/600 V.

Tranistoren charakteristische Speicherzeit, in den nichtleitenden Zustand umgeschaltet. Die „safe operating area" des Bipolar-Transistors erweitert sich. Der Bipolar-Transistor kann in dieser Konfiguration für wesentlich höhere Spannungen eingesetzt werden, als dies die Angabe (U_{CEX}) erlauben würde. Die Kaskadenschaltung ist also schneller als der Bipolar-Transistor allein, und die Steuerleistung ist kleiner, da das Eingangssignal MOS-FETs schaltet. Es sind außerdem höhere Spannungen erreichbar als mit dem Bipolar-Transistor als Einzelelement. Ein weiterer Vorteil ist, daß der Spannungsabfall kleiner ist als bei einem MOS-FET von gleicher Sperrspannung und einer Siliziumfläche gleich der Gesamtfläche von T_1, T_2, T_3 und der Zenerdiode.

Ein sehr interessantes Beispiel für die funktionelle Integration von Bipolar- und MOS-Strukturen ist das Bauelement im nächsten Kapitel.

8.25 Bipolar-Transistor hergestellt mit MOS-Technologie

Eigentlich gehört dieses Kapitel nicht in ein MOS-Bauelemente Buch. Warum es hier trotzdem aufscheint? Nun dieser Bipolartransistor SIRET (Siemens-Ring-Emitter-Transistor) genannt, entstand als Nebenprodukt der MOS-Entwicklung und weist einige Besonderheiten auf, die wir dem Leser

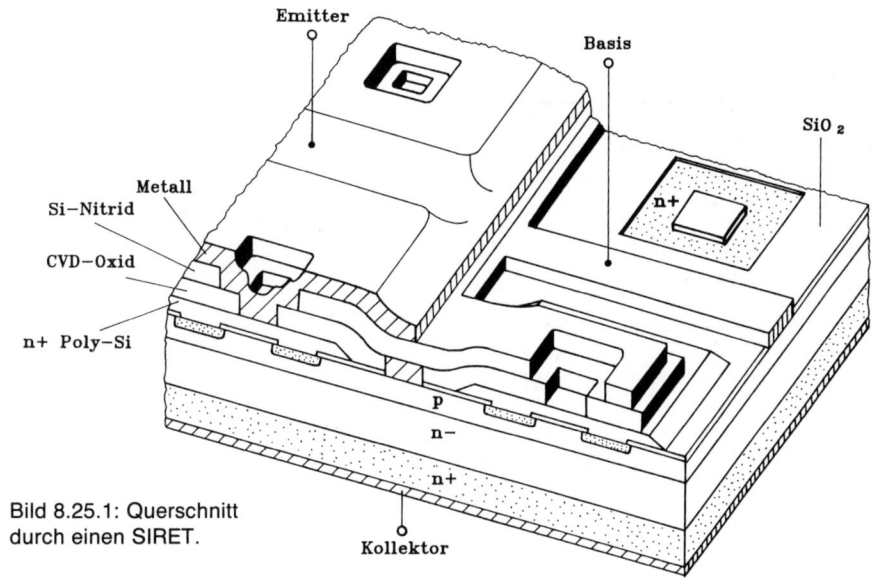

Emitter

Basis

SiO$_2$

Metall

Si—Nitrid

CVD—Oxid

n+ Poly—Si

n+

p

n—

n+

Bild 8.25.1: Querschnitt
durch einen SIRET.

Kollektor

nicht vorenthalten wollen. Wie beim Leistungs-MOS-FET, wird auch hier
eine Zellenstruktur (*Bild 8.25.1*) verwendet. Viele einzelne Bipolartransistoren werden mit einer zweilagigen Metallisierung niederohmig und homogen
parallelgeschaltet. Die untere Lage kontaktiert mit einer gitterförmigen Metallisierung die, allen Emitterzellen gemeinsame, Basiselektrodenwanne mit
einer pn-Tiefe von nur 3 μm. Die obere Metallisierungsebene schließt die
Emitterzellen parallel. Die einzelnen Bipolartransistoren besitzen 5μm breite, quadratische Emitterringe. In den heute üblichen Streifen- oder Finger-
strukturen treten während des Schaltens laterale Spannungsabfälle durch
den Basisstrom auf, die lokal unterschiedliche Vorspannung am Basis-Emit-
ter pn-Übergang erzeugen. Dies verursacht eine inhomogene Ansteuerung
des Emitters und führt zur örtlichen Erwärmung einzelner Gebiete. Da aber
Stromverstärkung und Leitfähigkeit im Bipolartransistor mit der Temperatur zunehmen, ist eine Konzentration des Kollektorstromes auf eine kleine
Fläche möglich. Dies bewirkt am Ende eine Zerstörung dieser Gebiete. Beim
Abschalten führt ein lateraler Spannungsabfall im Basisgebiet zum Wiedereinschalten des Bipolartransistors. Dies drückt sich in einer verlängerten
Speicherzeit aus, was nicht wünschenswert ist. Durch den speziellen Aufbau
des SIRET werden diese Effekte vermieden. Andere Besonderheiten dieses

195

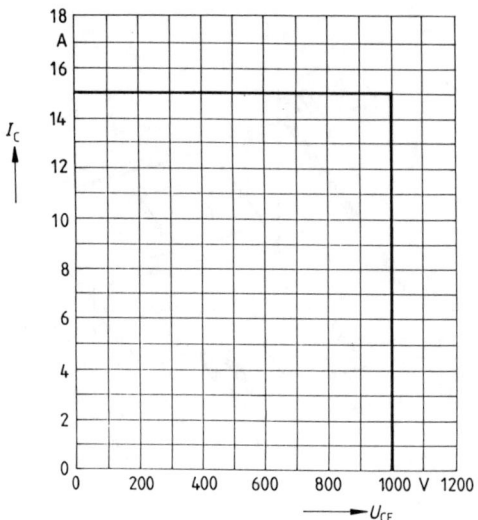

Bild 8.25.2: Sicherer Arbeitsbereich eines BUP 101.

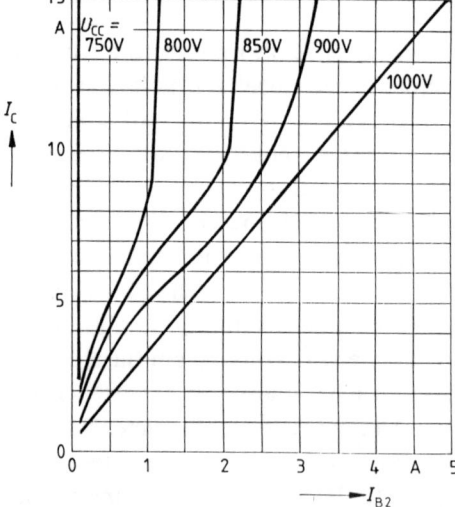

Bild 8.25.3: Abhängigkeit der abschaltbaren Spannung von I_C und dem negativen Basisstrom I_{B2} (U_{CC} ist die maximale Versorgungsspannung).

Schalters sind die maximal schaltbare Spannung U_{CC} in Abhängigkeit vom negativen Basisstrom I_{B2}. Gezeigt wird dies am BUP101 in *Bild 8.25.3*. Kollektorstrom bzw. negativer Basisstrom bestimmen die abschaltbare Spannung des Transistors. Vergleicht man den zulässigen Arbeitsbereich (*Bild*

196

8.25.2) des SIRET mit dem eines herkömmlichen Bipolartransistors mit Fingerstruktur, so ist beim SIRET der volle Arbeitsbereich ohne Einschränkung nutzbar. Beim Betrieb mit induktiven Lasten tritt, beim Einschalten des Transistors, ein erhöhter Strom durch das Ausräumen der Freilaufdiode auf (siehe auch Kapitel 5). Diese Stromspitze ist mit max. 50 A festgelegt und darf nicht überschritten werden. Ein anderes interessantes Merkmal ist die Fähigkeit, eine durch das Abschalten einer Induktivität entstehende Spannungsspitze zu klemmen. Die dabei am Bauelement anliegende Spannung ist nicht konstant. Sie steigt mit abnehmenden Kollektorstrom. Ihr Maximalwert darf U_{CB0} nicht überschreiten.

Ein weiterer „Ableger" der Leistungs MOS-FET Entwicklung ist der im nächsten Kapitel beschriebene Optotriac.

8.26 AC-Schalter für den täglichen Gebrauch

Oft muß man von einer Steuerelektronik, oder einem Mikroprozessor 220V Netzlasten wie Magnetventile, Lüfter, Pumpen, Lampen, Schütze oder auch Leistungstriacs ansteuern. *Bild 8.26.1* zeigt einige Varianten von Ansteuerschaltungen. Um diese zu realisieren sind etliche Bauelemente nötig und es kostet Zeit um dies alles aufzubauen. Diesen Aufwand möglichst gering zu halten war das Ziel bei der Entwicklung des optogekoppelten Wechselspannungsschalters. Die Entwicklungen liefen nahezu gleichzeitig auch bei anderen Herstellern. Durch die Kombination von Hochspannungs Randpassivierung und IC-Technologie entstand ein neues Bauelement mit den gewünschten Eigenschaften. Der SITAC (Siemens Insulated Thyristor AC Switch), ist ein optogekoppelter Triac mit Durchbruchspannungen von 400 V (BRT 11), 600 V (BRT 12) und 800 V (BRT 13) und einem Nennstrom von 300 mA (pulsförmig für eine 50 Hz Halbwelle 3 A) im DIP-6 Gehäuse. Der SITAC ist ähnlich wie ein Optokoppler, primärseitig mit einer IR-LED, jedoch sekundärseitig mit zwei lichtempfindlichen antiparallel geschalteten Thyristoren aufgebaut (*Bild 8.26.2*). Die integrierte Elektronik in den Thyristoren erlaubt hohe Zündempfindlichkeit (Triggerstrom je nach Typ max. 2 mA oder 3 mA), große Stromanstiegsgeschwindigkeiten von dI/dt $>$ 8 A/μs und hohe dU/dt Belastbarkeit (dU/dt min. 10000 V/μs) im abgeschalteten Zustand. Für den Anwender bedeutet dies, daß kurze Störimpulse auf

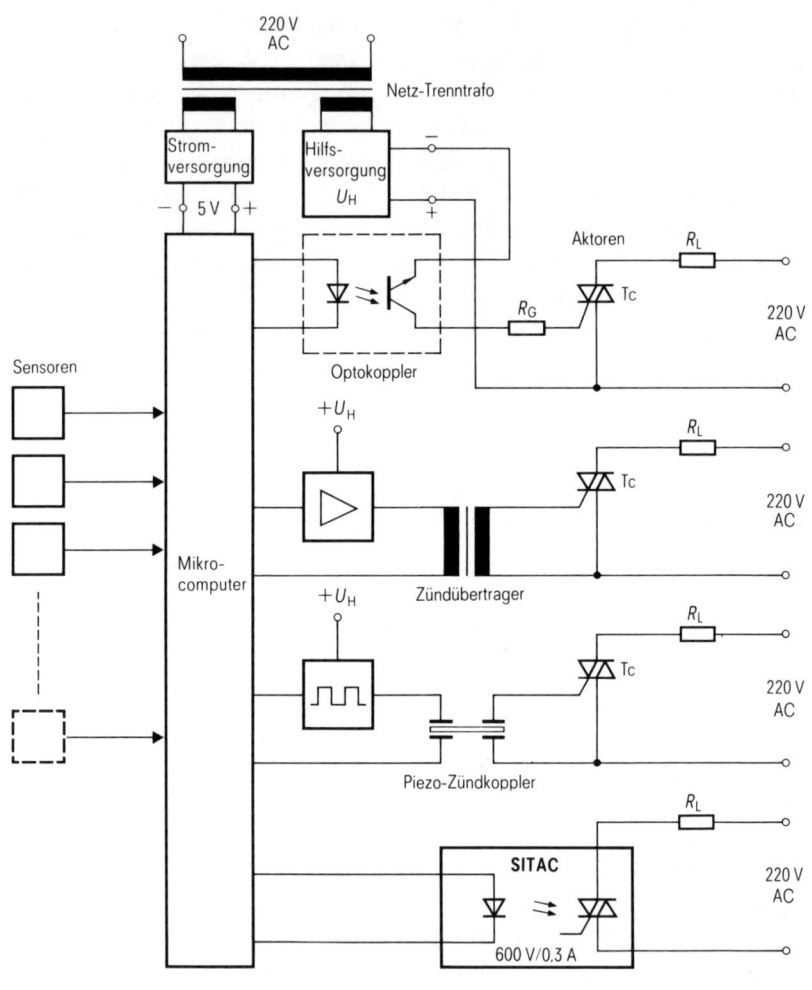

Bild 8.26.1: Verschiedene Interfaceschaltungen zur Ansteuerung von Neztlasten vom MC.

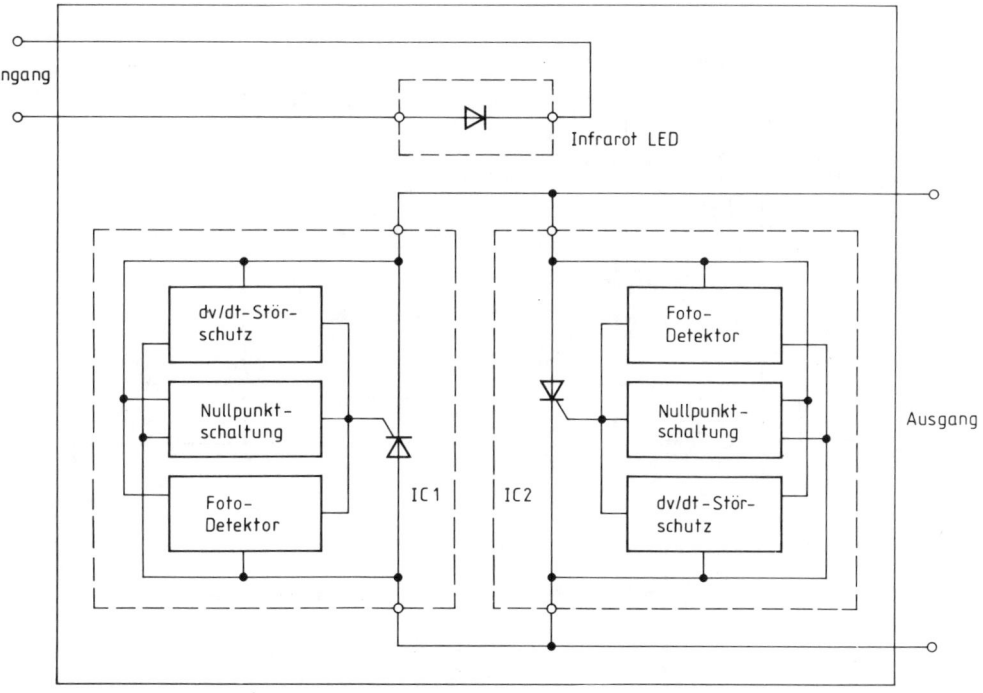

Bild 8.26.2: Blockschaltung eines SITAC.

der Netzspannung das Bauelement nicht zum Einschalten bringen. Durch die mechanisch getrennten Thyristorsysteme (es kann kein gegenseitiger Ladungsträgeraustausch stattfinden) wird auch eine sehr hohe Kommutierungssteilheit von min. 10000 V/μs erreicht. Der Haltestrom liegt mit <1 mA sehr niedrig was einem großen nutzbaren Strombereich entspricht. Steuert man den SITAC mit dem im Datenbuch angegebenen Triggerstrom an, so muß man mit einigen ms Einschaltverzugszeit rechnen, was im Allgemeinen ausreicht. Wählt man einen höheren Steuerstrom so verkürzen sich die Zeiten bis in den μs Bereich. *Bild 8.26.3* zeigt noch den Vergleich der Ansteuerung (konventionell und mit SITAC) einer Last direkt vom Mikroprozessor und *Bild 8.26.4* die Ansteuerung eines Thyristormoduls. Induktive Verbraucher wie Synchronmotoren haben oft mechanische Schalter (z. B. Endschalter) im Stromkreis die während des Betriebes abschalten können.

199

a

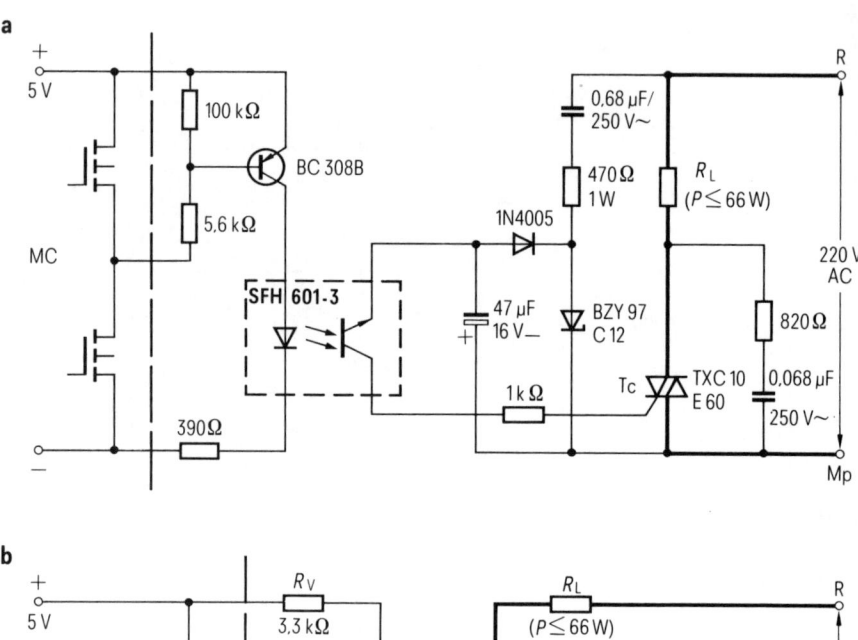

b

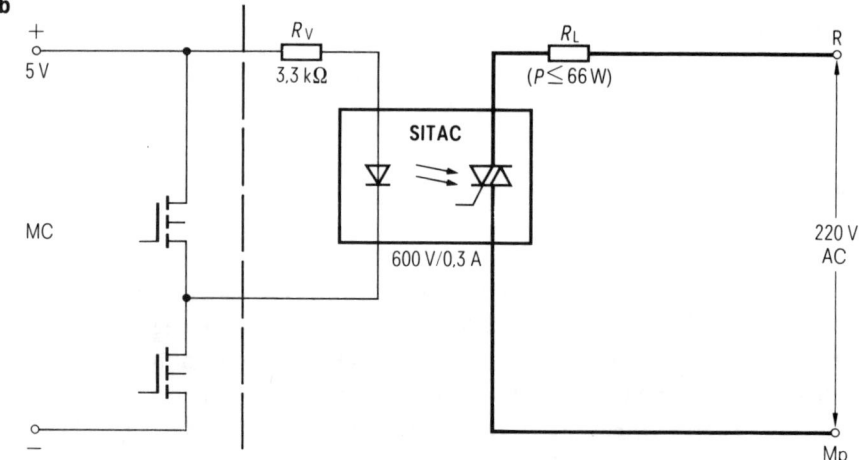

Bild 8.26.3: MC Interface a) konventionell und b) mit SITAC.

200

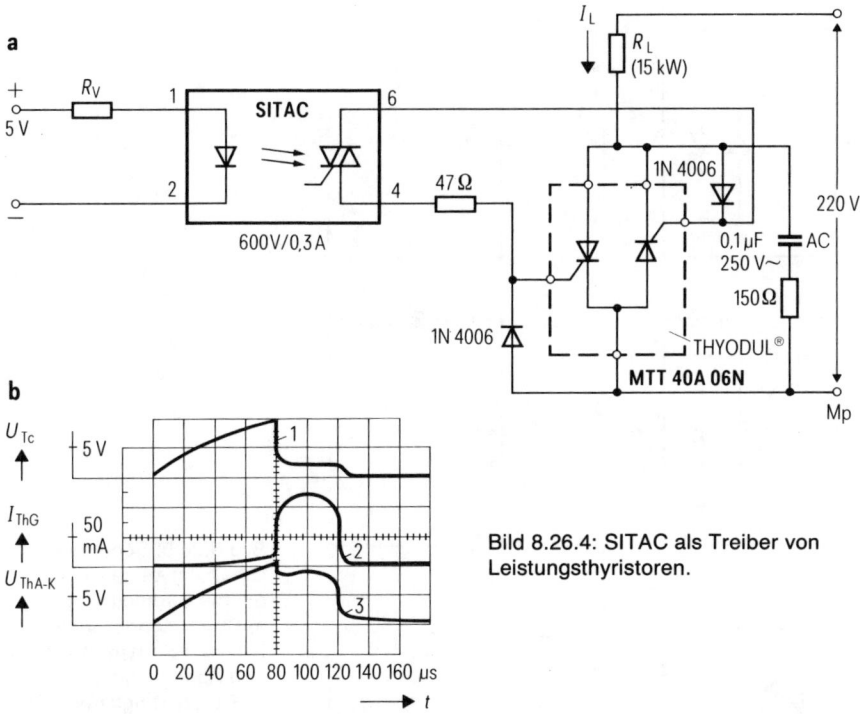

a

+ 5 V

R_V

1 — SITAC — 6

2 — 4

600V/0,3 A

47 Ω

1N 4006

1N 4006

THYODUL®

MTT 40A 06N

I_L

R_L (15 kW)

0,1 µF 250 V~

150 Ω

220 V AC

Mp

b

U_{Tc}

I_{ThG}

U_{ThA-K}

5 V

50 mA

5 V

1

2

3

0 20 40 60 80 100 120 140 160 µs

→ t

Bild 8.26.4: SITAC als Treiber von Leistungsthyristoren.

Im Schaltfall können bedingt durch die Induktivität und parasitäre Wicklungskapazitäten der Last hochfrequente Stromoszillationen entstehen, die zu Rückstromspitzen führen. Schutzmaßnahmen für den SITAC in Schaltungen mit besprochener Eigenschaft sind in *Bild 8.26.5a, b, c* gezeigt. Die Schutzbeschaltungen können bei ohmschen Lasten entfallen. Oft sollen Lasten im Nulldurchgang der Netzspannung geschaltet werden, um Stromspitzen zu vermeiden. Für diesen Zweck sind die Typen BRT 21/22/23 mit Nulldurchgangsschalter vorhanden. Sie sind in einem schmalen Fenster von typ. +/− 8 V um den Nulldurchgang der Netzspannung zündbar. Wie einfach ein Solid State Relais mit einem SITAC aufgebaut werden kann zeigt *Bild 8.26.6*. Für einen automatischen Kurzschlußschutz sorgt der Aufbau in *Bild 8.26.7*. Bei Anlegen von Netzspannung überbrückt der niederohmige Kaltleiter den SITAC und es kann sich C über die D aufladen. Der SITAC wird durch die LED gezündet. Im Kurzschlußfall verlöscht die LED der SITAC sperrt. Der Kaltleiter erwärmt sich durch den erhöhten Primärstrom

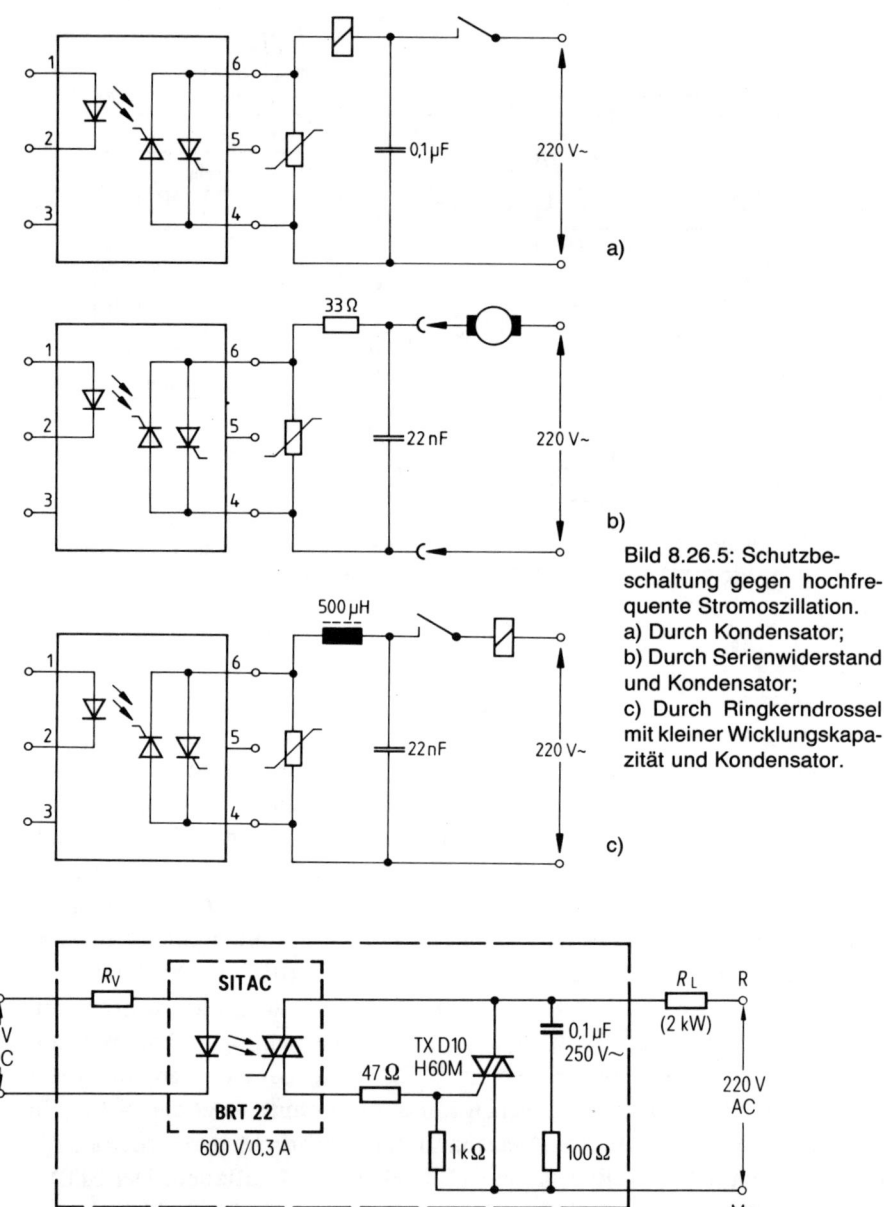

Bild 8.26.5: Schutzbeschaltung gegen hochfrequente Stromoszillation.
a) Durch Kondensator;
b) Durch Serienwiderstand und Kondensator;
c) Durch Ringkerndrossel mit kleiner Wicklungskapazität und Kondensator.

Bild 8.26.6: Solid State Relais aufgebaut mit einem SITAC.

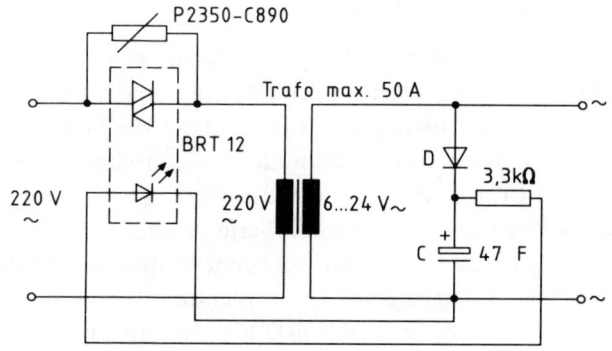

Bild 8.26.7: Automatischer Kurzschlußschutz.

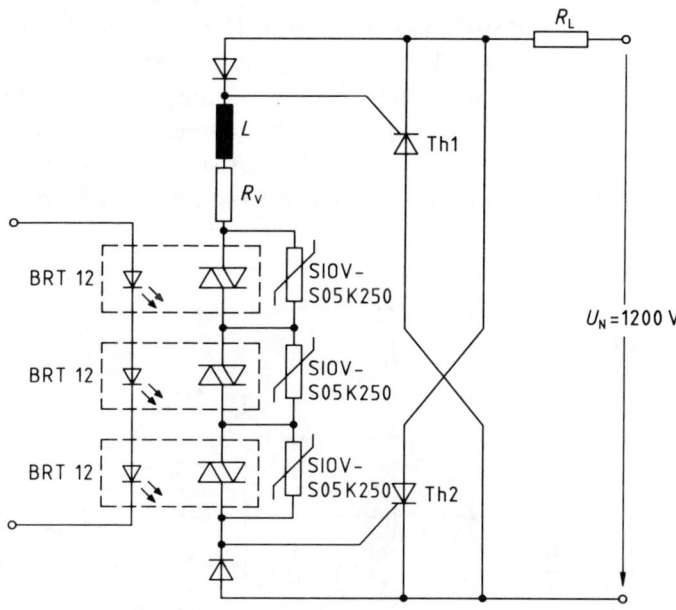

Bild 8.26.8: Ansteuerung hochsperrender Thyristoren mit SITACs.

und wird hochohmig. Der Primärkreis wird vom Netz abgetrennt. Durch Serienschaltung mehrerer SITACs ist auch eine Ansteuerung von hochsperrenden Thyristoren möglich, wie dies *Bild 8.26.8* gezeigt wird.

8.27 HiFi-Verstärker mti SIPMOS-Transistoren

Eine Anwendung mit MOS-Leitungstransistoren aus dem Analogbereich ist die HiFi-Endstufe. Das Beispiel nach [14] zeigt eine MOS-Endstufe, die unter Beibehaltung der Ansteuerschaltung und der wesentlichsten elektrischen Daten von 60 bis 160 W Nennausgangsleistung aufgebaut werden kann. *Bild 8.27.1* zeigt die Prinzipschaltung der Endstufe. Es wird eine symmetrische Versorgung verwendet. Die beiden in Serie geschalteten Leistungstransistoren T_{E1} und T_{E2} werden über einen Differenzverstärker, gebildet aus T_{12}, T_{13} und Stromquelle I_2, angesteuert. Die Kollektorströme von T_{12} und T_{13} sind gegenphasig und erzeugen an den 1-kΩ-Widerständen die Steuerspannung für die Endstufentransistoren. Der Eingangsverstärker, ebenfalls ein Differenzverstärker, erhält über C_E, wechselspannungsmäßig eingekoppelt, das NF-Steuersignal. Im invertierenden Zweig wird über R_2 (33 kΩ) das Ausgangssignal der Endstufe gegengekoppelt. Die untere Frequenzgrenze wird durch die Größe der Kondensatoren C_E und C_1 festgelegt. *Bild 8.27.2* zeigt die Gesamtschaltung der Endstufe. Der Stromspiegel I_1 besteht aus den Transistoren T_3 und T_4. Um von Speisespannungsschwankungen unabhängig zu sein, wird der Referenzstrom aus einer stabilisierten Stromquelle (T_5) geliefert. Ähnlich ist auch die Stromquelle I_2 aufgebaut. Sie besteht aus den

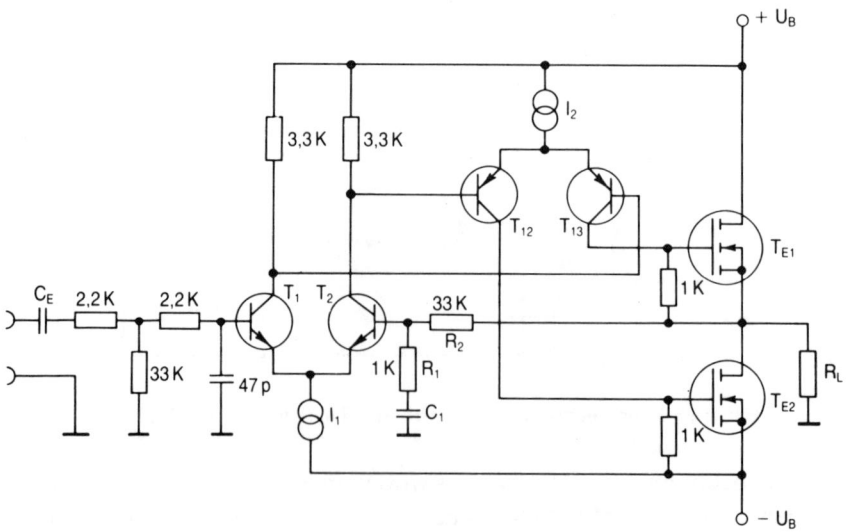

Bild 8.27.1: Vereinfachtes Schaltbild der Leistungsendstufe.

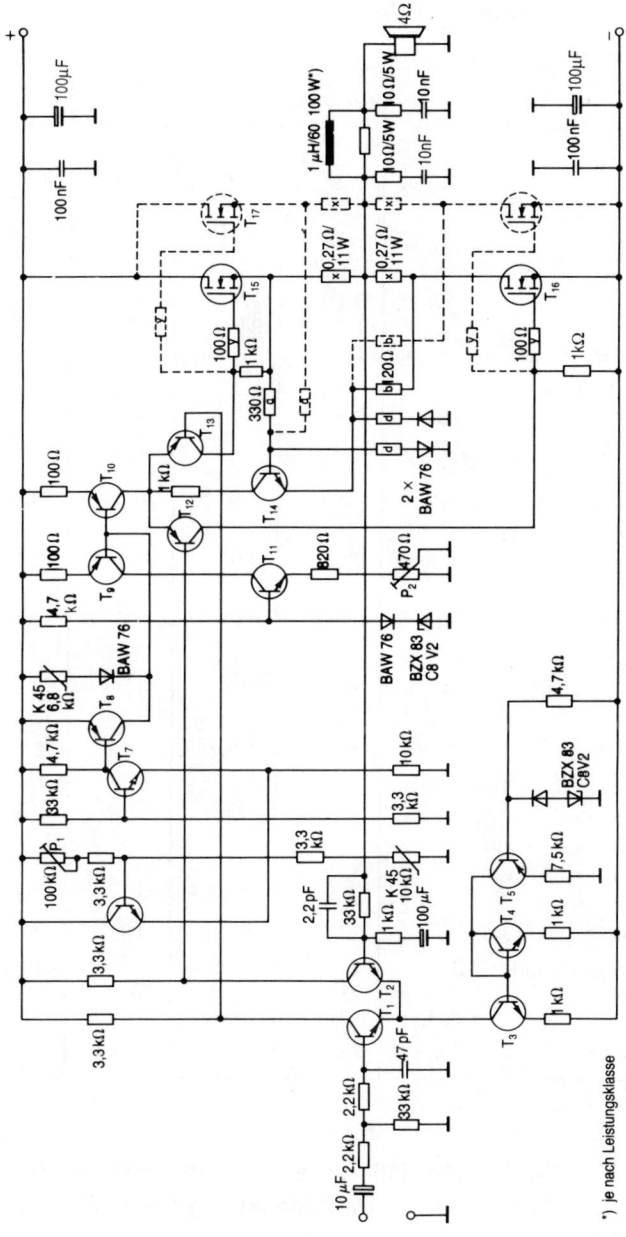

Bild 8.27.2: Schaltung einer HiFi-NF-Endstufe.

*) je nach Leistungsklasse

205

Datenblatt zur Schaltung nach Bild 8.27.2

Endstufentransistoren		$2 \times$ BUZ 20	$2 \times$ BUZ 23	$4 \times$ BUZ 20	$4 \times$ BUZ 23	Ein-heit
Speisespannung ($P_A = P_{AN}$)	$U_S \geq$	± 33	± 36	± 40	± 46	V
Speisespannung max. ($P_A = 0$)	$U_{S\,max} \leq$	± 38	± 42	± 50	± 55	V
Stromaufnahme						
($P_A = 0$)	$I_S \geq$	0,1	0,1	0,2	0,2	A
($P_A = P_{AN}$)	$I_S =$	1,7	2	2,3	3	A
(Kurzschluß am Ausgang)	$I_S \leq$	1	1	1,8	1,5	A
Nennausgangsleistung ($P_A = P_{AN}$) ($f = 1$ kHz, $R_L = 4$)	$P_{AN} =$	60	80	120	160	W
Musikausgangsleistung ($U_S \leq U_{S\,max}$, $R_L = 4\,\Omega$)	$P_A \leq$	100	120	200	240	W
Klirrfaktor (20 Hz – 20 kHz) ($P_A = P_{AN}$)	$k \leq$	0,03	0,04	0,05	0,05	%
Intermodulation (250 Hz, 8 kHz, 4:1)	$m \leq$	0,05	0,05	0,07	0,07	%
Eingangswiderstand	$R_I \leq$	33	33	33	33	kΩ
Spannungsverstärkung	$V_U =$	31	31	31	31	dB
Frequenzgang (20 Hz ... 20 kHz)	$f \leq$	$\pm 0,1$	$\pm 0,1$	$\pm 0,1$	$\pm 0,1$	dB
Übertragungsbereich (-3 dB)	$f_U \leq$	2	2	2	2	Hz
($4\,\Omega$, $P_A = 0,1\,P_{AN}$)	$f_g \geq$	450	425	300	250	kHz
Leistungsbandbreite	$f_U \leq$	5	5	5	5	Hz
($k = 0,5\%$, $P_A = 0,5\,P_{AN}$)	$f_g \geq$	120	85	80	70	kHz
Dämpfungsfaktor ($4\,\Omega$, 40 Hz)	$\geq$	200	200	200	200	
Fremdspannungsabstand (CCIR)						
$P_A = 50$ mW	$S/N \geq$	73	73	73	73	dB
$P_A = P_{AN}$	$S/N \geq$	104	105	107	108	dB
Lastwiderstand	$R_L =$	4	4	4	4	Ω

Transistoren T_{10}, T_9, T_{11}. Hier läßt sich aber mit P_2 der Quellenstrom durch T_{10} so einstellen, daß die Ausgangsruhespannung $U_Q = 0$ V der Endstufe eingestellt werden kann.

Bauteileliste zur Schaltung nach Bild 8.27.2

Bauteil		Bestellnummer
2 SIPMOS-Transistoren	BUZ 20*)	C67078-A1302-A2
2 SIPMOS-Transistoren	BUZ 23*)	C67078-A1002-A2
5 Silizium-Transistoren	BC 237 B*)	Q62702-C277
4 Silizium-Transistoren	BC 307 B*)	Q62702-C324
2 Silizium-Transistoren	BC 414 C*)	Q62702-C376-V2
2 Silizium-Transistoren	BC 546 B*)	Q62702-C687-V2
2 Silizium-Transistoren	BC 556 B*)	Q62702-C692-V2
1 Silizium-Transistor	BF 869*)	Q62702-F592
1 Silizium-Transistor	BF 870*)	Q62702-F602
5 Silizium-Schaltdioden	BAW 76	Q62702-A397
1 Heißleiter	6,8 kΩ K 45	Q63045-K682-K
1 Heißleiter	10 kΩ K 45	Q63045-K103-K
1 Keramik-Kondensator	2,2 pF/63 V__	B38062-A6020-C206
1 Keramik-Kondensator	47 pF/63 V__	B38062-J6470-G6
2 MKT-Schichtkondensatoren	10 nF/400 V__	B32511-D6103-K
2 MTK-Schichtkondensatoren	100 nF/100 V__	B32511-D3104-K
1 Aluminium-Elektrolyt-Kondensator	10 μF/40 V__	B45181-B4106-M
1 Aluminium-Elektrolyt-Kondensator	100 μF/16 V__	B41326-A4107-V
2 Aluminium-Elektrolyt-Kondensatoren	100 μF/63 V__	B41283-A8107-T
1 Luftspule 1 μH, ca. 15 Wdg. Draht 1,5 mm ø CuL gewickelt über die 10-Ω-Widerstände		

*) je nach Leistungsklasse (siehe Bestückungstabelle)

Transistor- und Widerstands-Bestückungstabelle für Schaltung nach Bild 8.27.2

Transistoren	60 W	80 W	120 W	160 W
T_1, T_2	BC 414 C	BC 414 C	BC 546 B	BC 546 B
T_3, T_4	BC 237 B	BC 237 B	BC 546 B	BC 546 B
T_5	BC 307 B	BC 307 B	BC 556 B	BC 556 B
T_6, T_7	BC 237 B	BC 237 B	BC 546 B	BC 546 B
T_8, T_9, T_{10}	BC 307 B	BC 307 B	BC 307 B	BC 307 B
T_{11}	BC 237 B	BC 237 B	BC 546 B	BC 546 B
T_{12}, T_{13}	BC 556 B	BC 556 B	BF 870	Bd 870
T_{14}	BC 546 B	BC 546 B	BF 869	BF 869
T_{15}, T_{16}	BUZ 20	BUZ 23	BUZ 20	BUZ 23
T_{17}, T_{18}			BUZ 20	BUZ 23

Widerstände für Kurzschlußsicherung	a	b	c	d	x	y	
60/80 W	330	120	4,7 k*)	1,8 k*)	0,27	100	Ω
120/160 W	330	220	2,7 k*)	1 k*)	0,27	100	Ω

*) Der Einsatzpunkt der Kurzschlußsicherung wird durch diese Werte bestimmt und ist anzupassen!

Durch einige Zusatzschaltungen wird die Endstufe zusätzlich ruhestromsta-
bilisiert, kurzschlußsicher und übertemperatursicher gemacht.

Da die Einsatzspannungen der Endstufentransistoren temperaturabhängig
(positiver T_K bei kleinen Drainströmen) sind und sich bei Erwärmung die
eingestellten Arbeitspunkte verschieben würden, ist eine einfache Tempera-
turkompensation vorgesehen. Die Kombination NTC Widerstand K 45 und
Diode parallel zu T_9 übernimmt einen Teil des Referenzstromes des Stromspiegels bei Erhöhung der Temperatur. Dadurch wird die Gatespannung der
Endstufentransistoren verringert und der Erhöhung des Ruhestromes entge-
gengewirkt.

Die Übertemperatursicherung, gebildet aus den Transistoren T_6, T_7, T_8 ist
ebenfalls ein Parallelzweig des Stromspiegels T_9, T_{10}. Bei Ansprechen wird
über Transistor T_8 ein großer Teil des Referenzstromes abgeleitet und dadurch das Steuersignal der Endstufentransistoren verringert. Die Kurzschlußsicherung, gebildet durch die Sourcewiderstände mit 0,27 Ω und den
Transistor T_{14}, bewirkt ein Durchschalten von T_{14} bei überhöhten Span-
nungsabfällen an den Sourcewiderständen. Es wird dadurch der Strom aus
der Stromquelle reduziert und die Aussteuerung der Endstufentransistoren
verringert.

Will man die Endstufe für höhere Ausgangsleistungen aufbauen, so geschieht dies durch Erhöhung der Versorgungsspannung und Parallelschaltung der Leistungstransistoren. In diesem Fall ist aber besonders darauf zu
achten, daß die Einsatzspannungen der parallel zu schaltenden Transistoren
gleich sind. Wenn nötig, müssen die Transistoren ausgemessen werden. Die
nachfolgende Tabelle zeigt die elektrischen Daten der eben beschriebenen
Schaltung.

8.28 Niederohmiger Analogschalter

Die Leistungs-MOS-FETs sind auch für den Aufbau von Analogschaltern
mit geringem Durchlaßwiderstand geeignet. Solche Schaltungen können
z. B. gut als Transducers für die Steuerung von Signalen in Ultraschallgerä-
ten verwendet werden. Eine einfache Schaltung ist in *Bild 8.28.1* dargestellt.
Der Analogkanal wird von den beiden Leistungs-MOS-FETs T_1 und T_2 gebildet, die mit ihren Source- bzw. Gate-Anschlüssen verbunden sind. Eine

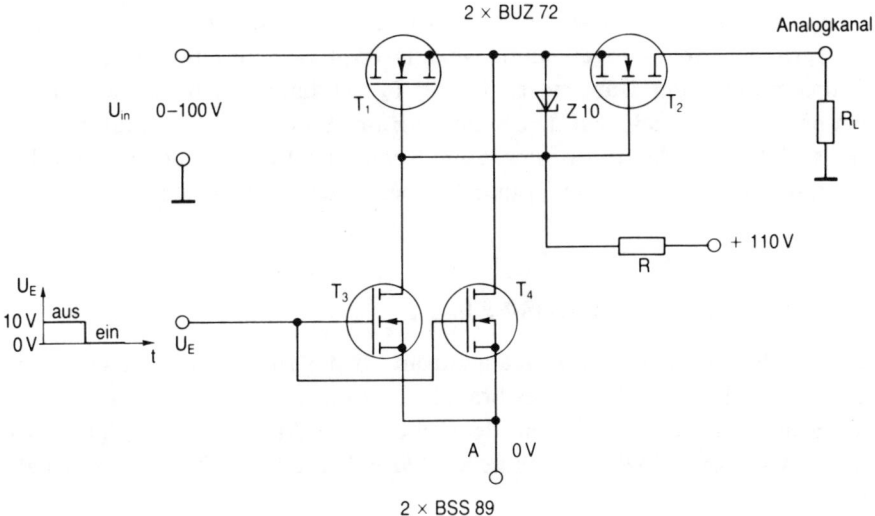

Bild 8.28.1: Niederohmiger Analogschalter mit MOS-FETs für ein 0 – 100-V-Spannungs-fenster.

10-V-Zenerdiode verhindert, daß die Source-Gate-Spannung über 10 V an-steigen kann. Im eingeschalteten Zustand sind die Kleinsignaltransistoren T_3 und T_4 gesperrt. Die Gatespannung auf den beiden Kanaltransistoren ist po-sitiv, und ein kleiner Ruhestrom fließt durch den Widerstand R in den Kanal. Dieser Strom belastet zwar den Kanal, doch kann er beliebig klein gehalten werden, wenn R hochohmig genug gewählt wird (z. B. 1 MΩ). Beide Kanal-transistoren sind voll leitend, da die Gate-Source-Spannung unabhängig von der Spannung U_{in} (sie kann zwischen 0 – 100 V schwanken) auf 10 V liegt. Der Durchlaßwiderstand des Kanals beträgt etwa 0,4 Ohm, unabhängig da-von, auf welchem Spannungsniveau der Kanal sich gerade befindet. Da nur die Ausgangskapazitäten der beiden Kleinsignaltransistoren T_3 und T_4 das Signal belasten, welches auf dem Schalter anliegt, hat der Kanal eine sehr kleine Kapazität gegen den Erdpunkt. In abgeschaltetem Zustand sind T_3 und T_4 leitend, T_1 und T_2 gesperrt. Die gemeinsamen Source- und Gate-Punkte von T_1 und T_2 sind niederohmig (< 6 Ω) geerdet, d. h. auf 0 V gelegt. Damit wird das Rückwirkungssignal zwischen Eingang und Ausgang des Analogkanals in der Mitte abgeleitet. Diese Lösung ergibt eine außerordent-lich gute Dämpfung zwischen Kanaleingang und -ausgang in abgeschaltetem Zustand. Die gezeigte Schaltung erlaubt die Übertragung eines Spannungs-

209

bereiches zwischen 0–100 V. Das Prinzip eignet sich selbstverständlich auch für größere Spannungen und Negativ-Positiv-Spannungsbereiche. Der Sourcepunkt A der Transistoren T_1 und T_2 soll dann aber negativer sein als der negativste Signalpegel. Die Spannung am Widerstand R soll mit mindestens 10 V über der positivsten Signalspannung liegen. Natürlich erfolgt dann die Ansteuerung von T_1 und T_2 über einen Pegelumsetzer.

8.29 Halbleiterrelais mit MOS-FETs

Da die MOS-FETs keinen Eingangsstrom für das Aufrechterhalten des ein- oder abgeschalteten Zustandes brauchen und nur eine geringe Ladung für das Schalten benötigen, sind sie ideal für optische Ansteuerung geeignet. Als Beispiel für die Möglichkeiten zeigt *Bild 8.29.1* eine einfache Relaisschaltung.

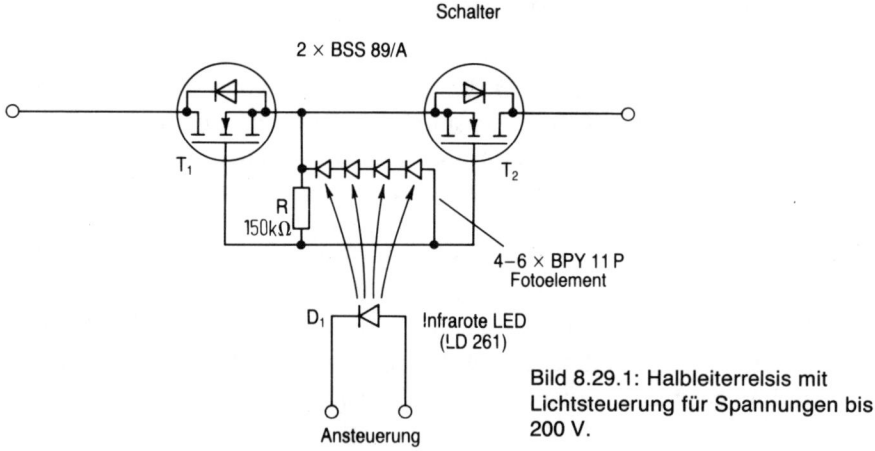

Bild 8.29.1: Halbleiterrelsis mit Lichtsteuerung für Spannungen bis 200 V.

Das Schalterteil des Relais besteht aus zwei Leistungs-MOS-FETs, die jeweils mit den Source- und Gate-Anschlüssen verbunden sind. Zwischen den Source- und Gate-Punkten befindet sich eine Kette von Fotoelementen. Sie ist so angeordnet, daß das Licht, das von einer lichtemittierenden Infrarotdiode ausgetrahlt wird, auf sie trifft. Die Leuchtdiode soll zweckmäßigerweise isoliert aufgebaut, aber nicht zu weit von der Kette der Fotoelemente entfernt angeordnet sein, um möglichst gute Lichtempfindlichkeit zu erreichen. In aktiviertem Zustand muß die von der Fotoelementekette erzeugte Spannung höher liegen als die Einsatzspannung der MOS-FETs. Da die großen Leistungs-MOS-FETs ziemlich hohe Einsatzspannungen haben, muß man mehrere Fotoelemente verwenden, um ein niederohmiges Relais zu realisieren. Die im *Bild 8.29.1* dargestellte Lösung verwendet BSS 89 SIPMOS-Kleinsignaltransistoren. Diese Bauelemente haben eine besonders kleine Einsatzspannung von etwa 1 V und sind deshalb mit vier in Serie geschalteten Fotoelementen gut eingeschaltet. (Sie liefern etwa 2 V mit mittelstarker Beleuchtung.) Ein Gesamtwidertand des Schalters von etwa 20 Ω ist mit dieser Anordnung leicht zu erreichen. Ohne Lichteinstrahlung entlädt der 2-MΩ-Widerstand die Gate-Source-Kapazität und die Spannung geht auf 0 V zurück. Dadurch wird das Relais abgeschaltet. Die Schaltzeiten sind zwar relativ langsam, aber immer noch kürzer als bei mechanischen Realis. Ein wichtiger Vorteil ist, daß das Halbleiterrelais kein Prellen zeigt. Im abgeschalteten Zustand kann es durch schnelle Spannungsimpulse zum nicht beabsichtigten Einschalten kommen, da die Rückwirkungskapazitäten im allgemeinen nicht voll von der Gate-Source-Kapazität kompensiert sind. Um dies zu vermeiden, kann man einfach einen Kondensator zum Widerstand R parallel schalten. Dies erhöht zwar die Schaltzeiten, reduziert aber die Empfindlichkeit der Schaltung gegen du/dt-Effeke.

Die Spannungsfestigkeit des Relais, *Bild 8.29.1*, ist in beiden Polaritäten so groß wie die maximal erlaubte Drainspannung der MOS-FETs T_1 und T_2 in unserem Fall ± 200 V. Es ist natürlich genauso möglich, höhere Spannungsfestigkeit mit höhersperrenden Leistungs-MOS-FETs zu erreichen. Das Problem ist, daß für hohe Spannungen noch keine kleinflächigen MOS-FETs mit möglichst kleiner Einsatzspannung zur Verfügung stehen und daher für die Ansteuerung zu viele Fotoelemente in Serie geschaltet werden müßten.

8.30 Leistungs-Operationsverstärker

Die sehr kleine Steuerleistung von Leistungs-MOS-FETs bei niedrigen Frequenzen ermöglicht es, praktisch im gesamten Audiofrequenzbereich sehr einfach die Leistungsfähigkeit von Operationsverstärkern zu erhöhen. *Bild 8.30.1* zeigt die einfachste Lösung für einen Leistungsoperationsverstärker.

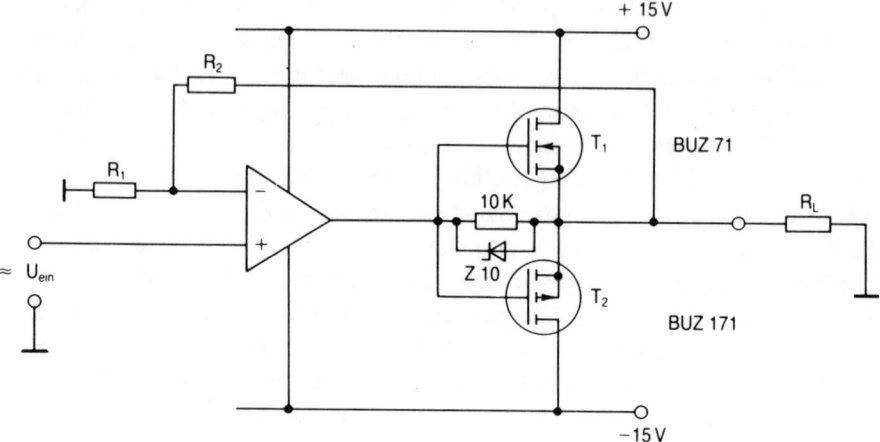

Bild 8.30.1: Operationsverstärker mit Leistungs-MOS-FET-Ausgang.

Der Leistungsausgang wird durch einen p- und einen n-Kanal-Leistungs-MOS-FET gebildet, die jeweils mit den Gate- und Source-Punkten zusammengeschaltet sind. Der Operationsverstärker treibt den Gate-Punkt, der Ausgang ist der gemeinsame Source-Punkt. Die Rückkopplung erfolgt vom Source-Punkt. Die verwendeten 50-V-SIPMOS-Transistoren haben einen Ausgangswiderstand von einigen Zehntel Ohm. Es ist daher möglich, abhängig von der Kühlung der beiden Leistungs-MOS-FETs, einige Ampere Ausgangswechselstrom zu erreichen. Die Schaltung weist zwar gewisse Verzerrungen im Nullpunktübergang auf, dies ist aber für viele Anwendungen tolerierbar.

8.31 Anwendungen mit Kleinsignal-Transistoren

Eine der Häufigsten Anwendungen ist wohl die Ansteuerung eines KS-Transistors von einem Micro Computer. *Bild 8.31.1* zeigt einen Schaltungsvorschlag. Will man induktive Lasten treiben, so genügt für die kleinen Ströme ($I_D < 100$ mA) meist ein Kleinsignal Transistor. Soll schnell geschaltet werden, so sind für den Abbau des Magnetfeldes hohe Rückschlagspannungen zuzulassen. Für die Begrenzung der Rückschlagspannung einer Induktivität

212

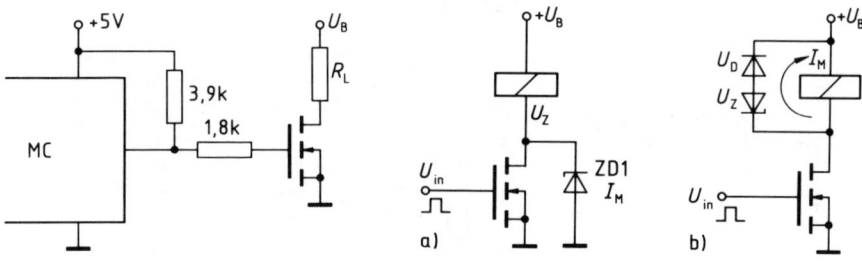

Bild 8.31.1: Ansteuerung eines KS-Transistors aus einem MC.

Bild 8.31.2: Verschiedene Klemmschaltungen für indutive Last. a) $U_Z < U_{(BR)DS}$, b) $U_{(BR)DS} > U_Z + U_D + U_B$

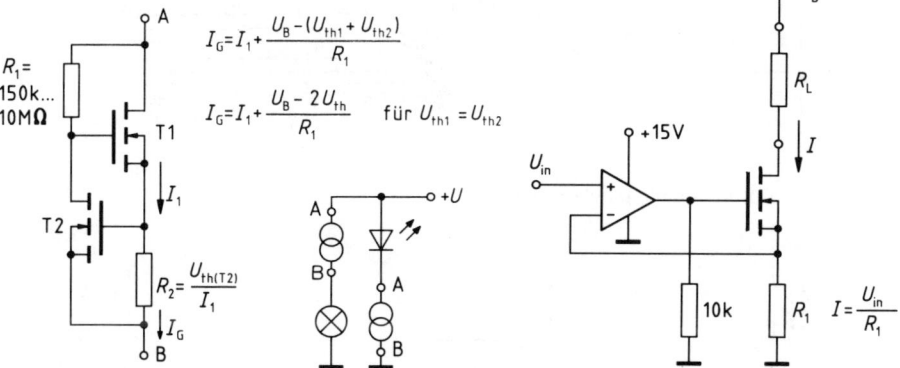

$$I_G = I_1 + \frac{U_B - (U_{th1} + U_{th2})}{R_1}$$

$$I_G = I_1 + \frac{U_B - 2U_{th}}{R_1} \quad \text{für } U_{th1} = U_{th2}$$

$R_1 = 150\text{k}...10\text{M}\Omega$

$R_2 = \frac{U_{th(T2)}}{I_1}$

$I = \frac{U_{in}}{R_1}$

Bild 8.31.3: Stromquelle mit zwei Enhancement-Transistoren.

Bild 8.31.4: Konstantstromquelle mit OP.

sind in *Bild 8.31.2* zwei Varianten der Klemmschaltung dargestellt. Sie unterscheiden sich durch die notwendige Durchbruchspannung des Transistors und durch den Weg des Entmagnetisierungs Stromes I_M. Die nächsten Anwendungen zeigen Stromquellen. Werden Lampen, Relais, LEDs oder andere Lasten über weite Spannungsbereiche betrieben so kann man Stromquellen zur Begrenzung nutzen. Eine Variante mit zwei Enhancement Transistoren zeigt *Bild 8.31.3*, wobei der Transistor T_1 ein Leistungstransistor sein kann. Will man einen Konstantstrom nach einer Referenzspannung einstellen so eignet sich die Schaltung nach *Bild 8.31.4*. Viel einfacher wird die Schaltung, wenn man wie in *Bild 8.315a* Depletion-Transistoren verwendet.

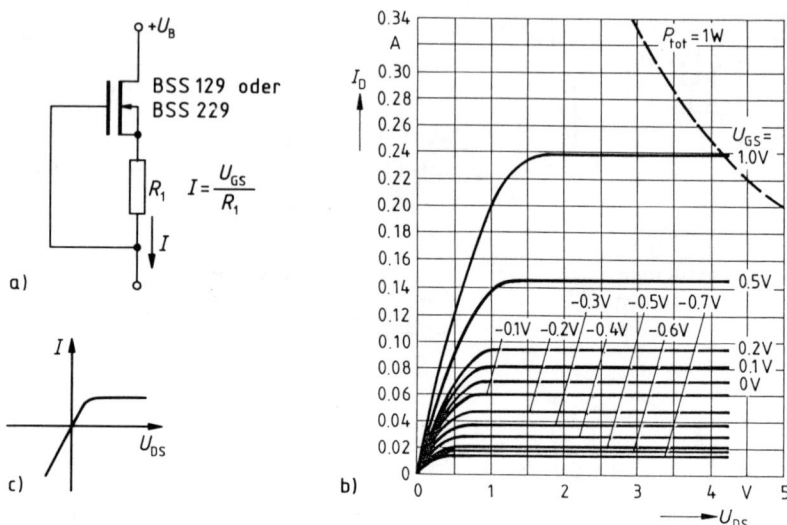

Bild 8.31.5: Stromquelle mit Depletion-Transistor.

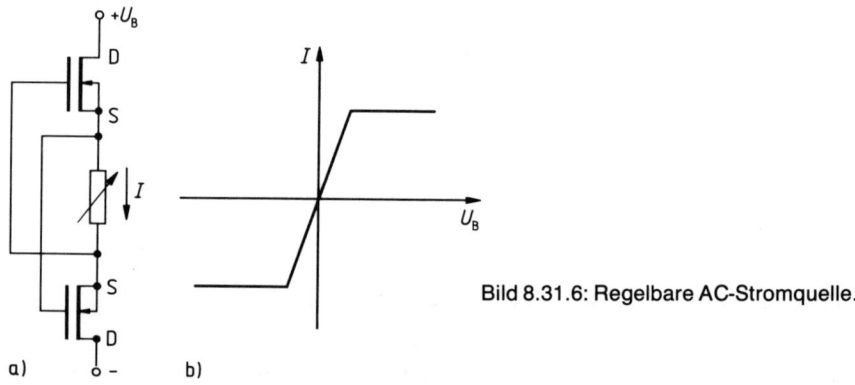

Bild 8.31.6: Regelbare AC-Stromquelle.

Da bei $U_G = 0$ V bei diesen Transistoren Strom fließt, (*Bild 8.31.5b*) läßt sich durch einen Widerstand R_1 im Sourcekreis eine negative Gatevorspannung gewinnen. Wird für R_1 ein Poti verwendet, so ist der Strom regelbar. Die Strombegrenzung arbeitet nur für positive U_B, wie *Bild 8.31.5c* zeigt. Soll eine symmetrische Stromeinprägung stattfinden, ist die Schaltung nach *Bild 8.31.6* zu erweitern. Diese Stromquelle ist mit dem Poti vom Stromwert I für

214

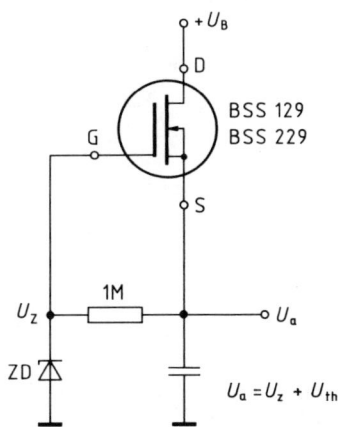

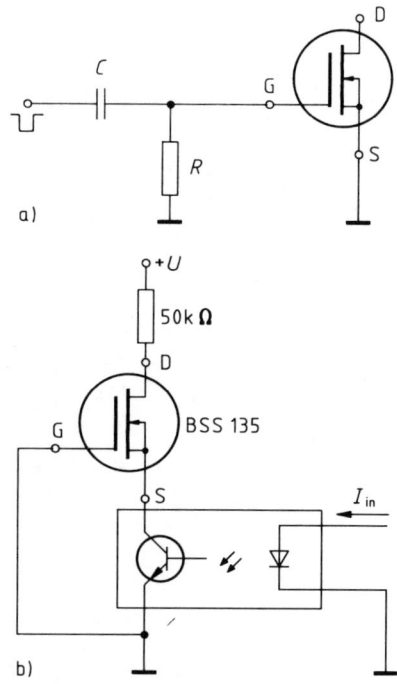

Bild 8.31.7: Spannungsregler mit
minimaler Leerlaufbelastung.

Bild 8.31.8: Durch negativen Puls schalt-
barer Ruhekontakt.

$U_G = 0$ V zu kleineren Strömen regelbar. Depletion-Transistoren eignen sich
aber auch zum Aufbau von Spannungsquellen mit minimaler Leerlaufbelastung und Maximalstrombegrenzung (I für $U_G = 0$ V). *Bild 8.31.7* zeigt eine
solche Schaltung. Die nächsten *Bilder 8.31.8a/b* zeigen einen Ruhekontakt
der durch einen negativen Impuls abschaltbar ist und einen Optokoppler gesteuerten Hochspannungsschalter. Fließt kein Steuerstrom durch die LED so
ist der Sourcepunkt auf hohem, positivem Potential, Gate ist an Masse (d. h.
U_{GS} = negativ), der Transistor sperrt. Wird die LED angesteuert, erhält
Source Massepotential $U_{GS} = 0$ V der Transistor leitet. Die Schaltung in *Bild
8.31.9* ist ein Inverter für höhere Spannungen. Wird U_{IN} auf $+5$ oder 10V gelegt, so sind T_2 (Source ist positiver als Gate) und T_3 gesperrt, T_1 ist leitend.
Sinkt U_{IN} auf $U_{IN} < 1,5$ V, so sperrt T_1 und weiter auf $U_{IN} < 1$V beginnt T_2 zu
leiten, was wieder über R einen Spannungsabfall erzeugt und T_3 einschaltet.
Durch das versetzte Schalten der Transistoren kann kein Querstrom fließen.
Eine wichtige Schaltung für den kontinuierlichen Impulsbetrieb ist die in

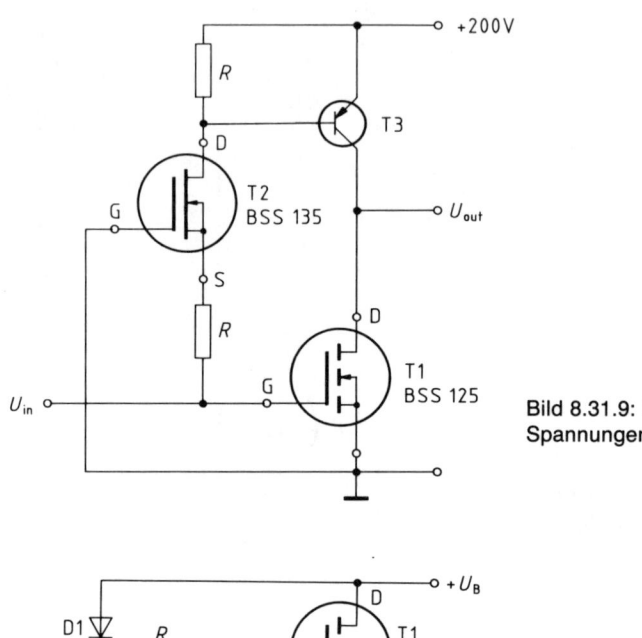

Bild 8.31.9: Inverter für hohe Spannungen.

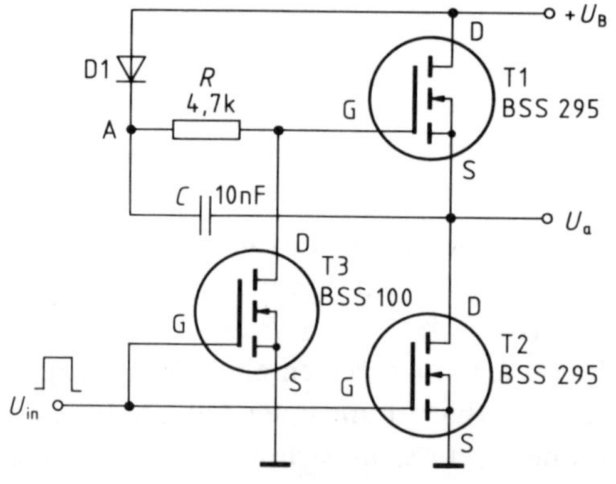

Bild 8.31.10: Halbbrücken-schaltung.

Bild 8.31.10 gezeigte Halbbrücke. Hat U_{IN} z. B. $+5$ V so sind T_2 und T_3 leitend, T_1 ist gesperrt, da sein Gate durch T_3 auf Masse liegt. U_a ist 0 V. Der Kondensator C kann sich über D_1, T_2 auf $U_C = U_B - U_{D1}$ laden. Wird U_{IN} auf 0 V geschaltet, sperren T_2 und T_3 während T_1 über D_1 und R kurz aufgesteuert wird. U_a schießt auf nahezu U_B, der Punkt A erhält das Potential U_a $+ U_C$. T_1 erhält somit eine Gatespannung die über U_B liegt. Die Entladung von C wird durch die gesperrte Diode D_1 verhindert und ist durch die kleinen Leckströme von T_1 minimal. Wird U_{IN} erneut auf 0 V geschaltet, beginnt der

Vorgang von vorne. Wichtig: Ist U_B größer als die zulässige Gate-Source-Spannung von T_1 so ist zwischen G_{T1} und S_{T1} eine Zenerdiode zur Begrenzung der maximalen Gatespannung vorzusehen. Diese Schaltung kann zur Motorsteuerung verwendet werden. Ersetzt man T_2 durch einen Lastwiderstand, so hat man einen Highsideschalter vor sich, allerdings nur für periodische Eingangsimpulse.

8.32 Anwendungen mit SMART-FETs

Die Einsatzgebiete der Profets sind sehr vielfältig und meist auf eine ganz individuelle Anwendung zugeschnitten. Wir wollen deshalb hier nur ganz allgemeine Informationen geben, wie sie auch in den Siemens Datenblättern zu finden sind, um dem Leser die Funktion der unterschiedlichen PRO-FET-Versionen (Tabelle 1) zu erläutern. *Bild 8.32.1* zeigt das unterschiedliche Verhalten beim Schalten von Lampen, die anfangs niederohmig sind. Die Versionen F/G zeigen ein deutlich langsameres Ansteigen der Ausgangsspannung. Bedingt durch den hohen Einschaltstrom setzt die Rückregelung der Gatespannung ein, die bei der erwärmten Lampe, die dann hochohmiger ist, zurückgenommen wird. Durch die Eigenschaft schon bei niedrigen Strömen (ca. 3A) mit der Rückregelung des Stromes zu beginnen, sind die F/G Versionen besonders zum Schalten von induktiven Lasten geeignet, die eine „langsam" ansteigende Einschaltstromflanke aufweisen. Die Zeitkonstanten der Last sollten größer/gleich den Schaltzeiten sein, was im Allgemeinen zutrifft. Die Einschaltzeiten liegen für BTS 410 bei max. 60 μs und für BTS 432 bei max. 300 μs. Beim Schalten einer induktiven Last *Bild 8.32.2* wird die negative Spannungsspitze vom Bauteil aktiv auf ca. -10 V geklemmt. Es ist, durch die schnellere Entmagnetisierung der Induktivität, mit diesen Bauteilen ein Pulsbetrieb an induktiven Lasten mit kurzen Taktzeiten möglich. Bei Kurzschluß *Bild 8.32.3)* unterscheidet man zwei Fälle: a) das Bauteil schaltet auf einen Kurzschluß oder b) im Betrieb tritt ein Kurzschluß auf. Im Fall a) schalten die Bauteile nach 100-300 μs (je nach Temperatur) ab. Im Fall b) wird sofort abgeschaltet. Der Typ G hat für beide Fälle nur die Übertemperatursicherung eingebaut, die nachdem das Bauteil 150° C überschritten hat, abschaltet. Der Temperatursensor ist auch in jedem Bauteil als Schutz für schleichende Überlast vorhanden, nur wird die Information unterschiedlich

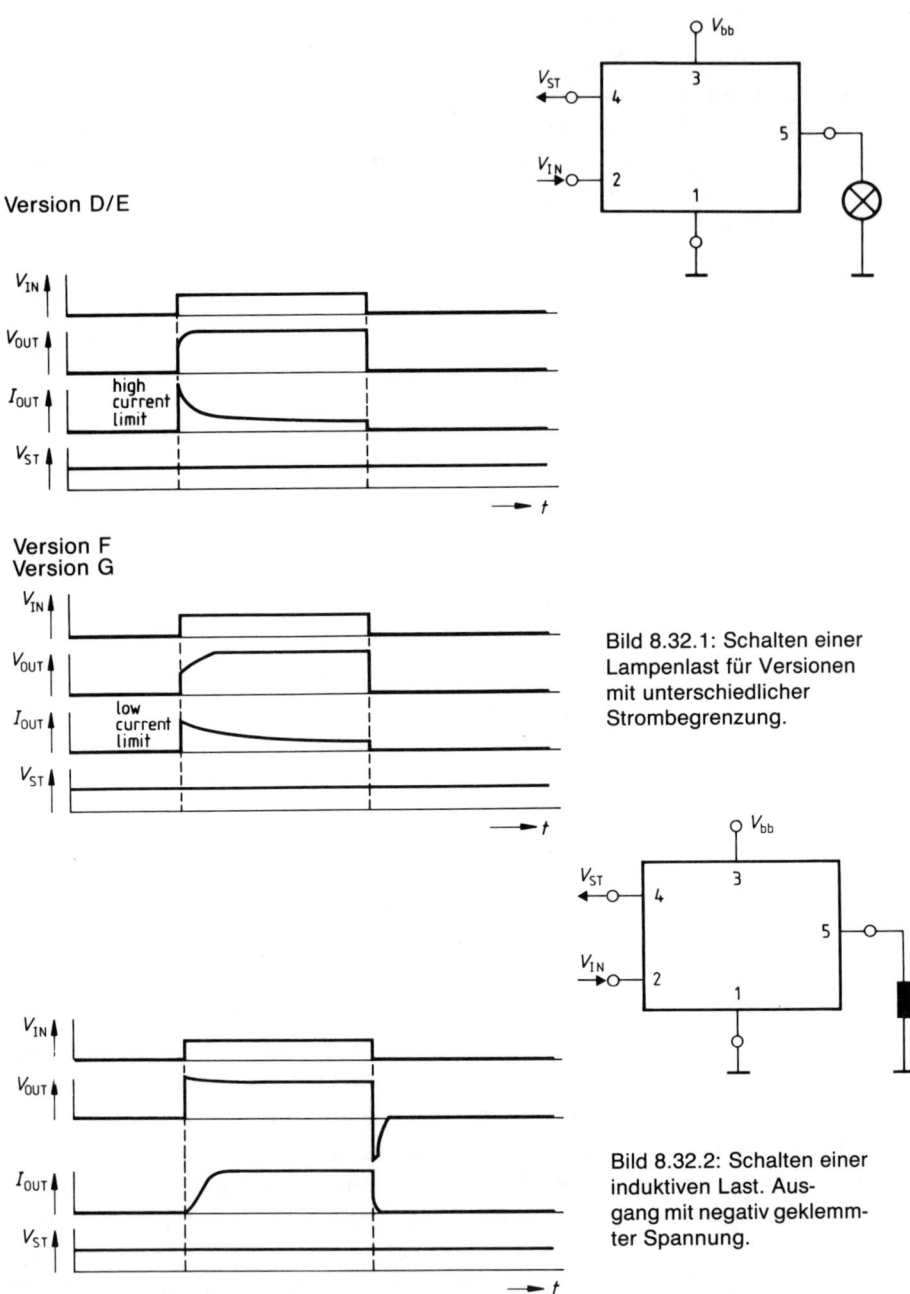

Version D/E

Version F
Version G

Bild 8.32.1: Schalten einer
Lampenlast für Versionen
mit unterschiedlicher
Strombegrenzung.

Bild 8.32.2: Schalten einer
induktiven Last. Aus-
gang mit negativ geklemm-
ter Spannung.

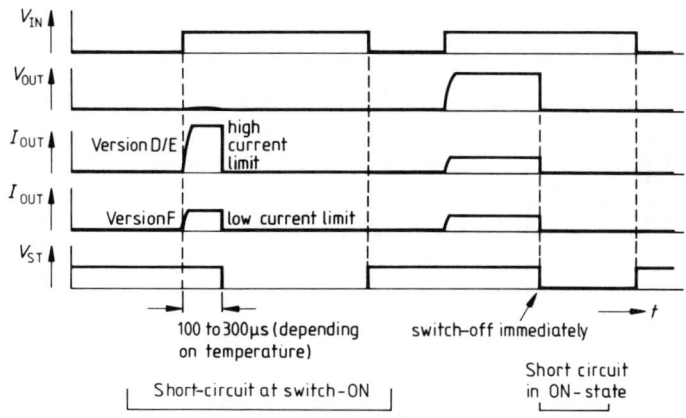

100 to 300µs (depending on temperature) switch-off immediately

Short-circuit at switch-ON Short circuit in ON-state

Version G (short-circuit protection by overtemperature protection)

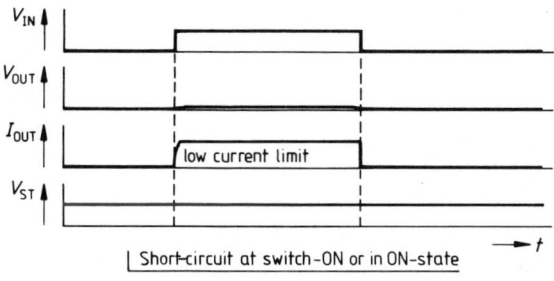

Short-circuit at switch-ON or in ON-state

Bild 8.32.3: Kurzschlußbehandlung im PRO-FET beim Einschalten und im Betrieb. Version G schützt sich durch Übertemperaturabschaltung.

behandelt, wie dies *Bild 8.32.4* zeigt. Tritt eine Unterbrechung des Lastkreises (open-load detection) auf, so meldet dies der Status nachdem das Bauteil eingeschaltet hat. Die einzelnen Bauteilfamilien weisen hier unterschiedliche Reaktionszeiten auf (*Bild 8.32.5*; 100-200 μs je nach U_{BB} für BTS 410; 200-300 μs bei $U_{BB} > 12$ V für BTS 432; 300-500 μs bei $U_{BB} > 12$ V für BTS 542). Der BTS412B (*Bild 8.32.6*) zeigt die Lastunterbrechung im abgeschalteten Zustand an. Nun noch zu Anwendungsbeispielen mit dem PWM-Baustein BTS 629. Das Beispiel einer Helligkeitsregelung von Lampen bis 24W mit linearem Einstellbereich von 8 % bis 98 % zeigt *Bild 8.32.7*. Für

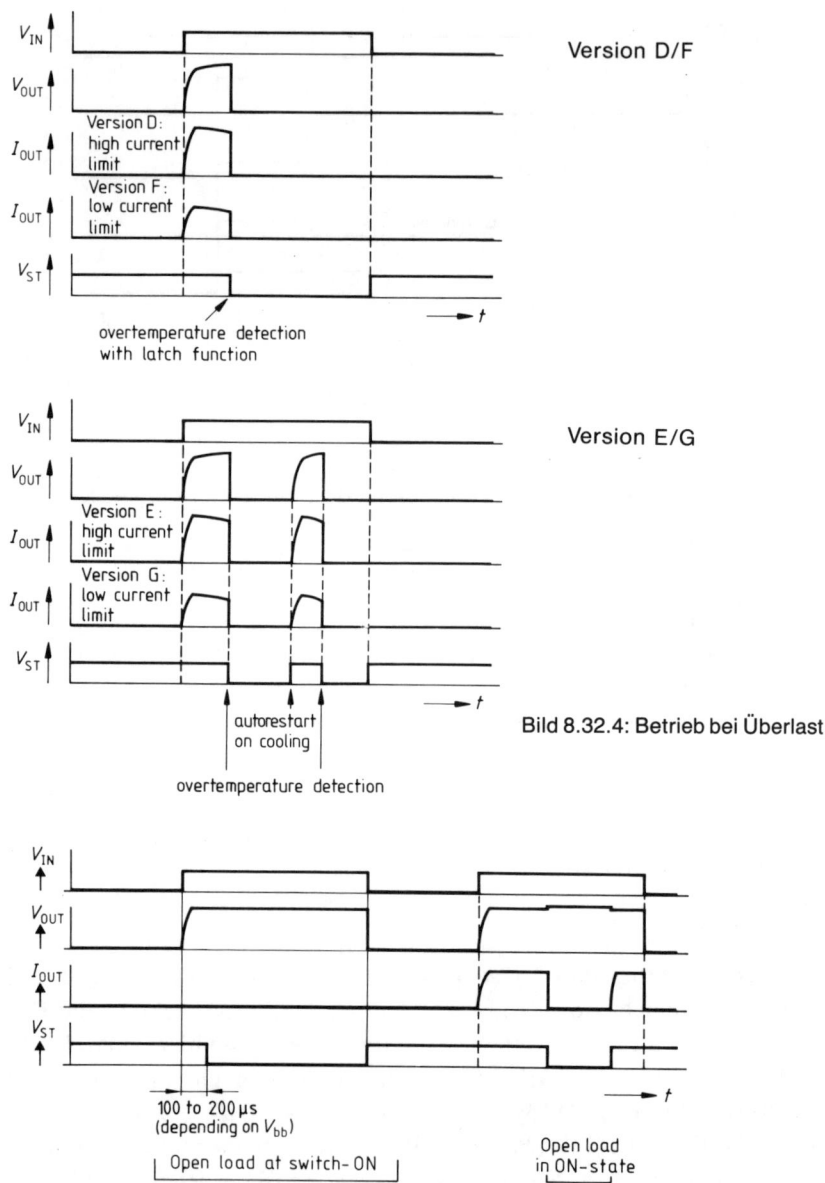

Version D/F

Version D:
high current limit

Version F:
low current limit

overtemperature detection
with latch function

Version E/G

Version E:
high current limit

Version G:
low current limit

autorestart
on cooling

overtemperature detection

Bild 8.32.4: Betrieb bei Überlast.

100 to 200 μs
(depending on V_{bb})

Open load at switch-ON

Open load
in ON-state

8.32.5: Behandlung der Lastkreisunterbrechung. Die Reaktionszeiten sind bei den Familien verschieden lang.

220

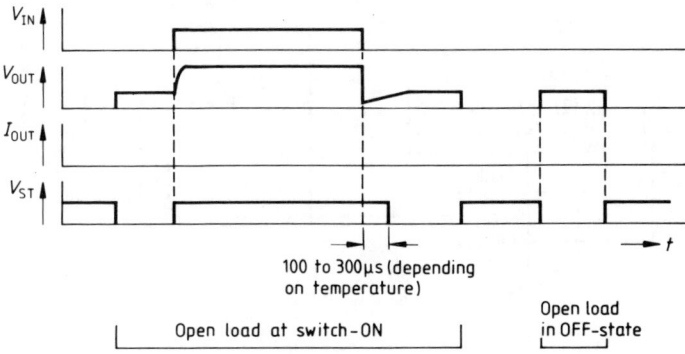

Bild 8.32.6: Lastkreisunterbrechung beim BTS 412B.

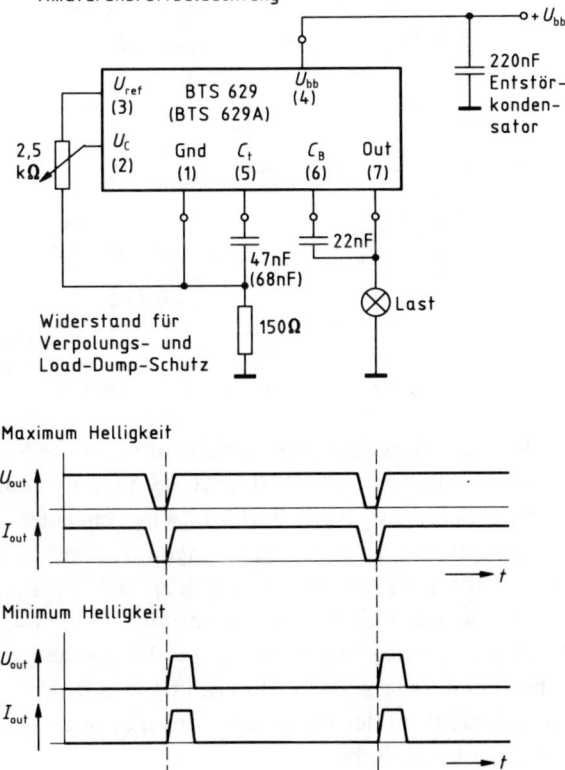

Bild 8.32.7: Amaturen-
brettbeleuchtung mit
dem Dimmerbaustein.

221

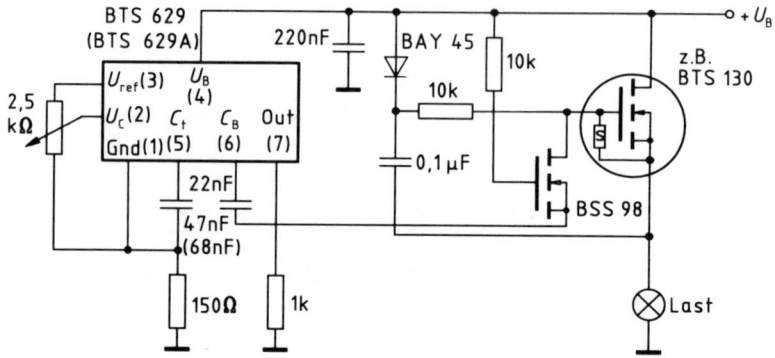

(BTS 629 und BTS 130 auf gemeinsamen Kühlkörper montieren)

Bild 8.32.8: Dimmer mit nachgeschaltetem TEMP-FET als High-sideschalter.

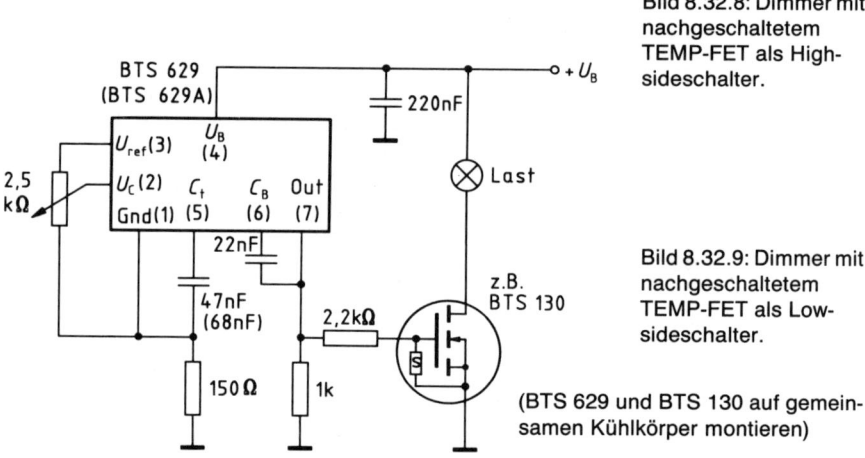

Bild 8.32.9: Dimmer mit nachgeschaltetem TEMP-FET als Low-sideschalter.

(BTS 629 und BTS 130 auf gemein-samen Kühlkörper montieren)

große Lastwiderstände eignet sich entweder die Schaltung in *Bild 8.32.8* mit nachgeschaltetem TEMP-FET als Highside-Schalter für Lasten bis 45 W, oder die Schaltung nach *Bild 8.32.9* mit ein oder mehreren BUZ 12 parallel als Lastschalter. In allen Schaltungen bestimmt der Kondensator an Pin(5) die Grundfrequenz (siehe auch 7.3.9). Die heruntergeteilte am Mittelabgriff des Poti anstehende Referenzspannung für den Komperator U_C kann auch durch ein externes Analogsignal von 0 V bis max. 3 V ersetzt werden. Es sind sicher noch viele andere Anwendungen mit diesem Baustein denkbar. Der Einfallsreichtum der Anwender wird hier in der Zukunft noch viele Überraschungen bereit haben.

222

Bezeichnungen und Symbole

Größe	Bedeutung	Einheit
A	Fläche	cm^2
A_{MI}	Dünnoxidfläche	cm^2
B	Stromverstärkung	
C_{RL}	Kapazität der Raumladungszone	$F \cdot cm^2$
C_{ds}	Dynamische Drain-Source-Kapazität	F
C_{gs}	Dynamische Gate-Source-Kapazität	F
C_{gd}	Dynamische Gate-Drain-Kapazität	F
C_{ox}	Oxidkapazität	$F \cdot cm^2$
C_{iss}	Eingangskapazität	F
C_{oss}	Ausgangskapazität	F
C_{rss}	Rückwirkungskapazität	F
D_{ox}	Gateoxiddicke	cm
E	Elektrische Feldstärke	$V \cdot cm^{-1}$
E_{max}	Maximal zulässige Feldstärke	$V \cdot cm^{-1}$
e	Elementarladung $1{,}602 \cdot 10^{-19}$	As
G	Leitwert	S
g_{fs}	Übertragungssteilheit	$A \cdot V^{-1}$
I_{AV}	Avalanchestrom	A
I_B	Basisstrom	A
I_c	Kollektorstrom	A
I_D	Drainstrom	A
I_G	Gatestrom	A
I_{DR}	Strom der Inversdiode	A
I_{DS}	Drain-Sourcestrom allgemein	A
I_{GS}	Gate-Source Reststrom	A
I_{IN}	Eingangsstrom	A
I_{DSS}	Drain-Reststrom (Gate und Source kurzschl.)	A
I_{DRM}	Maximalstrom der Inversdiode	A
I_{GSS}	Gate-Source-Leckstrom	A
I_{OUT}	Ausgangsstrom	A
$I_{D(Puls)}$	gepulster Drainstrom	A
i_G	Dynamischer Gatestrom	A
L	Kanallänge	cm
N_d	Dotierung allgemein	cm^{-3}
$N_{D(Drain)}$	Dotierung des Draingebietes	cm^{-3}
N_{Dot}	Anzahl der Dotieratome	cm^{-3}
N_i^2	Eigenleitungsträgerdichte $1{,}9 \cdot 10^{20}$	cm^{-6}
n^-	schwach dotiertes n-Gebiet	
n^+	stark dotiertes n-Gebiet	
n_{maj}	Anzahl der Majoritätsträger	cm^{-3}
n_{min}	Anzahl der Minoritätsträger	cm^{-3}
P_D	Verlustleistung des Draingebietes	W
P_E	Einschaltverluste	W
P_S	Schaltverluste	W
P_{BR}	Avalancheverluste	W

Bezeichnung und Symbole

Größe	Bedeutung	Einheit
P_{Ges}	Gesamtverlustleistung	W
p^-	schwach dotiertes p-Gebiet	
p^+	stark dotiertes p-Gebiet	
Q_G	Momentane Gateladung	As
Q_{GS}	Gate-Source-Ladung	As
G_{GD}	Gate-Drain-Ladung	As
Q_{RL}	Ladung der Raumladungszone	$As \cdot cm^{-2}$
Q_{rr}	Sperrverzögerungsladung	As
Q_{Gtot}	Gesamte Gateladung	As
R_{25}	Einschaltwiderstand bei 25 °C	Ω
R_{125}	Einschaltwiderstand bei 125 °C	Ω
R_{th}	Gesamter thermischer Übergangswiderstand	$°C \cdot W^{-1}$
R_{epi}	Flächenwiderstand der Epitaxieschicht	$\Omega \cdot cm^{-2}$
R_{thJC}	Wärmewiderstand Kristall-Gehäuse	$°C \cdot W^{-1}$
R_{WARM}	Einschaltwiderstand des erwärmten Transistors	Ω
$R_{DS(on)}$	Einschaltwiderstand	Ω
S	Steilheit	$A \cdot V^{-1}$
T_a	Umgebungstemperatur	°C
T_c	Gehäusetemperatur	°C
T_j	Kristalltemperatur	°C
T_{KID}	Temperaturkoeffizient des Drainstromes	$°C \cdot W^{-1}$
$T_{KR(on)}$	Temperaturkoeffizient des Einschaltwiderstandes	$°C^{-1}$
$T_{K\ U(th)}$	Temperaturkoeffizient der Einsatzspannung	$mV \cdot °C^{-1}$
T_{Stg}	Lagertemperatur	°C
t_{AV}	Avalanche-Durchbruchzeit	s
t_{on}	Einschaltzeit	s
t_{rr}	Sperrverzögerungszeit	s
t_{off}	Ausschaltzeit	s
U	Sperrspannung	V
U_B	Versorgungsspannung	V
U_G	Gatespannung	V
U_L	Spannung über Induktivität	V
U_Z	Spannung über Zenerdiode	V
U_{DS}	Drain-Source-Spannung	V
U_{GS}	Gate-Source-Spannung	V
U_{IN}	Eingangssignal	V
U_{RL}	Spannung über der Raumladungszone	V
U_{SD}	Durchlaßspannung (Inversdiode)	V
U_{CBo}	Kollektor-Basis-Sperrspannung (Emitter offen)	V
U_{CES}	Kollektor-Emitter-Sperrspannung (Basis-Emitter Kurzschluß)	V
U_{CER}	Kollektor-Emitter-Sperrspannung (mit Basis-Emitter Widerstand)	V
$U_{GS(th)}$	Einsatzspannung	V
$U_{(BR)DS}$	Drain-Source Durchbruchspannung	V

Bezeichnung und Symbole

Größe	Bedutung	Einheit
U_a	Ausgangssignal	V
U_{th}	Einsatzspannung	V
U_{out}	Ausgangssignal	V
V_{IN}	Eingangssignal	V
V_{ST}	Statusspannung	V
V_{OUT}	Ausgangsspannung	V
v	Ladungsträgergeschwindigkeit	$cm \cdot s^{-1}$
v_n	Geschwindigkeit der Elektronen	$cm \cdot s^{-1}$
W	Kanalweite	cm
W_L	Energie der Induktivität	VAs
W_{BR}	im Bauteil umgesetzte Energie	VAs
Z_{thJC}	Transienter Wärmewiderstand	
ϵ_0	Vakuum-Dielektrizitätskonstante $8{,}85 \cdot 10^{-12}$	$F \cdot m^{-1}$
ϵ_{ox}	Relative Dielektrizitätskonstante für Oxid 12	
ϵ_{si}	Relative Dielektrizitätskonstante für Silizium 3,9	
$\epsilon_0 \, \epsilon_{si} \cdot e$	$1{,}7 \cdot 10^{-31}$	$A^2 \cdot s^2 \cdot V^{-1} \cdot cm^{-1}$
μ	Beweglichkeit allgemein	$cm^2 \cdot V^{-1} \cdot s^{-1}$
μn	Beweglichkeit der Elektronen	$cm^2 \cdot V^{-1} \cdot s^{-1}$
μp	Beweglichkeit der Löcher	$cm^2 \cdot V^{-1} \cdot s^{-1}$

Literaturnachweis

[1] *C. Hu:* „A Parametric Study of Power MOS-FETs", Rec. of IEEE Power Electronics Specialists Conf., pp. 385 – 395, June 1979.

[2] *E. Hebenstreit:* „Switching Stages with Reverse Voltage up to 1000 Volts – Implemented with SIPMOS-FETs", Proceedings of International MOTORCRON '81.

[3] Siemens Components 18 (1980), Heft 5, Seiten 218 – 224.

[4] *E. Hebenstreit:* „A new BIMOS Switsching Stage for 10 KW Range", PCI '83.

[5] *A Pichler, W. Schott:* „Potentialfreie SIPMOS-Leistungstranistoransteuerung auf induktiven, optischen und piezoelektrischem Wege", Siemens Components 20 (1982), Heft 1.

[6] *W. Horn:* „Leistungs-MOS-FET potentialfrei angesteuert", Elektronik 12./16.6.1983, Seite 67.

[7] *R. Osterhaus:* „Leistungs-MOS-FET potentialfrei gesteuert", Elektronik 17./9.9.1983, Seite 128.

[8] „Gleichstrommotor-Drehzahlregler mit SIPMOS-Transistor und TCA 955", Seite 46, Siemens Schaltbeispiele, Ausgabe 1982/83, Best. Nr. 2731.

[9] *K. Wetzel:* „Umrichterschaltungen für Drehstrommotoren am Einphasennetz mit SIPMOS Transistoren und Mikrorechner", Sonderdruck der Siemens AG, Best. Nr. B/2906.

[10] „Elektronisches Vorschaltegerät für Leuchtstofflampen", Siemens Schaltbeispiele, Ausgabe 1982/83, Best. Nr. 2731.

[11] *J. Wüstehube u. a.:* „Schaltnetzteile", ISBN 3-88508-601-8.

[12] *M. Herfurth:* „Schaltungsprinzipien getakteter DC/DC-Wandler", Bericht ET-8301.

[13] „Siemens Schaltbeispiel 117 V/220 V – 5 V/20 V-Schaltnetzteil nach dem Eintakflußwandler-Prinzip", Best. Nr. B/3031.

[14] „HiFi-NF-Endstufe mit SIPMOS-Transistoren", Siemens Schaltbeispiele, Ausgabe 1982/83, Best. Nr. B/2731.

[15] *Daisuke Ueda eta:* „Ultra-Low On-Resistance. Power MOS-FET Fabricated by Using a Fully Self-Aligned Process, IEEE Transactions on Electron Devices, Vol. ED 34, No. 4, Apr. 87.

Sachverzeichnis

227

230

SIEMENS

SIPMOS® Leistungstransistoren   Smart SIPMOS   Kleinsignalbauelemente   Leistungsmodule

SIPMOS – eine Technologie, die Maßstäbe setzt

SIPMOS® ist der Name, der bei Leistungshalbleitern für zahllose Innovationen steht. Eine umfangreiche Palette anwendungsorientierter Komponenten markiert die Spitzenstellung.

Dazu gehören Standard-Leistungstransistoren und hochsperrende IGBT-Module. Ein breites Typenspektrum neuer Kleinsignal-Transistoren erweitert das Angebot ebenso wie neue SMD-Transistoren und die SITAC-Familie.

Im Bereich der Smart SIPMOS setzen TEMPFETs und PROFETs die Maßstäbe. TEMPFETs als Übertemperatur- und Überlast-geschützte P- und N-Kanal-Transistoren und PROFETs als vollge-schützte Schalter für masse-seitige Lasten.

Bei aller Vielfalt – Qualität ist unsere Stärke. Jeder SIPMOS-Baustein wird auf absolute Zuverlässigkeit und optimalen Kundennutzen hin entwickelt. Für Anwendungen in allen

Branchen. Gefertigt in modernsten IC-Produktions-stätten spielen SIPMOS-Leistungshalbleiter ihre Vorteile aus. Und garantiert auch in Ihrer Anwendungswelt. Nehmen Sie Kontakt mit Ihrer nächsten Siemens-Zweig-niederlassung auf bzw. schreiben Sie an Siemens AG, Info-Service HL5201, Postfach 23 48, D-8510 Fürth.

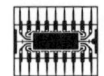

TopTech Semiconductors Siemens

A19100 HL5201
